化学镀镍基多元合金

孙 硕 著

科学出版社

北 京

内 容 简 介

本书概述了国内外化学镀镍基多元合金的研究现状,重点介绍了作者从事相关工作的研究成果。内容包括:化学镀镍基多元合金的研究进展、化学镀镍基多元合金的基本理论、热稳定性化学镀镍基多元合金镀层、磁性化学镀镍基多元合金镀层、可焊性化学镀镍基多元合金镀层、铝基化学镀镍基多元合金镀层、化学镀镍基合金法制备金属陶瓷复合粉体。

本书适于从事材料与化工有关研究的科技工作者阅读、参考,也可以作为能源与化工、材料科学与工程专业的研究生学习参考书。

图书在版编目(CIP)数据

化学镀镍基多元合金 / 孙硕著. -- 北京:科学出版社,2025.6
ISBN 978-7-03-077326-5

Ⅰ.①化… Ⅱ.①孙… Ⅲ.①多元合金－化学镀－镀镍 Ⅳ.①TG13

中国国家版本馆 CIP 数据核字(2024)第 002039 号

责任编辑:孟莹莹 常友丽 / 责任校对:何艳萍
责任印制:徐晓晨 / 封面设计:无极书装

科 学 出 版 社 出版
北京东黄城根北街 16 号
邮政编码:100717
http://www.sciencep.com

三河市春园印刷有限公司印刷
科学出版社发行 各地新华书店经销
*

2025 年 6 月第 一 版 开本:720×1000 1/16
2025 年 6 月第一次印刷 印张:14
字数:282 000

定价:138.00 元
(如有印装质量问题,我社负责调换)

前　　言

自 1946 年实用化学镀发明以来距今已经近 80 年了，化学镀镍磷合金及化学镀镍基多元合金获得了广泛的应用。尤其是化学镀镍基多元合金，从 20 世纪末期到今天已经积累了大量的研究成果，具有比较好的发展前景，在新能源、新材料和信息领域具有广泛的应用潜力。

作者最初对化学镀镍基多元合金的了解源于自己的科研课题遇到了瓶颈。在做粉体化学镀镍磷合金时，作者了解到如果引入多元金属可以改善复合粉体的性能，产生了通过化学镀沉积多元金属的需求。作者经过文献调研发现，在改善化学镀层性能的需求推动下，已经有很多关于多元合金的研究了。在 20 多年前，多元合金化学镀的研究及研究团队还不是很多，但是近年来，随着电子技术、新能源技术、新材料的不断发展，化学镀镍基多元合金的研究和应用也随之增加。从诞生写书的想法到今天，相关文献数量的增长超过了作者的预期。可以预见，在本书出版之后，化学镀镍基多元合金研究还会迎来一个高潮。希望本书对相关研究能起到一定的推动作用。

本书的相关研究工作是在国家科技基础条件平台建设项目（项目编号：2005DKA10400-15-Z04）、辽宁省教育厅科研项目（项目编号：L2015392、L2010396）、辽宁省大学生创新创业训练计划项目（项目编号：201510142000055）、沈阳工业大学博士启动基金（项目编号：2008-33）的支持下完成的。

本书的出版获得了国家科技基础条件平台建设项目“国家材料自然环境腐蚀实验台网建设”（项目编号：2005DKA10400-15-Z04）和沈阳工业大学环境与化学工程学院“十四五”规划教学专项经费的资助。

作者从事化学镀镍基多元合金研究已经有十多年了，感谢多年来作者科研小组所有同学的不断努力，他们中的代表有苏博、宋贡生、严鸣、杨杰、石维、陈志菲、郑典、钱薪竹、王晓宇、刘春雨、马正华、于程健、周尚锋、张晶晶、王杨杨、李温文、吕爽、寇鹏、王新元、何浩田、孙彦宇等。

非常感谢我的妻子王忠波女士对这个相当艰苦的工作所给予的支持和理解，深深地感激父母的关爱。

　　特别感谢未曾谋面的张邦维先生，您的英文专著 *Amorphous and Nano Alloys Electroless Depositions*: *Technology, Composition, Structure and Theory*（《非晶态和纳米合金的化学镀——制备原理、微观结构和理论》）给予我很大的启发。

　　从计划到成书，历时较长，其间化学镀镍基多元合金的研究和应用发展较快，本书内容还有很多不完善的地方，请读者谅解。希望将来有机会再版。

孙　硕

2024 年 11 月

目　　录

第1章 化学镀镍基多元合金的研究进展

1.1 化学镀镍技术的发展概述

以次磷酸盐为还原剂的化学镀镍基多元合金是本书介绍的主要对象，它是在化学镀镍磷合金的基础上发展起来的。化学镀镍磷合金是化学镀镍中重要的技术之一，化学镀镍是化学镀中研究和应用最多的技术。下面简要介绍有关化学镀的基本概念、分类、特点和发展简史。

1.1.1 化学镀的基本概念

化学镀基本概念的提出，与布伦纳（Brenner）和里德尔（Riddell）两位科学家是分不开的[1]。

化学镀最初被称为无电解镀（electroless plating, EP），无电解镀的术语是由布伦纳和里德尔两位科学家提出来的。一般来说，化学镀必须在具有自催化性的材料表面进行，通过在溶液中添加还原剂，由它被氧化后提供的电子还原沉积出金属镀层。由于反应必须在具有自催化性的材料表面进行，美国材料与试验协会推荐使用自催化镀（autocatalytic plating）来描述这一过程。自催化镀也称作自催化化学沉积（autocatalytic chemical deposition, ACD），由于金属的沉积过程是纯化学反应（催化作用还是最重要的），所以将这种金属沉积工艺称为化学镀也是非常恰当的。目前"化学镀"这个术语在国内外已被大家认同和采用，所以本书沿用这一术语。关于化学镀的基本概念，许多国内外专著中均有详细讨论[2,3]。这种反应可以在块体上和粉体上加以控制地发生，从而形成金属镀层和金属陶瓷复合粉体。

1.1.2 化学镀的分类

关于化学镀的分类方法有很多，其中最常见的是将化学镀分为三种，即浸镀、接触镀、还原法化学镀，其中还原法化学镀就是我们通常所说的化学镀。

还原法化学镀分类方法很多，其中按化学镀金属种类分类，目前主要有化学镀镍、铜、锡、钴，以及贵金属（银、金、钯、铂、钌等）。其中，化学镀镍按照还原剂的不同，又分为化学镀镍磷合金、化学镀镍硼合金和化学镀纯镍等。如果使用的还原剂为次磷酸盐，在镍还原的同时，有磷沉积，得到的是镍磷镀层，这是目前应用最广泛的化学镀技术，有时我们所说的化学镀指的就是化学镀镍磷合金。

在以次磷酸盐为还原剂的溶液中，加入镍之外的其他金属元素，可以获得三元合金或多元合金镀层，称为化学镀镍基多元合金。本书主要介绍的就是化学镀镍基多元合金的研究进展和成果，重点介绍金属镍和其他金属（钼、钨、铬、铁、钴、铜、锡等）一起在含有还原剂次磷酸盐的溶液中还原沉积的规律及影响因素等内容。

目前已经得到研究的化学镀镍基多元合金种类有很多，其中化学镀镍钼磷、镍钨磷、镍铬磷、镍铁磷、镍钴磷、镍铜磷、镍锡磷、镍锌磷等被研究和应用得较多[4,5]。

1.1.3　化学镀的特点

化学镀最大的特点就是不需要外部电源，因此化学镀所需的设备相当简单。即使在复杂的部件上，也能产生均匀和致密的沉积层。而在电镀过程中，边缘或尖端处存在电流密度集中的现象。因此，通过电镀产生的镀层厚度并不总是均匀的，在凹陷处几乎没有沉积层。此外，电镀层容易出现针孔，这使得镀层易腐蚀。化学镀还可以直接在非导电材料上进行，例如陶瓷和塑料等基体[6]。

化学镀层具有许多优异的性质，其中化学镀镍层具有耐蚀、硬度高、耐磨、导电性、可焊性、磁性、电催化等性能，已经被应用到了许多领域，如印刷电路板、磁存储介质、微电子、无线电电子、计算机工程、航空航天、石油、化学、机械、纺织、汽车和塑料金属化。从摩擦学角度来看，化学镀镍层主要是因为其硬度和耐磨性、润滑性和耐蚀性而被广泛应用[7-13]。

1.1.4　化学镀的发展简史

对于化学镀的历史，很多专著进行了详细的阐述，和很多发明一样，化学镀的发明具有偶然性，也具有必然性。布伦纳和里德尔根据研究电镀镍钨合金时出现的异常，发明了化学镀镍技术，并申请了专利。化学镀技术在经过一段缓慢发展阶段后，在 20 世纪末迎来了第一次爆发，成为重要的表面技术之一。进入 21 世纪以后化学镀应用越来越广泛，中国目前已经成为化学镀研究和应用的大国[11]。

化学镀的发展史最主要的是化学镀镍的发展史，化学镀镍基多元合金是在化学镀镍的基础上发展起来的，所以了解化学镀镍的发展简史，对于更好地研究和发展化学镀镍基多元合金具有重要的指导意义。

张邦维先生的英文专著 *Amorphous and Nano Alloys Electroless Depositions: Technology, Composition, Structure and Theory*（《非晶态和纳米合金的化学镀——制备原理、微观结构和理论》）专门讨论了化学镀的历史。张先生认为研究化学镀的历史是非常重要的，这样就可以理解它从发明到现在的整个发展过程，不仅有助于加深对化学镀的理解，而且可以预测化学镀的研究和技术发展的方向。根据大量的文献调研，张邦维第一次系统地将化学镀的历史分为如下几个时期：化学镀的发现、早期准备阶段（1946～1959 年），缓慢发展阶段（1960～1979 年），快速发展和扩张阶段（1980～1999 年），最后是更深层次的发展阶段（2000 年至今）。这里仅作简要介绍，详细内容请参考张先生的专著及相关文献。目前距离该专著出版又过去近 10 年，化学镀的研究论文数量又出现了一个比较大的增长，当然这些也都在预料之中。化学镀的发展还在继续，尤其是化学镀镍基多元合金的文献数量也在大量增加[11]。

一般认为，化学镀的发展主要体现在性能改善方面，由于化学镀多元合金实际上也是一种合金制备方法，和其他合金制备方法一样，在表面工程之外也有了应用。正如张邦维教授的著作题目《非晶态和纳米合金的化学镀——制备原理、微观结构和理论》，化学镀已经从单纯的表面技术，拓展到新材料制备技术。从材料学的观点重新认识化学镀，指出化学镀不只是表面改性的方法，而是金属和合金及复合材料的制备方法，这必将促进化学镀的发展。近年来化学镀镍基多元合金的研究和应用是化学镀领域重要的发展趋势之一[11]。

化学镀的基本原理和应用被仔细研究，并总结在论文、专利和书籍中。这些出版物数量的年增长率仍在上升。

早在 1844 年，伍尔兹（Wurtz）就观察到镍离子被次磷酸盐还原的现象。然而，伍尔兹只获得了一种黑色粉末。布雷托（Breteau）在 1911 年获得了镍磷合金的金属镀层。1916 年，鲁克斯（Roux）获得了化学镀镍的第一个专利。然而，这些镀液会自发分解并在任何与溶液接触的表面上形成沉积物。有研究者研究了这个过程，但是他们只对化学反应产物而不是沉积过程感兴趣[11]。

1944 年 2 月，布伦纳和里德尔在美国国家标准局（National Bureau of Standards, NBS）工作时，真正发明了化学镀。他们不仅获得了高质量的镍磷镀层，而且使用的镀液也比较稳定。因此，他们被认为是化学镀镍的奠基人。1946 年，布伦纳和里德尔发表了描述获得化学镀镍磷合金工艺的论文，被认为是实用化学镀技术的开始[3]。

显而易见，1946 年之前由众多研究者进行的研究为布伦纳和里德尔发明化学镀提供了非常好的基础，特别是他们当时知道次磷酸钠的还原反应。这些学者完成了化学镀发明的基础，所以他们的工作应该得到广泛的认可。当然，布伦纳和里德尔的化学镀镍方法仍然有缺点，特别是它被用作大规模工业生产时，镀层的沉积速率比较低，镀层质量不太好，镀液稳定性不足[11]。

在化学镀发明之后的早期阶段，化学镀的研究重点是提高化学镀的沉积速率，开发光滑有光泽的表面和更稳定的化学镀镀液。此外，研究人员认识到，当基体金属不具备催化性能时，可以通过使用与基体金属接触的更活泼的金属来引发反应。一旦接触完成，化学镀开始，沉积的金属承担起催化表面的作用，只要溶液补充有化学镀金属的盐和足够量的还原剂，如次磷酸盐，化学镀就可以继续进行。古特蔡特（Gutzeit）在 1959 年提出了化学镀的"原子氢"机制。1990 年，马洛里（Mallory）总结了自布伦纳和里德尔在 1946 年发表论文以来提出的解释化学镀镍沉积的主要反应机理。古特蔡特和他的团队在美国通用运输公司（General American Transportation Corporation, GATC）位于东芝加哥的试验工厂继续进行化学镀镍的研究，并于 1952 年最终完成了目前仍在应用的卡尼根（Kanigen）化学镀镍液的开发。美国通用运输公司在认识到卡尼根化学镀镍液的实际应用后，开始在美国、欧洲、澳大利亚和日本销售卡尼根化学镀镍液的许可证。1955 年，日本成立了卡尼根株式会社，一些作者把这称为化学镀的商业开端，该公司于 1958 年 1 月在其东京工厂开始了第一次化学镀工艺操作[3,11]。

在 1960～1979 年这二十年里，与化学镀发展的早期阶段相比，化学镀有所发展，但仍不迅速，因此我们称之为缓慢发展阶段。研究已扩展到各种合金体系和领域，许多化学镀专利已经发布，更多的行业在此期间使用了该工艺。这一时期的主要特点是，无论是研究还是专利都集中在镀液的改进上，如提高镀液的稳定性、加快沉积速率等。然而，对沉积的结构和性质没有进行广泛而深入的研究。化学镀的应用在世界范围内并不广泛。例如，在中国，化学镀的研究和发展在 20 世纪 70 年代末和 80 年代初才开始[11]。

从 20 世纪 80 年代初开始的 20 年是化学镀的快速发展时期，这个时期的主要特点如下：①对化学镀的性质，如电化学行为和形成机理进行了较深入的研究；②除了研究化学镀镀液本身，还对镀层的性能进行了更深入的研究；③化学镀的大规模应用扩展到许多工业领域；④三元和多元合金及复合材料已被广泛研究。虽然中国的化学镀研究起步较晚，然而化学镀在中国的发展非常迅速。总的来说，到这个阶段结束时，也就是到 1999 年左右，中国在化学镀发展的主要方面已经赶上了世界其他国家。很明显，除了研究人员的辛勤工作之外，行业和政府的支持也是化学镀发展不可或缺的因素。正是因为这种强大的支持，中国的化学镀得到了迅速的推广，并取得了令人瞩目的成就。1992 年，全国首届化学镀大会在南京召开，约两百人参加了这次会议。来自 22 所大学、13 个研究部门和 12 家工业公司的科研工作者参会，共 87 篇论文在这次会议上发表，并收录在中国腐蚀与防护学会编辑的会议论文集中。到 1998 年，中国有 90 家化学镀公司，而 1992 年还只有一家化学镀工厂。这些企业使用了 3000 多吨次磷酸钠。这意味着中国的化学镀在这 20 年里发展相当迅速。化学镀在中国的应用已经扩展到大部分工业生产领域，包括大型石化设施、油田开采用输油管道、电子、电信、家电、航空航天、石油化工、军事、纺织、造纸印刷、摩托车和机械产品[11]。

经过多年的发展，化学镀的应用已经达到了一个相当高的水平，几乎遍及所有工业部门。在所有发达国家和许多发展中国家，几乎找不到一个不使用化学镀技术的行业。此外，化学镀技术已经成为表面工程和金属加工的主要发展领域之一。在当代化学镀发展的各种趋势中，有两个趋势值得强调：三元或多元合金镀层和复合镀层的沉积[11-13]。对化学镀历史感兴趣的读者可以深入阅读张邦维先生的专著及其相关文献。

近年来，化学镀镍基多元合金得到了发展，学者进行了许多有价值的研究，需要进行适当的总结，找到发展的方向。化学镀镍基多元合金的工业应用还是有限的，需要进一步开展大量工作，制订解决方案。下面简单地介绍一下化学镀镍基多元合金的研究现状、应用和发展趋势。

1.2　化学镀镍基多元合金研究现状、应用和发展趋势

1.2.1　化学镀镍基多元合金的研究现状

早在 2000 年，Hajdu 等[4]预测了化学镀镍基多元合金是化学镀技术发展的下一个前沿。下面对近年来发表的镍钼磷、镍钨磷、镍铬磷、镍铁磷、镍钴磷、镍铜磷、镍锡磷、镍锌磷等镍基多元合金研究现状分别做简要介绍。

1. 镍钼磷的研究现状

Koiwa 等[14]研究了一种新型化学镀镍钼磷镀液及其镀层性能，制备了具有高热稳定性的化学镀镍钼磷合金薄膜，将其应用于电子材料中，用作薄膜电阻器的底层。该文介绍了一种新的无须单独制备钼配合物的简单镍钼镀液，即直接加入钼酸钠，并讨论了合金镀层的热稳定性。该镀液制备的镀层钼含量更高，在钼酸钠浓度为 0.020mol/L 时，钼的质量分数达到最大值 22.3%。之前使用钼配合物的镀液，在钼配合物浓度高于 0.015mol/L 时停止沉积，最大钼质量分数为 16.8%。

Lo 等[15]研究了碱性溶液中析氧用镍钼磷/SnO_2/Ti 化学电极的表征，在钼配合物浓度为 0.01mol/L 时制备的化学镀镍钼磷电极对析氧反应具有最佳的电催化性能。

Lu 等[16-18]研究了镍钼磷镀层在硫酸溶液中的耐蚀性、镀液成分对沉积速率和镀层性能的影响。研究表明，镍钼磷镀层在硫酸溶液中的耐蚀性稍好于镍磷镀层。葡萄糖酸钠的加入可以提高镍钼磷镀层沉积速率。在酸性介质中电解水时，镍钼磷镀层具有良好的电催化性能。

Wu 等[19]研究了化学镀镍钼磷镀层制备铜互连的扩散阻挡层及种子层，镍钼磷镀层具备铜互连扩散阻挡层及种子层的功能，同时降低了工艺的复杂性和成本。因此，镍钼磷有可能成为 TaN 铜阻挡层/种子层的替代工艺。

Mendoza 等[20]研究了镍钼磷镀层的时效硬化，结果表明，热处理引起结构变化，使得非晶区完全结晶，晶相重新排列，产生 Ni_3P 和 $MoNi_4$ 颗粒沉淀的镍钼固

溶体。后续热处理有利于提高金属镀层的硬度，在 500℃下处理 2h 的镀层测得的最大硬度为 1450HV。这种增强作用通过 MoNi₄ 金属间颗粒的沉淀得到进一步加强。

Chou 等[21-23]研究了在酸性化学镀液中用非等温沉积法沉积的超薄镍钼磷阻挡层的性能和热稳定性，沉积的镍钼磷薄膜具有低电阻率和良好的热稳定性。制备的镍钼磷膜层中钼和磷的含量都很高，具有非晶结构，这种镍钼磷薄膜的阻挡能力在 650℃下退火 1h 后仍能保持稳定。研究了钼酸盐浓度和 pH 对非等温化学沉积镍钼磷扩散阻挡层的成分、电阻率和热稳定性的影响。镍钼磷阻挡层具有应用在超大规模集成电路中防止铜扩散的潜力。

Bai 等[24]对不同的 pH 和钼酸钠浓度下，在双极板用铝合金 5052 基体上沉积镍钼磷镀层进行了研究。pH 为 7.0，钼酸钠浓度为 $4.13×10^{-2}$mol/L 条件下制备的镍钼磷镀层在混合酸性环境中的耐蚀性和电导率优于美国能源部的指标（腐蚀电流密度小于 $1.6×10^{-2}$A/m² 和电导率大于 10^6 S/m²），还发现镍钼磷镀层比镍磷镀层具有更好的热稳定性和优异的长期耐蚀性。因此，镍钼磷镀层在提高铝合金双极板耐蚀性领域具有很好的应用前景。

Liu 等[25]研究了二氧化硅表面化学镀镍钼磷镀层的生长过程和反应机理。采用钯活化的自组装单层膜在二氧化硅层上制备了无溅射种子层的化学镀镍钼磷薄膜。结果表明，用钯活化的自组装膜制备的镍钼磷合金具有非晶或类非晶结构，具有良好的扩散阻挡性能。

Wang 等[26]证实了镍钼磷化学镀过程中的诱导成核、诱导共沉积和自诱导生长机制。

Lee 等[27]研究了将无碱化学物质化学沉积镍钼磷薄膜用于铜互连的覆盖层，随着钼和磷在镍钼磷薄膜中含量的增加，极化电阻增加，腐蚀电流降低。

Fetohi 等[28]研究了镍磷和镍钼磷改性铝合金 6061 作为质子交换膜燃料电池双极板材料，结果表明与铝合金 6061 相比较其耐蚀性和接触电阻均得到改善。

Shi 等[29]研究了化学镀镍钼磷制备疏水、电磁屏蔽和耐蚀木质复合材料，发现镍钼磷薄膜牢固地附着在木材表面。该研究为制备多功能木基复合材料提供了一条新途径。

Song 等[30]研究了不同厚度组合的化学镀镍磷/镍钼磷复合镀层的合成与表征，这种镍磷/镍钼磷三元复合镀层有望解决镍钼磷镀层沉积速率低的问题，从而扩大铝及其合金在机械制造等领域的应用。

Jiang 等[31]研究了超声波处理和钼酸钠浓度对化学镀镍钼磷镀层性能的影响，结果表明超声波改善了镀层性能。在超声波辅助下，镀层表面更加光滑，粗糙度降低。超声波作用下，镍钼磷镀层的耐蚀性和硬度也有所提高。

Li 等[32]研究了化学镀镍钼磷/镍磷复合镀层在 CO_2/H_2S/氯盐水中的表征及腐蚀行为。热处理后的镍钼磷/镍磷镀层具有优异的耐蚀性，原因与镍氧化物和硫化物组成的致密腐蚀产物层以及三氧化钼的形成有关。

Zhao 等[33]进行了 Mo 对提高非晶镍磷镀层热稳定性和耐蚀性的作用研究。结果表明，添加 Mo 元素可以提高镍磷镀层的热稳定性和非晶组织的稳定性。此外，镍钼磷镀层比镍磷镀层具有更好的耐蚀性，因为添加 Mo 元素形成的氧化物和化合物能够有效地抵抗氯离子的穿孔腐蚀。在中性氯化钠溶液中，由于 Mo 元素氧化物和化合物分布更加均匀，非晶镍钼磷镀层可以形成稳定的钝化膜。

Rosas-Laverde 等[34,35]研究了功能陶瓷化学镀镍钼磷镀层的优化及陶瓷的金属化，研究结果显示，在陶瓷表面形成了以镍为主的致密、连续、均匀的镀层。在 300℃下 12h 获得的镀层表现出最好的电性能。附着力测试表明镍钼磷镀层牢固地附着在陶瓷表面。这项研究的结果提供了一种获得导电陶瓷基板的方法。Orozco-Messana 等[36]采用化学镀方法在陶瓷基超级电容器表面制备镍钼磷镀层作为导电层，镍钼磷镀层与陶瓷基体之间具有很好的结合强度。

2. 镍钨磷的研究现状

Tsai 等[37]研究了化学镀镍钨磷镀层的热稳定性和力学性能，与化学镀镍磷镀层相比，钨与镍磷的共沉积可以提高化学镀镍磷镀层的热稳定性。钨与镍磷的共沉积使得沉积物呈现出具有较低磷含量的无定形结构。镍磷镀层中钨的引入有效地减小了线性裂纹长度，延缓了裂纹的形成。二元合金镀层的表面硬度可以通过钨元素的引入得到改善。

Osaka 等[38]研究了用于铜互连技术中二氧化硅上扩散阻挡层的化学镀镍三元合金，含有高熔点难熔金属钨的合金有望阻止铜扩散到层间电介质中。镍钨磷镀层在 400℃以下是稳定的，可以作为铜互连技术的阻挡层。

Du 等[39]进行了化学镀镍钨磷镀层的研究，以次磷酸钠为还原剂，在含有硫酸镍、钨酸钠、柠檬酸钠、硫酸铵等的镀液中，制备了镍钨磷镀层。

Hamid[40]研究了添加表面活性剂化学沉积镍钨磷合金的机理，表面活性剂在金属表面上的吸附，取决于其疏水和亲水部分的结构，表面活性剂的临界浓度影响钨的沉积。镍钨磷镀层具有较高的结晶度和硬度，表面光滑均匀，耐蚀性好。

Tien 等[41,42]研究了化学镀镍钨磷镀层老化过程中的热可靠性，镍钨磷镀层是在碱性溶液中制备的。用差示扫描量热法分析的镍磷化合物的相变温度为 406℃。经过老化处理后，镍钨磷镀层在 450℃也表现出很好的高温可靠性。

Szczygiel 等[43]研究了氨基乙酸作为化学沉积镍钨磷镀层镀液中的配位剂，镍钨磷镀层沉积速率在使用具有最高稳定常数的配位剂时最慢。当使用氨基乙酸和柠檬酸时，在镀层中钨含量取决于配位剂的浓度和镀液的 pH。

Antonelli 等[44]研究了钨在抑制化学镀镍钨磷镀层结晶中的作用，表明添加钨不会显著降低获得非晶镀层所需的磷含量，钨的主要作用是抑制 Ni₃P 相的成核。

Zhang 等[45]研究了 AZ91D 镁合金化学沉积镍钨磷镀层，镍钨磷镀层对 AZ91D 镁合金具有良好的耐蚀性能。

Balaraju 等[46]研究了不同钨和磷含量的纳米晶镍钨磷合金的相变行为。在含有较低量的钨和较高量的磷的情况下进行热处理，除了稳定的镍和 Ni₃P 之外，还发现了亚稳定相，如 Ni₅P₂ 和 NiP。低磷镀层的化学镀镍钨磷镀层结晶过程的活化能较高，表现出更好的热稳定性。

Kakareka 等[47]研究了铝表面化学镀镍钨磷的特点。钨酸根离子被氢还原，氢是在次磷酸根离子的催化氧化作用下形成的，或者是铝溶解从水中析出氢时形成的。

Yang 等[48]研究了化学镀镍钨磷镀层与无铅 Sn-3.5Ag 焊料之间的界面反应。结果表明，镍钨磷镀层与无铅 Sn-3.5Ag 焊料之间的界面反应比镍磷镀层和无铅 Sn-3.5Ag 焊料之间的界面反应显著延缓了。

Al-Zahrani 等[49]研究了非晶和晶态化学镀镍钨磷镀层的力学和腐蚀行为。纳米晶镍钨磷镀层的耐磨性比非晶的高，化学镀镍钨磷镀层改善了低碳钢表面的耐蚀性能。

Shu 等[50]研究了化学镀镍钨磷镀层的工艺参数优化，在钨酸钠用量不变的情况下，通过控制镀液组成和工艺参数，可以优化镀层中钨和磷的含量。镀液中稳定剂的用量对镀层的钨和磷含量有显著影响。控制化学沉积镍钨的参数与影响电镀镍钨沉积的参数相似。可以用催化镍表面诱导共沉积钨来解释实验结果。

Zhan 等[51]研究了钨合金化对镍磷中短程有序演化和结晶行为的影响，通过钨的合金化，可以显著延缓近共晶、非晶镍磷的结晶。论文提出了可以解释合金化元素降低结晶驱动力和结晶速率的微观机制模型。

De 等[52]研究了钨含量对化学镀镍钨磷镀层表面性能的影响，发现镀层中钨的含量对镀层的表面形貌、晶化行为和耐蚀性有影响。镍钨磷镀层退火后的耐蚀性能最好。镀层的硬度、表面粗糙度和摩擦系数与钨的浓度有关。

Ding 等[53]制备了化学镀镍钨磷/聚酰亚胺织物，其具有高导电性和电磁屏蔽性能，电磁屏蔽效果达到 103dB。经过多次超声波洗涤和弯曲试验后，其优异的屏蔽效能也表明其在纺织防护领域具有很大的潜力。

Ren 等[54]进行了换热器镍钨磷复合镀层表面腐蚀与结垢关系的实验研究，镀有镍钨磷镀层的样品的防污性能明显优于低碳钢。镍钨磷镀层具有更好的耐蚀性能。此外，由于样品表面会产生大量的腐蚀裂纹和腐蚀坑，结垢诱导期将会缩短。耐蚀性能差的低碳钢比镍钨磷镀层更容易附着污垢。此外，与低碳钢表面容易产生的腐蚀裂纹和腐蚀坑相比,镍钨磷镀层优异的耐蚀性能对延长产品的寿命也有很好的效果。

Wang 等[55]进行了从复合配位剂体系制备高钨含量的化学镀镍钨磷三元合金的研究,化学镀镍钨磷镀层的成分和形貌可以通过优化镀液中的复合配位剂来控制。三乙醇胺的加入能有效提高镀液的稳定性,增加镀层中的钨含量。与化学镀镍磷镀层相比,化学镀镍钨磷镀层具有更高的硬度、更好的耐磨性和更优异的耐蚀性。此外化学镀镍钨磷镀层在焊料、镁合金防护等领域也有研究和应用[56-58]。

3. 镍铬磷的研究现状

Gonzalez[59]研究了自催化还原镍过渡金属-磷合金的制备、表征、表面化学和腐蚀性能,镍铬磷只有在过程受电化学机制控制时才有可能沉积。纯化学反应时,虽然次磷酸盐的还原能力较强,但镍铬磷很难以自催化方式沉积。为了克服这个困难,建议添加硼化合物。用一般的镀液不能制备非晶的镍铬磷,但由于铬的存在,获得的镍铬磷也将具有较好的耐蚀性能。

Shashikala 等[60]进行了化学镀镍铬磷镀层的研究与表征。Tharamani 等[61]对甲醇燃料电池的化学镀铬磷镀层的微观结构、表面和电化学进行了研究。光谱研究的结果表明 Cr^{3+}、Ni^{2+} 与八面体几何形状的甘氨酸配位。X 射线衍射研究的结果表明,镀层是部分结晶的,均匀分布在基体上,镀层对酸性介质表现出良好的耐蚀性。

Wu 等[62]研究了烧结钕铁硼永磁体化学镀镍铬磷/镍磷组合镀层的制备及其耐蚀性,组合镀层表面光亮,孔隙率低,化学镀层与钕铁硼基体结合良好。化学镀制备的镍铬磷/镍磷组合镀层具有非晶结构,在碱性和酸性介质中均有良好的耐蚀性能。

Ru 等[63]研究了采用氧化锆增韧的氧化铝(ZTA)制备铁基复合材料,在离子液体中通过化学镀镍铬镀层,在氧化锆增韧的氧化铝颗粒表面形成镍铬包覆的氧化锆增韧的氧化铝颗粒,这种包覆后的颗粒可以提高 ZTA 与铁基材料的结合强度。

孙硕等[64]研究了化学镀镍铬磷镀层的制备与电化学腐蚀行为。化学镀法制备的镍铬磷镀层表面形貌呈胞状结构,镀层为非晶和微晶混合结构。在 0.5mol/L 硫酸溶液中,镍铬磷镀层的腐蚀电势远高于镍磷镀层,向正移动约 0.25V,其电荷转移电阻增大,腐蚀电流降低了大约两个数量级,化学镀镍铬磷镀层的耐蚀性明显优于镍磷镀层。此外,国内还有很多团队研究了镍铬磷三元合金的制备和性能等[65-70]。

4. 镍铁磷的研究现状

Wang[71]研究了化学镀镍铁磷合金及其耐蚀性能,结果表明,镀液的 pH 影响沉积速率和镀层成分。镀液 pH 的增加有利于铁与镍磷的共沉积，而合金中磷的质量分数随之降低。随着 NiSO$_4$ 和 FeSO$_4$ 摩尔比的降低，沉积速率降低，而 Fe 质量分数增加，Ni 质量分数降低。镀液中 Fe 的存在对合金沉积有抑制作用，导致沉积速率降低，Fe 在合金中的质量分数通常不能达到很高的值。镍铁磷镀层的结构与镀液的 pH 以及 NiSO$_4$ 和 FeSO$_4$ 摩尔比无关，为非晶结构。在质量分数 3.5% 的 NaCl 溶液中进行的镍铁磷镀层的腐蚀失重试验和阳极极化测试表明，相同条件下，pH 为 8.0 时制备的镀层比其他条件制备的镀层具有更好的耐蚀性。

Huang 等[72]研究了配位剂对化学镀镍铁磷合金耐蚀性的影响。以柠檬酸铵为配位剂获得镀层的耐蚀性优于柠檬酸钠作为配位剂的镀层，合金在碱性环境中比在酸性溶液中耐蚀性好。

An 等[73]进行了改进化学镀工艺制备玻璃/镍铁磷三元合金核壳复合空心微球的研究。结果表明，偶联剂处理能提高镍铁磷镀层的均匀性。随着(NH$_4$)$_2$Fe(SO$_4$)$_2$ 和 NiSO$_4$ 摩尔比的增加，沉积速率降低。pH 的增加可以提高沉积速率和镀层中铁的质量分数。所得复合空心微球在室温下具有软磁性能，并且随着镀层中铁含量的增加，磁性能得到改善。

Pang 等[74]研究了粉煤灰空心微珠表面化学镀镍铁磷合金薄膜的制备及表征，报道了用改进的化学镀法在粉煤灰空心微珠表面沉积镍铁磷合金薄膜的过程。采用 γ-氨丙基三乙氧基硅烷为偶联剂，硝酸银为活化剂的偶联工艺。采用扫描电镜（scanning electron microscope, SEM）、能量色散 X 射线谱（energy dispersive X-Ray spectroscopy, EDX）、X 射线光电子谱（X-ray photoelectron spectroscopy, XPS）、差示扫描量热法（differential scanning calorimetry, DSC）、X 射线衍射（X-ray diffraction, XRD）和振动样品磁强计（vibrating sample magnetometer, VSM）对镍铁磷/FACs 复合材料进行了表征。结果表明，在空心微珠表面获得了连续均匀的镍铁磷合金膜。差示扫描量热法分析结果表明，热处理过程中出现两个明显的放热峰，随着镀层中 Ni^{2+} 和 Fe^{2+} 摩尔比的降低，放热峰向高温移动。XRD 分析结果表明，化学镀镍铁磷镀层随着热处理温度的升高，镀层由非晶转变为晶态。此外，VSM 数据显示，所得样品在室温下表现出软磁材料的特性。随着镀层中铁含量的增加和热处理温度的提高，复合材料的磁性能得到改善。

Zhang 等[75]研究了片状硅藻土表面化学镀镍铁磷合金核壳粒子的电磁特性。镍铁磷包覆的片状硅藻土具有较好的微波吸收性能，热处理可以提高复合材料的吸波性能。

Lan 等[76]以螺旋藻为模板，采用化学镀方法在螺旋藻细胞表面制备镍铁磷包覆的软核颗粒并研究其电磁性能。结果表明，螺旋藻细胞经化学镀镍铁磷镀层后，完全保持了最初的螺旋状。选取合适的硫酸镍与硫酸亚铁物质的量比值更有利于获得较好的包覆质量和电磁性能。

Jung 等[77]研究了柠檬酸钠浓度对化学镀镍铁镀液稳定性和沉积的影响，浸泡时间和柠檬酸钠浓度对沉积层的厚度和成分都有显著影响，需要控制镀液的静置时间和添加足够的配位剂。柠檬酸钠具有缓冲作用，能防止金属盐沉淀和降低游离金属离子的浓度，柠檬酸钠浓度不足时，镀液不稳定。

Wang 等[78]采用化学镀镍铁磷制备磁性和电磁屏蔽木质复合材料，发现随着 pH 从 8.8 增加到 9.4，镀层中镍的质量分数从 93.40%减少到 92.69%，铁的质量分数从 4.37%增加到 5.51%，并且磷的质量分数从 2.23%降低到 1.80%。提高镀液的 pH 有利于镍和铁的共沉积，XRD 分析结果表明，pH 在 8.8～9.6 范围内制备的镀层，其结构为结晶态，随着 pH 的增加，镀层表面的结节逐渐减少。在 9kHz 至 1.5GHz 的频率范围内，化学镀木材单板的屏蔽效能达到 45dB 至 60dB。Shi 等[79]的研究表明，与镍磷镀层相比，镍铁磷镀层具有更好的磁性和防腐性能。

Guo 等[80]研究了 pH 对杨木单板化学镀镍铁磷合金的影响，镀液 pH 为 9.5 时，镍铁磷镀层具有晶态结构，镀层由层状金属颗粒组成，具有软磁性能。镀液 pH 为 4.5 时，镍铁磷镀层的结构主要为非晶结构。镀层由球形的金属颗粒组成。600℃热处理之后，镀层转变为晶态结构，表现为软磁性能。

Xie 等[81]研究了化学镀制备镍铁磷/铜复合导线的巨磁阻抗效应，在不同条件下通过化学镀法制备镍铁磷/铜复合导线。研究镀液组成和操作条件的影响，研究内容包括硫酸亚铁和（硫酸亚铁+硫酸镍）的摩尔比、次磷酸钠的浓度、pH 和沉积时间。复合导线的巨磁阻抗效应与这些条件有关，在最佳条件下制备的复合导线的最大巨磁阻抗效应比可达 1103%。这一结果对开发高性能巨磁阻抗效应传感器具有重要的实际意义。

Liu 等[82]研究了锌铝互连线中晶态结构对化学镀镍铁磷扩散阻挡性能的影响，发现镍铁磷镀层可以显著抑制液-固反应过程中锌铝互连线界面金属间化合物的生长。此外，镍铁磷镀层的晶态结构对锌铝/镍铁磷的界面反应和微观结构演变起着重要作用。具有混合结构（非晶+结晶）的镍铁磷镀层在三种类型的镀层中表现出最好的扩散阻挡性能，而晶态镍铁磷镀层最差，这不仅是由于 Al_3Ni_2 和 Fe_2Al_5 相的快速生长，而且还由于 Al_3Ni_2 颗粒的剥落。

Wang 等[83]研究了高性能纳米多孔镍铁磷双功能催化剂的简便合成，通过化学镀的方法在镍泡沫上制备的纳米多孔材料镍铁磷/NF30 电极材料，在 10mA/cm² 的电流密度下保持稳定状态至少 24h。

Yang[84]进行了负载型低成本三元镍铁磷催化剂氨硼烷水解用泡沫镍的研究，镍铁磷/泡沫镍对水解制氢具有高的催化活性。催化剂可以方便地从反应溶液中分离出来并重复使用，显示出令人满意的循环操作性。镍和铁储量丰富，突出的性价比使镍铁磷/泡沫镍成为一种很有前途的实用储氢催化剂。

Zhang 等[85-87]采用化学镀镍铁磷制备不同表面电阻率的生物基屏蔽材料，发现镀覆后的竹材具有良好的导电性、磁性和屏蔽效能。化学镀后的竹材信噪比高于 55dB，远远超过了商业应用的 20dB 目标值。镍铁磷包覆竹材的热稳定性比原竹材有所提高。

Zhang 等[88]进行了利用响应面法优化制备镍铁磷镀层及其腐蚀性能的研究，结果表明，镀液温度为 85℃、pH 为 8 时，镀层的耐蚀性最佳。

LV 等[89]研究多层交替镍铁磷和钴磷薄膜的析氢性能，钴磷/镍铁磷电极表现出优异的电催化析氢性能，在 10mA/cm² 的电流密度下具有 43.4mV 的过电势，并且在碱性介质中具有 72h 的耐久性。

5. 镍钴磷的研究现状

Narayanan 等[90]研究了化学镀镍钴磷镀层的制备及性能特征，化学镀镍钴磷镀层的沉积速率是次磷酸钠浓度、pH、时间和金属物质的量比 $[CoSO_4/(CoSO_4+NiSO_4)]$ 的函数。随着金属物质的量比 $[CoSO_4/(CoSO_4+NiSO_4)]$ 的增加，镀层中钴的质量分数增加，同时镍的质量分数减少，而磷的质量分数略有减少。化学镀镍钴磷在沉积态下是非晶的。差示扫描量热曲线显示三个明显的放热峰，分别对应于相分离过程中晶格应变的弛豫、非晶相镍和磷化镍的相变以及亚稳相向稳定磷化镍的转变。该研究中，化学镀镍钴磷镀层表现出软磁特性，饱和磁化强度、剩磁和矫顽力随着镀层中钴的质量分数的增加而增加。

Liu 等[91]研究了镍对硅基化学镀镍钴磷合金初始生长行为的影响，镍的加入可以提高化学镀的沉积速率，磷的质量分数因镍的存在而略有增加。

Gao 等[92]研究了镀层中钴的质量分数对铝基体上化学镀镍钴磷镀层耐蚀性和电磁屏蔽的影响，钴改善了镀层的耐蚀性，大大提高了镀层的电磁屏蔽性能。化学镀镍钴磷镀层使铝基体的耐蚀性、电磁屏蔽效果得到改善。

Aal 等[93]研究了铝合金表面低温化学沉积纳米晶软铁磁镍钴磷薄膜，在铝合金上沉积了在 150～250nm 范围内的化学镀镍钴磷薄膜。镍钴磷薄膜显示短程有序，没有形成非晶的晶界。然而，在退火后，结晶度增加，显微硬度提高。镍钴磷薄膜中钴的存在提高了铝合金的耐蚀性。具有高耐蚀性和高硬度的镍钴磷镀层有望扩大铝合金的应用范围。沉积在铝合金上的经镀覆和退火的镍钴磷薄膜表现出优异的磁记录介质性能。

武晓威等[94]研究了钡铁氧体粉末表面化学镀镍钴磷镀层的制备及吸波性能，经过活化后的钡铁氧体粉末表面沉积了均匀、致密的镍钴磷镀层，改性后的钡铁氧体粉末吸波性能显著提高。

Toda 等[95]研究了操作条件对乳酸盐-柠檬酸盐-氨水溶液制备镍钴磷镀层的影响，制备了以乳酸盐-柠檬酸盐-氨水为配位剂和缓冲剂的化学镀镍钴磷溶液。用这种溶液沉积了各种化学镀镍钴磷镀层，研究离子浓度、pH 和镀液温度对镀层化学组成的影响。结果表明，化学镀镍钴磷镀层平均成分为质量分数 71% 的镍、17% 的钴和 12% 的磷，镀液具有较好的稳定性。

Yang 等[96]研究了在泡沫镍表面化学镀高效析氢的镍钴磷镀层。在酸性和碱性溶液中，镍钴磷/纳滤膜在电解析氢中表现出优异的电催化性能。析氢过电势在酸性溶液中为 98mV，在碱性溶液中为 125mV。在酸性和碱性溶液中，塔费尔斜率分别低至 62mV/dec 和 73mV/dec。该催化剂在碱性溶液中长期电解，可稳定至少 25h，法拉第效率接近 95%。镍钴磷/纳滤膜的性能与大多数报道的通过复杂过程合成的磷化物相当。合成方法可行、成本低、催化活性好，使镍钴磷/纳滤膜成为一种很有前途的水分解制氢电催化剂。

Sumi 等[97]研究了一种制备镍钴磷镀层的新方法，在碱性介质中的析氢反应过程中，镀层在 10mA/cm^2 的电流密度下获得了 112mV 的低过电势。镀层的塔费尔斜率为 110mV/dec，交换电流密度为 24.67mA/cm^2。

Xiong 等[98]研究了双磁性层复合导线的制备及磁性能，采用化学镀的方法制备了双层钴磷/镍钴磷/铜复合导线，并用磁滞回线对巨磁阻抗（giant magneto impedance, GMI）进行了测试。当与单层复合导线相比时，具有双磁性层的样品的磁滞回线显示出相对明显的磁化跳跃。GMI 曲线的轮廓由四特征峰组成，这表明两个磁性层都具有周向磁畴结构。磁化回路上拐点的移动和 GMI 曲线上的峰值位置表明偶极相互作用在两层之间起着重要作用。这些结果为研究复杂复合磁线之间的偶极相互作用提供了有效的途径。此外，研究人员在镍钴磷化学复合镀、镁合金表面防护、电磁性能、耐蚀性能和力学性能等方面进行了研究[99-109]。

6. 镍铜磷的研究现状

早在 1987 年人们就研究了化学镀镍铜磷[110]。Hur 等[111]研究了退火对化学镀镍铜磷镀层磁性及微观结构的影响，化学镀镍磷合金大多处于非晶相，其耐热稳定性较差，即加热时易结晶，使合金失去非磁性。当合金用作磁记录盘的底层时，其非磁性尤为重要。化学镀镍铜磷镀层显示出优异的耐热非磁性特性。在高温退火过程中，镍铜晶粒长大，排斥磷，从相邻非晶吸收铜，而富磷非晶转变为 Ni$_5$P$_2$ 相或 Ni$_5$P$_2$ 和 Ni$_3$P 相。亚稳相 Ni$_5$P$_2$ 最终转变为稳定的 Ni$_3$P 相。铜的质量分数在 28% 以上的镍铜磷镀层在退火态和沉积态均表现出非磁性，这是由于其富铜的镍铜固溶体微晶所致。磷化镍与沉积态镍铜晶粒混合形成的非晶结晶对镀层的饱和磁矩没有影响。

Chassaing 等[112]进行了镍铜磷合金自催化沉积的电化学性能研究。结果表明，次磷酸盐浓度必须高于某一阈值才能引发自催化过程。阻抗行为解释了动力学机理：当仅发生化学置换反应时，阻抗图只在高频区出现一个容抗弧；当出现自催化沉积过程时，阻抗图在高频区和低频区均出现容抗弧。氧化和还原反应之间会发生相互作用，这两个反应都是去极化的。此外，当铜含量增加时，磷的质量分数总是减少。pH 的增加加速了化学镀过程，但抑制了阴极放电并且降低了铜的质量分数。

Armyanov 等[113]研究了酸性溶液中化学镀镍铜磷镀层，铜的加入提高了镀层的热稳定性、亮度和耐蚀性。他们提出了一个简单的铜与镍磷共沉积模型，添加到化学镀镍液中的铜起到三种不同的作用：①作为稳定剂（Cu+）；②作为促进剂（由于镍铜合金的催化性能）；③影响溶液的稳定性（由于溶液中随机分散的铜颗粒的形成）。对镀层中检测到的铜含量和根据模型预测的铜含量进行了比较，该模型证明了可以制备高铜含量的非晶镍铜磷镀层，并因此改善了镀层的热稳定性。

Yu 等[114]进行了化学镀镍磷和镍铜磷镀层结晶行为的比较研究，低磷镍磷沉积物直接转变为稳定相 Ni_3P，但是低磷（高铜）镍铜磷沉积物首先转变为亚稳相 Ni_5P_2，然后转变为稳定相 Ni_3P。非晶镍磷镀层和高磷含量的非晶镍铜磷镀层都先转变为亚稳相 Ni_5P_2 和 $Ni_{12}P_5$，然后转变为稳定相 Ni_3P。对于磷质量分数约为 10% 的非晶镍磷和镍铜磷镀层，后者的结晶温度明显高于前者。此外，磷含量近似的过共晶镍磷镀层的晶化温度与非晶镍铜磷镀层的晶化温度几乎相同。对于低磷含量的晶态镍磷和镍铜磷镀层，后者形成稳定 Ni_3P 的温度明显高于前者。

Ashassi-Sorkhabi 等[115]进行了镍铜磷合金的化学镀及其参数对镀层性能影响的研究，从氯化镍和氯化铜、柠檬酸盐、三乙醇胺和磺基水杨酸以及次磷酸盐作为还原剂的镀液中自催化沉积镍铜磷合金层。磺基水杨酸可以有效地用作镍铜磷镀层共沉积的配位剂。

Hsu 等[116]研究了化学镀镍铜磷的沉积行为及镀层性能的改善，镍铜磷镀层的拉伸内应力是由氢气析出引起的，通过适当的搅拌可以降低氢气析出。还原剂（次磷酸钠）和缓冲剂（氯化铵）的浓度降低不会影响镍铜磷沉积物的组成和均匀性，但会降低沉积速率。配位剂（柠檬酸钠）浓度的降低改善了镍铜磷沉积物的结晶度、成分均匀性和沉积速率。在最佳镀液条件下，可产生成分均匀的非晶镍铜磷镀层。

Liu 等[117]进行了化学镀镍铜磷镀层及其耐蚀性能的研究，镀液的 pH、温度、硫酸铜浓度等操作参数对化学镀镍铜磷镀层中铜的含量有显著影响。镍铜磷镀层耐蚀性能优于镍磷镀层。

Hsu 等[118]研究了糖精对铝表面化学镀镍铜磷镀层力学性能和断裂行为的影响，糖精浓度的增加导致沉积结节的生长，消除了沉积物中的空隙，并降低了拉应力和压应力的产生。镀层的显微硬度、屈服强度、弹性模量和极限拉伸强度都得到了提高。

Balaraju 等[119]用原子力显微镜研究了三元镍铜磷合金的形态，采用碱性柠檬酸盐镀液制备了硫酸镍和氯化镍基化学镀镍铜磷镀层。用 XRD 分析的沉积物结构显示两种镀层结构都是无定形的，具有相似的晶粒尺寸。使用 EDX 对这些沉积物进行的成分分析和通过 XPS 进行的化学状态鉴定显示镀层几乎完全相同。通过光学、扫描电镜和原子力显微镜进行表面形貌观察，与基于硫酸镍的镀层相比，基于氯化镍镀层更光滑，结节更少。这可能是由于氯化镍镀液中铜离子和氯离子存在协同作用。

Chen 等[120]研究了在化学镀镍磷中铜离子作为添加剂的作用。铜与镍争夺由次磷酸盐离子氧化释放的自由电子，铜是首选反应对象，这与铜离子的还原电势比镍离子的还原电势更正是一致的。基于电子隧穿理论建立的修正模型成功预测了化学镀镍磷铜合金的沉积速率。

Liu 等[121]研究了在碱性次磷酸盐溶液中的硅上化学镀镍铜磷的动力学，在碱性次磷酸盐溶液中，在硅衬底上沉积了化学镀镍铜磷镀层。镍铜磷镀层在镀覆过程开始时具有颗粒形态，随着镀覆时间的增加，颗粒的数量和尺寸增加，在镀覆后期，颗粒相互接触，形成连续的膜。

Guo 等[122]研究了铜含量对镀镍铜磷涤纶织物性能的影响，结果表明，随着铜离子浓度的增加，镀层中铜含量显著增加，镍含量显著降低，磷含量略有下降，获得了具有结节状形态的致密镀层。随着溶液中铜离子浓度的增加，镀层的结晶度也增加，镀层的表面电阻降低，电磁干扰屏蔽效能提高。

Afzali 等[123]研究了棉织物表面化学镀铜镍磷合金。结果表明，镀铜棉织物的屏蔽效能在 90dB 以上，在频率为 50MHz 至 2.7MHz 时，屏蔽效能的趋势保持相似。此外，在标准洗涤和磨损后的屏蔽效能评价证实了镀层具有高的耐久屏蔽行为。

Zhu 等[124]研究了化学镀镍铜磷层对硬质合金与焊锡润湿性的影响。扩散实验表明，未镀覆的硬质合金与焊锡之间的润湿性极差。硬质合金表面化学镀镍铜磷层可以明显改善硬质合金与焊锡之间的润湿性。pH、硫酸铜浓度和温度都会影响硬质合金化学镀镍铜磷层与焊锡之间的润湿性。在 pH 为 11、温度为 90℃和 1.25g/L 硫酸铜浓度下，化学镀镍铜磷层均匀致密，不含空洞或裂纹等缺陷，焊锡在硬质合金上的扩散性能得到改善。

Hui 等[125]制备了化学镀镍铜磷与水曲柳板的复合材料。结果表明，金属沉积随着酸碱度和温度的升高而增加，镍铜磷镀层的耐蚀性明显取决于镀层中铜和磷的总含量。铜和磷的总含量越高，耐蚀性越好。最佳工艺条件为：硫酸铜浓度 1.0g/L，pH 为 9.5，操作温度 90℃。所得镀层各元素的质量分数分别为镍 77.41%、铜 8.96%、磷 13.63%。这种复合材料具有较高的耐蚀性，在 9kHz 至 1.5GHz 的频率范围内，其电磁辐射强度约为 60dB。

Cheng 等[126]研究了镀层中添加铜对传热表面性能的影响，结果表明，镀层中添加铜后，结合强度有所提高。随着铜含量的增加，镍铜磷镀层的沉积速率增加，结节状边界变得明显。进一步的污垢实验表明，与不锈钢表面相比，不同铜含量的镍铜磷镀层表面均抑制了污垢的附着。污垢附着质量与镍铜磷镀层中铜的添加量近似成正比，而与表面自由能值无关。

Chen 等[127]研究了添加铜对镍磷非晶镀层微观结构、热稳定性和耐蚀性的影响。研究表明，镍铜磷非晶镀层比镍磷镀层具有更高的热稳定性和更好的耐蚀性。尽管镍铜磷镀层的晶粒尺寸大于镍磷镀层，但镍铜磷的腐蚀电流并没有增加，这一结果与添加铜后腐蚀电势的增加有关。

Zhang 等[128]对用于有效电磁干扰屏蔽的薄而柔韧的铁硅硼/镍铜磷金属玻璃多层复合材料进行了研究。层状结构的铁硅硼/镍铜磷金属玻璃复合材料是通过在工业铁硅硼金属玻璃上简单化学镀镍铜磷镀层制造的，电磁干扰屏蔽效率高于传统金属、金属氧化物及其聚合物复合材料。此外，该柔性复合材料还表现出良好的耐蚀性、高的热稳定性和优异的拉伸强度。

Chen 等[129]研究了结晶过程中镍铜磷非晶镀层的组织演变及耐蚀性。结果表明，镍铜磷非晶合金的结晶行为在热处理过程中是一个渐进的过程。然而，镍铜磷合金的耐蚀性在加热过程中先增强后劣化。合金的耐蚀性不仅受结晶析出物的影响，还受镀层中合金元素的影响。与相同状态下的镍磷样品相比，铜的存在提高了镍铜磷样品的热稳定性和耐蚀性。莫特-肖特基测试结果表明，三元镍铜磷钝化层具有 p-n 双极半导体特性，而二元镍磷钝化膜在质量分数 3.5%的氯化钠溶液中仅表现出一种 p 型半导体特性。此外，还研究了热处理过程中非晶镍铜电极镀层的亚稳相演化和纳米压痕行为。发现亚稳 Ni_5P_4、$Ni_{12}P_5$ 和 Ni_5P_2 相在退火过程中析出，结晶后转变为稳定的 Ni_3P 相。镍铜非晶镀层中的铜原子以镍（铜）固溶体的形式析出。通过纳米压痕测试系统地研究了镍铜电极镀层在晶化过程中的力学性能。结果表明，镀层的硬度、弹性模量和耐磨性受到结晶过程中微观组织演变和相变的显著影响[130]。

Liu 等[131]研究了自支撑石墨烯（self-supporting graphene, SSG）上沉积镍铜合金增强析氢反应活性，成功地开发了具有高电催化性能的析氢催化剂。得益于 SSG 独特的结构，它可以提供大的表面积和导电路径来实现快速的电子转移，以及镍铜双金属体系中协同效应的存在，使得镍铜/SSG 复合材料在氢氧化钾中显示出优异的催化活性。此外，镍铜磷/SSG 催化剂还表现出优异的稳定性，可保持高析氢催化活性至少 12h。化学沉积法制备的具有高电催化性能的镍铜/SSG 电极为非贵金属催化剂的制备和应用提供了新的思路。此外，镍铜磷还在不锈钢表面防护等领域有应用[132-134]。

7. 镍锡磷的研究现状

Shimauchi 等[135]研究了一种镍锡磷合金的制备方法，由于镍锡磷合金具有良好的耐蚀性、耐磨性和可焊性，有望成为一种功能材料。结果表明，镍锡磷合金可焊性优于镍磷合金。

Xie 等[136]采用化学镀的方法制备了三元非晶镍锡磷合金，详细研究了工艺条件对沉积速率的影响。在镍磷合金中引入锡元素改善了镀层非晶相的稳定性。分别测定了在物质的量浓度为 0.5mol/L 的 H_2SO_4 溶液，以及体积分数为 5%的 HCl 溶液、10%的 NaCl 溶液和 50%的 NaOH 溶液中的耐蚀性。结果表明，镍锡磷非晶镀层的耐蚀性与不锈钢接近。

Georgieva 等[137]研究了低锡和高锡镍锡磷镀层的表面形貌和元素分布。结果表明，在低锡镍锡磷镀层中，合金成分在表面和厚度上均有均匀的分布，化学镀合金沉积在这种情况下的主要机制是以次磷酸盐氧化作为电子的来源。在高锡镍锡磷镀层中，可以观察到合金成分在表面和镀层厚度上的不均匀分布，这与二价锡的歧化反应有关。

Hsiao 等[138]研究了锂二次电池负极包覆纳米镍锡磷的电化学性能。高容量的锡基合金/碳质复合材料成为锂二次电池的研究热点。采用化学镀法制备了一种新型锂二次电池用镍锡磷中间相炭微球（mesocarbon micro-bead, MCMB）复合材料。镍锡磷/MCMB 复合负极在第十次循环中表现出 418mAh/g 的大容量，即使在第二十五次循环后，镍锡磷/MCMB 复合负极的库仑效率也高达 98%。此外，镍锡磷/MCMB 复合负极显示出电化学性能的显著改善。因此，镍锡磷/MCMB 为锂二次电池提供了一种新型的高容量负极材料。

Georgieva 等[139]研究了化学沉积镍锡磷镀层及其性能，解释了二价锡（II）歧化反应在化学镀镍锡磷过程中的作用，以及镍锡磷合金的沉积条件。锡的引入提高了化学镀镍磷镀层的热稳定性和耐蚀性。

Balaraju 等[140]研究了含锡的化学镍磷合金的结构及相变行为。在较高的温度下，锡的存在有助于保持较高的显微硬度值，改善了热稳定性。含锡的纳米晶镍锡磷合金具有更高的耐蚀性能。

Zhang 等[141]在 AZ91D 镁合金的碱性柠檬酸盐基镀液中沉积化学镀镍锡磷镀层，镀层的相结构是无定形的。通过扫描电镜和所附的能量色散谱（energy dispersive spectroscopy, EDS）观察发现，在镍锡磷镀层中存在致密均匀的胞状结构，锡的质量分数为 2.48%。腐蚀试验表明，镍锡磷镀层的耐蚀性优于镍磷镀层。

Yu 等[142]研究了镍锡磷非晶合金结晶激活能的测定，发现冷变形会使结晶的非晶镍锡磷镀层的活化能减少，并进一步导致结晶温度下降。

Liu 等[143]研究了高耐蚀性的化学镀镍锡磷三元合金，将其用于镁合金酸性化学镀镍的过渡层。结果表明,对于在镁合金表面进行酸性化学镀镍磷,过渡层是必不可少的。在相同厚度条件下,与传统化学镀镍磷过渡层相比,化学镀镍锡磷过渡层结构主要为非晶,表面平整致密,镀层无孔隙,结合力强,耐蚀性更高。

Popoola 等[144]研究了化学镀镍锡磷镀层在低碳钢表面的腐蚀磨损性能,滑动磨损分析表明,镍锡磷合金表现出更好的耐磨性。

Yaghoobi 等[145]研究了化学镀镍锡磷纳米晶镀层的制备及热处理对镀层性能的影响。结果表明,随着氯化亚锡浓度的增加,镀层中锡含量增加,镍含量减少,磷含量基本不变,镀层表面变得均匀致密,含锡量较高的镀层具有较好的耐蚀性能。化学镀镍锡磷纳米晶镀层热处理后的耐蚀性能较好,最佳热处理温度为 350℃。

Fu 等[146]研究了化学镀镍锡磷镀层在多热流体中的腐蚀机理,镍锡磷镀层结构为非晶,通过形成一种 $NiO/Ni(OH)_2/SnO_2$ 耐蚀性薄层表现出良好的耐蚀性。

Wang 等[147]研究了锡酸钠对低温化学镀镍锡磷的影响及其机理,成功地在低温条件下沉积了镍锡磷镀层。

Liu 等[148]研究了化学镀法制备镍锡磷合金泡沫材料的组织与性能,锡的引入显著增强了镍磷镀层在氯化钠溶液中的耐蚀性能。

此外,还有关于化学镀镍锡磷三元合金的沉积机理、制备工艺以及在焊料、耐蚀性能等方面的研究[149-156]。

8. 镍锌磷的研究现状

Oulladj 等[157]研究了化学镀镍锌磷镀层的制备。镍锌磷镀层的组成为 70%(质量分数)镍、20%(质量分数)锌和 10%(质量分数)磷。在质量分数 5%的氯化钠溶液中进行极化曲线测试,得到腐蚀电势为-0.49V,腐蚀电流为 $2.6\mu A/cm^2$,这些数值与镍磷合金的腐蚀结果接近。

Tai 等[158]研究了化学镀镍锌磷镀层在焊点凸点下金属化中的应用。退火态的 XRD 谱图表明,Ni-8Zn-8P 镀层比镍磷镀层具有更好的热稳定性。$(Ni,Cu)_3Sn_4$ 金属间化合物在用 Sn-3.0Ag-0.5Cu 焊料回流后能很好地附着在 Ni-8Zn-8P 镀层上。结果表明,镍锌磷镀层可以替代凸点下金属化使用的镍磷镀层。

Sunitha 等[159]研究了不锈钢网上的镍锌磷催化剂用于直接甲醇燃料电池中甲醇的电化学增强氧化,结果显示,镍锌磷镀层具有更高和更持久的电催化活性,此外,还有关于化学镀镍锌磷沉积机理、制备工艺以及在耐蚀性能等方面的研究[160-168]。

1.2.2　化学镀镍基多元合金的应用

化学镀制备的镀层具有孔隙率低、覆盖均匀、与基体结合良好等特性[7]。化学镀镍层具有优异的耐蚀性、良好的机械性能和电性能。这些特性使其在电气、化工、航空航天和汽车工业中有着广泛的应用。与镍磷合金相比化学镀镍基多元合金在耐蚀、耐磨等传统性能方面，得到了改善和提高。同时，在新能源、新材料领域中，化学镀镍基多元合金可作为电解水的电极材料代替金属铂等贵金属催化材料。其中，化学镀三元合金镀层（Ni-Me-P，Me：Cu、Zn、W、Mo、Co、Fe 等）得到了广泛的研究[11]。

镍钼磷合金具有用作薄膜电阻器和磁记录盘的底层，以及作为铜互连的扩散阻挡层应用在超大规模集成电路技术的潜力。镍钼磷改性铝合金作为质子交换膜燃料电池双极板材料，改善了双极板的耐蚀性和接触电阻。镍钼磷镀层有望在制备疏水、电磁屏蔽、耐蚀木质复合材料，陶瓷金属化和光伏发电等领域应用[14-36]。

镍钨磷镀层含有高熔点难熔金属钨，可以避免铜扩散到层间电介质中，作为铜互连技术中二氧化硅上的扩散阻挡层。在自组装单层/SiO_2 表面形成的镍钨磷镀层在 400℃以下是稳定的，可以作为铜互连技术的阻挡层。在聚酰亚胺织物表面化学镀镍钨磷具有良好的电磁屏蔽性能[37-58]。

化学镀镍铬磷三元合金具有较小的电阻温度系数，适用于电子零部件的表面处理。化学镀镍铬磷可以弥补电镀铬制作成本高、镀层厚度薄、环境污染严重等缺点[60,61]。

化学镀镍铁磷具有良好的磁性能，对开发高性能巨磁阻抗效应传感器具有重要的实际意义。镍铁磷/泡沫镍对水溶液水解具有相当高的催化活性，使镍铁磷/泡沫镍成为一种很有前途的实用储氢催化剂。此外，化学镀镍铁磷可在制备吸波材料、耐蚀材料和扩散阻挡层，以及电催化析氢电极等领域中应用[71-89]。

沉积在铝合金上的经镀覆和退火的镍钴磷镀层表现出优异的磁记录介质性能。钡铁氧体粉末表面化学镀镍钴磷镀层具有优异的吸波性能。在酸性和碱性溶液中，镍钴磷/纳滤膜在电解析氢中表现出优异的电催化性能，使镍钴磷/纳滤膜成为一种很有前途的水分解制氢电催化剂[90-109]。

化学镀镍铜磷镀层均匀致密，不含空洞或裂纹等，使焊锡在硬质合金上的扩散性能得到改善。化学镀镍铜磷与水曲柳板的复合材料具有良好的电磁屏蔽性能。在热交换器领域应用时，镍铜磷镀层提高了结合强度和抗污能力。研究人员在自支撑石墨烯上沉积镍铜合金增强析氢反应活性，成功地开发了具有高电催化性能的析氢催化剂[110-134]。

化学镀镍锡磷镀层在引线、印刷电路板、锂离子电池负极等电子元器件中有着广泛的应用。化学镀镍锡磷镀层具有优异的耐蚀性、低孔隙率、良好的耐热性和可焊性，有望成为一种功能材料[145]。研究结果表明，镍锡磷合金可焊性优于镍磷合金[135]。

与镍磷镀层相比，化学镀镍锌磷镀层能显著降低腐蚀速率。化学镀镍锌磷镀层还可用于焊点凸点的金属化[13]。

1.2.3　化学镀镍基多元合金的发展趋势

本书作者科研小组在科研中经历了从研究化学镀镍磷二元合金发展到研究化学镀镍基多元合金的过程。目前的研究结果表明，化学镀镍基多元合金镀层具有良好的热稳定性、可焊性、磁性、电催化等性能。良好的耐蚀性使其在质子交换膜燃料电池双极板表面改性中得到应用，良好的热稳定性、电催化性能等使其在超大规模集成电路和电解制氢中发挥了更大的作用。除此之外，作为多元合金材料的一种制备方法，化学镀也有其他方法无法比拟的优势，相信该方法在陶瓷复合粉体的制备方面会有广泛的应用。综上，化学镀镍基多元合金将在新能源、新材料和信息产业中获得广泛的应用。

参 考 文 献

[1] 周荣廷. 化学镀镍的原理与工艺[M]. 北京: 国防工业出版社, 1975: 1-2.

[2] 伍学高. 化学镀技术[M]. 成都: 四川科学技术出版社, 1985: 225-226.

[3] MALLORY G O, HAJDU J B. Electroless plating: Fundamentals and applications[M]. New York: Noyes Publications/William Andrew Publishing, LLC, 1990: 1-6.

[4] HAJDU J, ZABROCKY S. The future of electroless nickel[J]. Metal Finishing, 2000, 98(5): 42-46.

[5] AGARWALA R C, AGARWALA V. Electroless alloy/composite coatings: A review[J]. Sādhanā, 2003, 28(3-4): 475-493.

[6] KRISHNAN K H, JOHN S, SRINIVASAN K N, et al. An overall aspect of electroless Ni-P depositions: A review article[J]. Metallurgical and Materials Transactions A, 2006, 37(6): 1917-1926.

[7] SAHOO P, DAS S K. Tribology of electroless nickel coatings: A review[J]. Materials & Design, 2011, 32(4): 1760-1775.

[8] SUDAGAR J, LIAN J S, SHA W. Electroless nickel, alloy, composite and nano coatings: A critical review[J]. Journal of Alloys and Compounds, 2013, 571: 183-204.

[9] CAVALLOTTI P L, MAGAGNIN L, CAVALLOTTI C. Influence of added elements on autocatalytic chemical deposition electroless NiP[J]. Electrochimica Acta, 2013, 114: 805-812.

[10] LOTO C A. Electroless nickel plating: A review[J]. Silicon, 2016, 8: 177-186.

[11] ZHANG B W. Amorphous and nano alloys electroless depositions: Technology, composition, structure and theory[M]. Netherlands Amsterdam: Elsevier Inc. , 2016: 1-46.

[12] ARMYANOV S, VALOVA E, TATCHEV D, et al. Electroless deposited ternary alloys: Third element chemical state, localisation and influence on the properties. A short review[J]. Transactions of the Institute of Metal Finishing: The International Journal for Surface Engineering and Coatings, 2018, 96(1): 12-19.

[13] FAYYAD E M, ABDULLAH A M, HASSAN M K, et al. Recent advances in electroless-plated Ni-P and its composites for erosion and corrosion applications: A review[J]. Emergent Materials, 2018, 1(1-2): 3-24.

[14] KOIWA I, YAMADA K, USUDA M, et al. A new electroless nickel-molybdenum-phosphorus alloy plating bath and the properties of plated films[J]. Denki Kagaku, 1986, 54(6): 514-515.

[15] LO Y L, CHOU S C, HWANG B J. Characterization of electroless Ni-Mo-P/SnO₂/Ti electrodes for oxygen evolution in alkaline solution[J]. Journal of Applied Electrochemistry, 1996, 26(7): 733-740.

[16] LU G J, ZANGARI G. Corrosion resistance of ternary Ni-P based alloys in sulfuric acid solutions[J]. Electrochimica Acta, 2002, 47: 2969-2979.

[17] LU G J, ZANGARI G. Study of the electroless deposition process of Ni-P-based ternary alloys[J]. The Electrochemical Society, 2003, 150(11): 777-786.

[18] LU G J, EVANS P, ZANGARI G. Electrocatalytic properties of Ni-based alloys toward hydrogen evolution reaction in acid media[J]. The Electrochemical Society, 2003, 150(5): A551-A557.

[19] WU Y, WAN C C, WANG Y Y. Fabrication of potential NiMoP diffusion barrier/seed layers for Cu interconnects via electroless deposition[J]. Journal of Electronic Materials, 2005, 34(5): 541-550.

[20] MENDOZA L V, BARBA A, BOLARIN A, et al. Age hardening of Ni-P-Mo electroless deposit[J]. Surface Engineering, 2006, 22(1): 58-62.

[21] CHOU Y H, SUNG Y, OU K L, et al. Ultrathin Ni-Mo-P diffusion barriers deposited using nonisothermal deposition method in acid bath[J]. Electrochemical and Solid-State Letters, 2008, 11(2): 30-33.

[22] CHOU Y H, SUNG Y, BAI C Y, et al. Effects of molybdate concentration on the characteristics of Ni-Mo-P diffusion barriers grown by nonisothermal electroless deposition[J]. The Electrochemical Society, 2008, 155(9): D551-D557.

[23] CHOU Y H, SUNG Y, LIU Y M, et al. Amorphous Ni-Mo-P diffusion barrier deposited by non-isothermal deposition[J]. Surface & Coatings Technology, 2009, 203(8): 1020-1026.

[24] BAI C Y, CHOU Y H, CHAO C L, et al. Surface modifications of aluminum alloy 5052 for bipolar plates using an electroless deposition process[J]. Journal of Power Sources, 2008, 183(1): 174-181.

[25] LIU D L, YANG Z G, ZHANG C. Electroless Ni-Mo-P diffusion barriers with Pd-activated self-assembled monolayer on SiO₂[J]. Materials Science and Engineering B, 2010, 166(1): 67-75.

[26] WANG M L, YANG Z G, ZHANG C, et al. Growing process and reaction mechanism of electroless Ni-Mo-P film on SiO₂ substrate[J]. Transactions of Nonferrous Metals Society of China, 2013, 23: 3629-3633.

[27] LEE H M, CHAE H, KIM C K. Electroless deposition of NiMoP films using alkali-free chemicals for capping layers of copper interconnections[J]. Korean Journal of Chemical Engineering, 2012, 29(9): 1259-1265.

[28] FETOHI A E, HAMEED R M A, EI-KHATIB K M. Ni-P and Ni-Mo-P modified aluminium alloy 6061 as bipolar plate material for proton exchange membrane fuel cells[J]. Journal of Power Sources, 2013, 240: 589-597.

[29] SHI C H, WANG L, WANG L J. Fabrication of a hydrophobic, electromagnetic interference shielding and corrosion-resistant wood composite via deposition with Ni-Mo-P alloy coating[J]. RSC Advances, 2015, 5(127): 104750-104755.

[30] SONG G S, SUN S, WANG Z C, et al. Synthesis and characterization of electroless Ni-P/Ni-Mo-P duplex coating with different thickness combinations[J]. Acta Metallurgica Sinica(English Letters), 2017, 30(10): 1008-1016.

[31] JIANG J B, CHEN H T, WANG Y H, et al. Effect of ultrasonication and Na₂MoO₄ content on properties of electroless Ni-Mo-P coatings[J]. Surface Engineering, 2018, 35(10): 1-10.

[32] LI J K, SUN C, ROOSTAEI M, et al. Characterization and corrosion behavior of electroless Ni-Mo-P/Ni-P composite coating CO₂/H₂S/Cl⁻ in brine: Effects of Mo addition and heat treatment[J]. Surface & Coatings Technology, 2020, 403: 1-12.

[33] ZHAO G L, WANG R H, LIU S S, et al. Study on the role of element Mo in improving thermal stability and corrosion resistance of amorphous Ni-P deposit[J]. Journal of Non-Crystalline Solids, 2020, 549: 1-11.

[34] ROSAS-LAVERDE N M, PRUNA A, CEMBRERO J, et al. Optimizing electroless plating of Ni-Mo-P coatings toward functional ceramics[J]. Acta Metallurgica Sinica(English Letters), 2020, 33(3): 437-445.

[35] ROSAS-LAVERDE N M, PRUNA A I, BUSQUETS-MATAIX D. Graphene oxide-polypyrrole coating for functional ceramics[J]. Nanomaterials, 2020, 10(6): 1188.

[36] OROZCO-MESSANA J, DALY R, ZANCHETTA-CHITTKA I F. Cu_2O-ZnO heterojunction solar cell coupled to a $Ni(OH)_2$-rGO-PPy supercapacitor within a porous stoneware tile[J]. Ceramics International, 2020, 46(16): 24831-24837.

[37] TSAI Y Y, WU F B, CHEN Y I, et al. Thermal stability and mechanical properties of Ni-W-P electroless deposits[J]. Surface and Coatings Technology, 2001, 146-147: 502-507.

[38] OSAKA T, TAKANO N, KUROKAWA T, et al. Electroless nickel ternary alloy deposition on SiO_2 for application to diffusion barrier layer in copper interconnect technology[J]. The Electrochemical Society, 2002, 149(11): C573-C578.

[39] DU N, PRITZKER M. Investigation of electroless plating of Ni-W-P alloy films[J]. Journal of Applied Electrochemistry, 2003, 33(11): 1001-1009.

[40] HAMID Z A. Mechanism of electroless deposition of Ni-W-P alloys by adding surfactants[J]. Surface & Interface Analysis, 2003, 35(6): 496-501.

[41] TIEN S K, DUH J G. Thermal reliability of electroless Ni-P-W coating during the aging treatment[J]. Thin Solid Films, 2004, 469-470: 268-273.

[42] TIEN S K, DUH J G, CHEN Y I. The influence of thermal treatment on the microstructure and hardness in electroless Ni-P-W deposit[J]. Thin Solid Films, 2004, 469-470: 333-338.

[43] SZCZYGIEL B, TURKIEWICZ A. Aminoacetic acid as complexing agent in baths for electroless deposition of Ni-W-P coatings[J]. Transactions of the Institute of Metal Finishing, 2006, 84(6): 309-312.

[44] ANTONELLI S B, ALLEN T L, JOHNSON D C, et al. Determining the role of W in suppressing crystallization of electroless Ni-W-P films[J]. The Electrochemical Society, 2006, 153 (6): J46-J49.

[45] ZHANG W X, HUANG N, HE J G. Electroless deposition of Ni-W-P coating on AZ91D magnesium alloy[J]. Applied Surface Science, 2007, 253: 5116-5121.

[46] BALARAJU J N, KALAVATI, MANIKSNDANATH N T, et al. Phase transformation behavior of nanocrystalline Ni-W-P alloys containing various W and P contents[J]. Surface & Coatings Technology, 2012, 206: 2682-2689.

[47] KAKAREKA A S, VRUBLEVSKAYA O N, VOROB'EVA T N. Peculiarities of electroless deposition of Ni-W-P alloy on aluminum[J]. Protection of Metals and Physical Chemistry of Surfaces, 2013, 49(2): 222-228.

[48] YANG Y, BALARAJU J N, CHONG S C, et al. Significantly retarded interfacial reaction between an electroless Ni-W-P metallization and lead-free Sn-3.5Ag solder[J]. Journal of Alloys & Compounds, 2013, 565: 11-16.

[49] AL-ZAHRANI A, ALHAMED Y, PETROV L, et al. Mechanical and corrosion behavior of amorphous and crystalline electroless Ni-W-P coatings[J]. Journal of Solid State Electrochemistry, 2014, 18(7): 1951-1961.

[50] SHU X, WANG Y X, LU X, et al. Parameter optimization for electroless Ni-W-P coating[J]. Surface & Coatings Technology, 2015, 276: 195-201.

[51] ZHAN X, ZHANG P, VOYLES P M, et al. Effect of tungsten alloying on short-to-medium-range-order evolution and crystallization behavior of near-eutectic amorphous Ni-P[J]. Acta Materialia, 2017, 122: 400-411.

[52] DE OLIVEIRA M C L, CORREA O V, ETT B, et al. Influence of the tungsten content on surface properties of electroless Ni-W-P coatings[J]. Materials Research, 2018, 21(1): 1-13.

[53] DING X D, WANG W, WANG Y, et al. High-performance flexible electromagnetic shielding polyimide fabric prepared by nickel-tungsten-phosphorus electroless plating[J]. Journal of Alloys and Compounds, 2019, 777: 1265-1273.

[54] REN L, CHENG Y, FENG S, et al. Experimental study on corrosion-fouling relationship of Ni-W-P composite coating surface of heat exchanger[J]. Surface Topography: Metrology and Properties, 2019, 7(1): 015011. 1-015011. 16.

[55] WANG W C, JU X, XU C Y, et al. Study on electroless plating Ni-W-P ternary alloy with high tungsten from compound complexant bath[J]. Journal of Materials Engineering and Performance, 2020, 29(12): 8213-8220.

[56] XU T, HU X W, LI Y L, et al. Significant inhibition of IMCs growth between an electroless Ni-W-P metallization and SAC305 solder during soldering and aging[J]. Journal of Wuhan University of Technology(Materials Science), 2019, 34(1): 165-175.

[57] ZHOU P, CAI W B, YANG Y B, et al. Effect of ultrasonic agitation during the activation process on the microstructure and corrosion resistance of electroless Ni-W-P coatings on AZ91D magnesium alloy[J]. Surface & Coatings Technology, 2019, 374: 103-115.

[58] SHU X, HE Z, WANG Y X, et al. Mechanical properties of Ni-based coatings fabricated by electroless plating method[J]. Surface Engineering, 2020, 36 (9-10): 944-951.

[59] GONZALEZ O M. Preparation, characterization, surface chemistry and corrosion properties of nickel-transition metal-phosphorus alloys produced by autocatalytic reduction[D]. College Station: Texas A&M University, 1991: 1-50.

[60] SHASHIKALA A R, MAYANNA S M, SHARMA A K. Studies and characterisation of electroless Ni-Cr-P alloy coating[J]. Transactions of the Institute of Metal Finishing, 2007, 85(6): 320-324.

[61] THARAMANI C N, HOOR F S, BEGUM N S, et al. Microstructure, surface and electrochemical studies of electroless Cr-P coatings tailored for the methanol oxidative fuel cell[J]. Journal Solid State Electrochem, 2005, 9: 476-482.

[62] WU M M, LOU B Y. Preparation and corrosion resistance of electroless plating of Ni-Cr-P/Ni-P composite coating on sintered Nd-Fe-B permanent magnet[J]. Advanced Materials Research, 2011, 284-286: 2187-2190.

[63] RU J J, HE H, JIANG Y H, et al. Ionic liquid-assisted preparation of Ni-Cr dual wrapped ZTA particles for reinforced iron-based composites[J]. Advanced Engineering Materials, 2019, 21: 1801120. 1-1801120. 11.

[64] 孙硕, 杨杰, 钱薪竹, 等. Ni-Cr-P 化学镀层的制备与电化学腐蚀行为[J]. 中国腐蚀与防护学报, 2020, 40(3): 273-280.

[65] 安茂忠, 张景双, 杨哲龙, 等. 化学镀 Ni-Cr-P 合金工艺研究[J]. 电子工艺技术, 1994, 14(2): 8-10, 13.

[66] 杨玉国, 许韵华, 孙冬柏, 等. Ni-Cr-P 化学镀过程中 Cr 的沉积机理[C]//第六届全国化学镀会议, 2002: 184-186.

[67] 杨玉国, 孙冬柏, 杨德钧. Ni-Cr-P 三元合金化学镀层的组织结构[J]. 材料保护, 1999, 32(10): 1-3.

[68] 杨玉国, 孙冬柏, 杨德钧. 化学镀 Ni-Cr-P 合金镀层在 NaCl 溶液中的耐蚀性[J]. 腐蚀科学与防护技术, 2000, 12(3): 138-140.

[69] 肖鑫, 龙有前, 钟萍, 等. 化学镀 Ni-Cr-P 合金工艺研究[J]. 表面技术, 2003, 32(2): 47-49, 56.

[70] 晋勇, 孙平, 刘巧玲, 等. 热处理对不锈钢表面化学镀 Ni-Cr-P 合金镀层结构及性能的影响[J]. 材料热处理学报, 2012, 33(3): 146-150.

[71] WANG S L. Electroless plating of Ni-Fe-P alloy and corrosion resistance of the deposit[J]. Journal of Materials Science & Technology, 2005, 21(1): 39-42.

[72] HUANG G F, HUANG W Q, WANG L L, et al. Effects of complexing agents on the corrosion resistance of electroless Ni-Fe-P alloys[J]. International Journal of Electrochemical Science, 2007, 2(4): 321-328.

[73] AN Z G, ZHANG J J, PAN S L. Fabrication of glass/Ni-Fe-P ternary alloy core/shell composite hollow microspheres through a modified electroless plating process[J]. Applied Surface Science, 2008, 255(5): 2219-2224.

[74] PANG J F, LI Q, WANG B, et al. Preparation and characterization of electroless Ni-Fe-P alloy films on fly ash cenospheres[J]. Powder Technology, 2012, 226: 246-252.

[75] ZHANG D Y, YUAN L M, LAN M M, et al. Electromagnetic properties of core-shell particles by way of electroless Ni-Fe-P alloy plating on flake-shaped diatomite[J]. Journal of Magnetism and Magnetic Materials, 2013, 346: 48-52.

[76] LAN M M, CAI J, YUAN L M, et al. Fabrication and electromagnetic properties of soft-core functional particles by way of electroless Ni-Fe-P alloy plating on helical microorganism cells[J]. Surface & Coatings Technology, 2013, 216: 152-157.

[77] JUNG M W, KANG S K, LEE J H. Effects of sodium citrate concentration on electroless Ni-Fe bath stability and deposition[J]. Journal of Electronic Materials, 2014, 43(1): 290-298.

[78] WANG L, SHI C H, WANG L J. Fabrication of magnetic and EMI shielding wood-based composite by electroless Ni-Fe-P plating process[J]. BioResources, 2015, 10(1) : 1869-1878.

[79] SHI C H, WANG L, WANG L J. Preparation of corrosion-resistant, EMI shielding and magnetic veneer-based composite via Ni-Fe-P alloy deposition[J]. Journal of Materials Science: Materials in Electronics, 2015, 26(9): 7096-7103.

[80] GUO T C, WANG Y, HUANG J T. The effect of pH on electroless Ni-Fe-P alloy plating on poplar veneer[J]. BioResources, 2017, 12(2): 3154-3165.

[81] XIE L, LI X, ZOU J T, et al. Optimized giant magneto-impedance effect in electroless-deposited NiFeP/Cu composite wires[J]. Surface & Coatings Technology, 2018, 334: 158-163.

[82] LIU L, ZHANG H, ZHENG H, et al. Influence of crystalline structure on diffusion barrier property of electroless Ni-Fe-P coatings in Zn-Al solder interconnects[J]. Journal of Alloys and Compounds, 2019, 804: 42-48.

[83] WANG K H, SUN K L, YU T P, et al. Facile synthesis of nanoporous Ni-Fe-P bifunctional catalysts with high performance for overall water splitting[J]. Journal of Materials Chemistry A, 2019, 7(6): 2518-2523.

[84] YANG J G, YUAN Q, LIU Y, et al. Low-cost ternary Ni-Fe-P catalysts supported on Ni foam for hydrolysis of ammonia borane[J]. Inorganic Chemistry Frontiers, 2019, 6(5): 1189-1194.

[85] ZHANG Q, NING L P, WANG C Y, et al. Study of an energy-efficient and cost-friendly electromagnetic shielding material with three-dimensional conductive network fabricated by dispersing Ni-Fe-P alloys coated bamboo fibers in a HDPE matrix[J]. Journal of Materials Science: Materials in Electronics, 2019, 30(15): 14631-14645.

[86] ZHANG Q, NING L P, WANG C Y, et al. Fabrication and characterization of bio based shielding material with dissimilar surface resistivity prepared by electroless Ni-Fe-P alloy plating on bamboo (*N. afnis*)[J]. Journal of Materials Science: Materials in Electronics, 2019, 30(24): 21064-21078.

[87] ZHANG Q, NING L P, SHEN Y Z, et al. Study on shielding effectiveness, electrical conductivity and thermal property of bamboo-plastic shielding composite based on Ni-Fe-P coated bamboo fibers[J]. Materials Letters, 2020, 268: 127578-127581.

[88] ZHANG Z F, BAI Y, HE Y, et al. Using RSM optimization to fabricate Ni-Fe-P ternary alloy electroless coating and explore its corrosion properties[J]. Journal of Materials Science: Materials in Electronics, 2021, 32(22): 26412-26424.

[89] LV Z H, WANG K H, SI Y Y, et al. High performance of multi-layered alternating Ni-Fe-P and Co-P films for hydrogen evolution[J]. Green Energy and Environment, 2022, 7(1): 75-85.

[90] NARAYANAN S, SELVAKUMAR S, STEPHEN A. Electroless Ni-Co-P ternary alloy deposits: Preparation and characteristics[J]. Surface & Coatings Technology, 2003, 172(2): 298-307.

[91] LIU W L, CHEN W J, TSAI T K, et al. Effect of nickel on the initial growth behavior of electroless Ni-Co-P alloy on silicon substrate[J]. Applied Surface Science, 2007, 253(8): 3843-3848.

[92] GAO Y, HUANG L, ZHENG Z J, et al. The influence of cobalt on the corrosion resistance and electromagnetic shielding of electroless Ni-Co-P deposits on Al substrate[J]. Applied Surface Science, 2007, 253(24): 9470-9475.

[93] AAL A A, SHAABAN A, HAMID Z A. Nanocrystalline soft ferromagnetic Ni-Co-P thin film on Al alloy by low temperature electroless deposition[J]. Applied Surface Science, 2008, 254(7): 1966-1971.

[94] 武晓威, 冯玉杰, 刘延坤, 等. 钡铁氧体粉末表面化学镀 Ni-Co-P 涂层的制备及吸波性能[J]. 硅酸盐学报, 2009, 37(2): 311-316.

[95] TODA A, CHIVAVIBUL P, ENOKI M. Effects of plating conditions on electroless Ni-Co-P coating prepared from lactate-citrate-ammonia solution[J]. Materials Transactions, 2013, 54(3): 337-343.

[96] YANG Q P, LV C C, HUANG Z P, et al. Amorphous film of ternary Ni-Co-P alloy on Ni foam for efficient hydrogen evolution by electroless deposition[J]. International Journal of Hydrogen Energy, 2018, 43(16): 7872-7880.

[97]　SUMI V S, AMEEN SHA M, ARUNIMA S R, et al. Development of a novel method of NiCoP alloy coating for electrocatalytic hydrogen evolution reaction in alkaline media[J]. Electrochimica Acta, 2019, 303: 67-77.

[98]　XIONG J L, TU H C, LI X, et al. Preparation and magnetic properties of composite wire with double magnetic layers[J]. Journal of Magnetism and Magnetic Materials, 2019, 490(11): 165531. 1-165531. 6.

[99]　LI Z B, DENG Y D, SHEN B, et al. Size influence on microwave properties of Ni-Co-P hollow spheres[J]. Journal of Physics D: Applied Physics, 2009, 42(14): 145002. 1-145002. 5.

[100]　LI Z B, DENG Y D, SHEN B, et al. Synthesis, characterization and microwave properties of Ni-Co-P hollow spheres[J]. Journal of Alloys & Compounds, 2010, 491(1-2): 406-410.

[101]　BANERJEE T, SEN R S, ORAON B, et al. Predicting electroless Ni-Co-P coating using response surface method[J]. International Journal of Advanced Manufacturing Technology, 2013, 64(9-12): 1729-1736.

[102]　SEIFZADEH D, HOLLAGH A R. Corrosion resistance enhancement of AZ91D magnesium alloy by electroless Ni-Co-P coating and Ni-Co-P-SiO$_2$ nanocomposite[J]. Journal of Materials Engineering and Performance, 2014, 23(11): 4109-4121.

[103]　YE M Q, LI Z T, WANG C, et al. Preparation, characterization, and millimeter wave attenuation of carbon fibers coated with Ni-Cu-P and Ni-Co-P alloys[J]. Journal of Materials Engineering and Performance, 2015, 24(12): 4825-4834.

[104]　HU J, FANG L, LIAO X L, et al. Influences of different reinforcement particles on performances of electroless composites[J]. Surface Engineering, 2017, 33(5): 362-368.

[105]　YUAN J, WANG J H, GAO Y, et al. Preparation and magnetic properties of Ni-Co-P-Ce coating by electroless plating on silicon substrate[J]. Thin Solid Films, 2017, 632: 1-9.

[106]　SARKAR S, BARANWAL R K, BISWAS C, et al. Optimization of process parameters for electroless Ni-Co-P coating deposition to maximize micro-hardness[J]. Materials Research Express, 2019, 6(4): 046415.1- 046415.13.

[107]　SARKAR S, MUKHERJEE A, BARANWAL R K, et al. Prediction and parametric optimization of surface roughness of electroless Ni-Co-P coating using Box-Behnken design[J]. Journal of the Mechanical Behavior of Materials, 2019, 28(1): 153-161.

[108]　SARKAR S, BARANWAL R K, KOLEY I, et al. Parametric optimization of corrosion resistance of electroless Ni-Co-P coating[M]//PAULO J. Advances in computational methods in manufacturing. Singapore: Springer Nature Singapore Pte Ltd, 2019: 685-692.

[109]　SARKAR S, KOLEY I, BARANWAL R, et al. Optimization of process parameters on the response of corrosion resistance of electroless Ni-Co-P coating using Box- Behnken Design (BBD)[C]// 10th International Conference on Applied Physics and Mathematics (ICAPM) 2020, 1593(1): 012040. 1-012040. 7.

[110]　OKAMURA Y, FUTAMI S, KAWADA K, et al. New electroless Ni-Cu-P having superior thermal stability[J]. Journal of the Metal Finishing Society of Japan, 1987, 38(9): 424-428.

[111]　HUR K H, JEONG J H, LEE D N. Effect of annealing on magnetic properties and microstructure of electroless nickel-copper-phosphorus alloy deposits[J]. Journal of Materials Science, 1991, 26(8): 2037-2044.

[112]　CHASSAING E, CHERKAOUI M, SRHIRI A. Electrochemical investigation of the autocatalytic deposition of Ni-Cu-P alloys[J]. Journal of Applied Electrochemistry, 1993, 23(11): 1169-1174.

[113]　ARMYANOV S, GEORGIEVA J, TACHEV D, et al. Electroless deposition of Ni-Cu-P alloys in acidic solutions[J]. Electrochemical and Solid-State Letters, 1999, 2(7): 323-325.

[114]　YU H S, LUO S F, WANG Y R. A comparative study on the crystallization behavior of electroless Ni-P and Ni-Cu-P deposits[J]. Surface & Coatings Technology, 2001, 148(2): 143-148.

[115]　ASHASSI-SORKHABI H, DOLATI H, PARVINI-AHMADI N, et al. Electroless deposition of Ni-Cu-P alloy and study of the influences of some parameters on the properties of deposits[J]. Applied Surface Science, 2002, 185: 155-160.

[116]　HSU J C, LIN K L. Enhancement in the deposition behavior and deposit properties of electroless Ni-Cu-P[J]. The Electrochemical Society, 2003, 150: 653-656.

[117] LIU Y, ZHAO Q. Study of electroless Ni-Cu-P coatings and their anti-corrosion properties[J]. Applied Surface Science, 2004, 228: 57-62.

[118] HSU J C, LIN K L. The effect of saccharin addition on the mechanical properties and fracture behavior of electroless Ni-Cu-P deposit on Al[J]. Thin Solid Films, 2005, 471: 186-193.

[119] BALARAJU J N, ANANDAN C, RAJAM K S. Morphological study of ternary Ni-Cu-P alloys by atomic force microscopy[J]. Applied Surface Science, 2005, 250: 88-97.

[120] CHEN C H, CHEN B H, HONG L. Role of Cu²⁺ as an additive in an electroless nickel-phosphorus plating system: A stabilizer or a codeposit?[J]. Chemistry of Materials: A Publication of the American Chemistry Society, 2006, 18(13): 2959-2968.

[121] LIU W L, HSIEH S H, CHEN W J. Kinetics of electroless Ni-Cu-P deposits on silicon in a basic hypophosphite-type bath[J]. International Journal of Minerals, Metallurgy and Materials, 2009, 16(2): 197-202.

[122] GUO R H, JIANG S Q, YUEN C W M, et al. Effect of copper content on the properties of Ni-Cu-P plated polyester fabric[J]. Journal of Applied Electrochemistry, 2009, 39(6): 907-912.

[123] AFZALI A, MOTTAGHITALAB V, MOTLAGH M S, et al. The electroless plating of Cu-Ni-P alloy onto cotton fabrics[J]. Korean Journal of Chemical Engineering, 2010, 27(4): 1145-1149.

[124] ZHU L, LUO L M, LUO J, et al. Effect of electroless plating Ni-Cu-P layer on the wettability between cemented carbides and soldering tins[J]. International Journal of Refractory Metals and Hard Materials, 2012, 31: 192-195.

[125] HUI B, LI J, WANG L J. Electromagnetic shielding wood-based composite from electroless plating corrosion-resistant Ni-Cu-P coatings on Fraxinus mandshurica veneer[J]. Wood Science and Technology, 2014, 48: 961-979.

[126] CHENG Y H, CHEN S S, JEN T C, et al. Effect of copper addition on the properties of electroless Ni-Cu-P coating on heat transfer surface[J]. International Journal of Advanced Manufacturing Technology, 2015, 76: 2209-2215.

[127] CHEN J, ZOU Y, MATSUDA K, et al. Effect of Cu addition on the microstructure, thermal stability, and corrosion resistance of Ni-P amorphous coating[J]. Materials Letters, 2017, 191(15): 214-217.

[128] ZHANG J J, LI J W, TAN G G, et al. Thin and flexible Fe-Si-B/Ni-Cu-P metallic glass multilayer composites for efficient electromagnetic interference shielding[J]. ACS Applied Materials & Interface, 2017, 9(48): 42192-42199.

[129] CHEN J, ZHAO G L, MATSUDA K, et al. Microstructure evolution and corrosion resistance of Ni-Cu-P amorphous coating during crystallization process[J]. Applied Surface Science, 2019, 484: 835-844.

[130] CHEN J, ZHAO G L, ZHANG Y G, et al. Metastable phase evolution and nanoindentation behavior of amorphous Ni-Cu-P coating during heat treatment process[J]. Journal of Alloys and Compounds, 2019, 805: 597-608.

[131] LIU X Y, ZANG J B, ZHOU S Y, et al. Electroless deposition of Ni-Cu-P on a self-supporting graphene with enhanced hydrogen evolution reaction activity[J]. International Journal of Hydrogen Energy, 2020, 45(27): 13985-13993.

[132] RANGANATHA S, VENKATESHA T V, VATHSALA K. Process and properties of electroless Ni-Cu-P-ZrO₂ nanocomposite coatings[J]. Materials Research Bulletin, 2012, 47(3): 635-645.

[133] FANG X X, ZHOU H Z, XUE Y J. Corrosion properties of stainless steel 316L/Ni-Cu-P coatings in warm acidic solution[J]. Transactions of Nonferrous Metals Society of China, 2015, 25(8): 2594-2600.

[134] ZHOU H M, HU X Y, LI J. Corrosion behaviors and mechanism of electroless Ni-Cu-P/n-TiN composite coating[J]. Journal of Central South University, 2018, 25(6): 1350-1357.

[135] SHIMAUCHI H, OZAWA S, TAMURA K, et al. Preparation of Ni-Sn alloys by an electroless-deposition method[J]. The Electrochemical Society, 1994, 141(6): 1471-1476.

[136] XIE H W, ZHANG B W, YANG Q Q. Preparation, structure and corrosion properties of electroless amorphous Ni-Sn-P alloys[J]. Surface Engineering and Coatings, 1999, 77(3): 99-102.

[137] GEORGIEVA J, KAWASHIMA S, ARMYANOV S, et al. Electroless deposition of Ni-Sn-P and Ni-Sn-Cu-P coatings[J]. The Electrochemical Society, 2005, 152(11): C783-C788.

[138] HSIAO L Y, FANG T, DUH J G. Electrochemical properties of nanosize Ni-Sn-P coated on MCMB anode for lithium secondary batteries[J]. Electrochemical and Solid-State Letters, 2006, 9(5): A232-A236.

[139] GEORGIEVA J, ARMYANOV S. Electroless deposition and some properties of Ni-Cu-P and Ni-Sn-P coatings[J]. Journal of Solid State Electrochem, 2007, 11(7): 869-876.

[140] BALARAJU J N, JAHAN S M, JAIN A, et al. Structure and phase transformation behavior of electroless Ni-P alloys containing tin and tungsten[J]. Journal of Alloys and Compounds, 2007, 436(1-2): 319-327.

[141] ZHANG W X, JIANG Z H, LI G Y, et al. Electroless Ni-Sn-P coating on AZ91D magnesium alloy and its corrosion resistance[J]. Surface & Coatings Technology, 2008, 202(12): 2570-2576.

[142] YU J K, JING T F, YANG J, et al. Determination of activation energy for crystallizations in Ni-Sn-P amorphous alloys[J]. Journal of Materials Processing Technology, 2009, 209(1): 14-17.

[143] LIU W, XU D D, DUAN X Y, et al. Structure and effects of electroless Ni-Sn-P transition layer during acid electroless plating on magnesium alloys[J]. Transactions of Nonferrous Metals Society of China, 2015, 25(5): 1506-1516.

[144] POPOOLA A P I, LOTO C A, OSIFUYE C O, et al. Corrosion and wear properties of Ni-Sn-P ternary deposits on mild steel via electroless method[J]. Alexandria Engineering Journal, 2016, 55(3): 2901-2908.

[145] YAGHOOBI M, BOSTANI B, FARSHBAF P A, et al. An investigation on preparation and effects of post heat treatment on electroless nanocrystalline Ni-Sn-P coatings[J]. Transactions of the Indian Institute of Metals, 2018, 71(2): 393-402.

[146] FU A Q, LI F, YANG Y H, et al. Corrosion mechanism of electroless Ni-Sn-P coating in multi thermal fluid[J]. Materials Research Express, 2019, 6(12): 126424.

[147] WANG Y R, TANG R J, YANG C H, et al. Effect of sodium stannate on low temperature electroless Ni-Sn-P deposition and the study of its mechanism[J]. Thin Solid Films, 2019, 669: 72-79.

[148] LIU C H, GAN X P, ZHOU K C. Microstructure and properties of open-cell Ni-Sn-P alloy foams prepared by electroless plating[J]. Materials and Corrosion, 2020, 71(6): 924-930.

[149] BALARAJU J N, EZHIL SELVI V, RAJAM K S. Electrochemical behavior of nanocrystalline Ni-P alloys containing tin and tungsten[J]. Protection of Metals and Physical Chemistry of Surfaces, 2010, 46(6): 686-691.

[150] ZOU Y, CHENG Y H, CHENG L, et al. Effect of tin addition on the properties of electroless Ni-P-Sn ternary deposits[J]. Materials Transactions, 2010, 51(2): 277-281.

[151] ARMYANOV S A, VALOVA E, GEORGIEVA J. New features in electroless deposition of ternary coatings on the base of Ni-P and Co-P[J]. Zeitschrift für Physikalische Chemie, 2011, 225(3): 283-295.

[152] ZHU S F, WU Y C. Preparation and properties of electroless deposited Ni-Sn-P ternary alloy coatings[J]. Advanced Materials Research, 2011, 189-193: 455-460.

[153] WANG X R, WANG W T, YANG B. Effects of SnCl₄ concentration on the properties of electroless deposited Ni-Sn-P coatings[J]. Advanced Materials Research, 2014, 989-994: 403-406.

[154] YANG Y, BALARAJU J N, HUANG Y Z, et al. Interface reaction between electroless Ni-Sn-P metallization and lead-free Sn-3.5Ag solder with suppressed Ni₃P formation[J]. Journal of Electronic Materials, 2014, 43(11): 4103-4110.

[155] YANG J, ZHAO X D, ZHANG J, et al. Experimental research of anticorrosion performance of steel with Ni-Sn-P coating[J]. International Journal of Electrochemical Science, 2015, 10(6): 4523-4531.

[156] LIAO J Y, YANG J, FAN W J, et al. Influence of Ni-Sn-P electroless plating on anticorrosion performance of CF steel[J]. International Journal of Electrochemical Science, 2016(11): 899- 905.

[157] OULLADJ M, SAIDI D, CHASSAINGE E, et al. Preparation and properties of electroless Ni-Zn-P alloy films[J]. Journal of Materials Science, 1999, 34(10): 2437-2439.

[158] TAI F C, WANG K J, DUH J G. Application of electroless Ni-Zn-P film for under-bump metallization on solder joint[J]. Scripta Materialia, 2009, 61(7): 748-751.

[159] SUNITHA M, SATHISH A, RAMACHANDRAN, et al. Ni-Zn-P catalyst supported on stainless steel gauze for enhanced electrochemical oxidation of methanol for direct methanol fuel cell application[J]. Materials Research Express, 2019, 6(9): 095504.1-095504.14.

[160] BOUANANI M, CHERKAOUI F, FRATESI R, et al. Microstructural characterization and corrosion resistance of Ni-Zn-P alloys electrolessly deposited from a sulphate bath[J]. Journal of Applied Electrochemistry, 1999, 29(5): 637-645.

[161] BOUANANI M, CHERKAOUI F, CHERKAIUI M, et al. Ni-Zn-P alloy deposition from sulfate bath: Inhibitory effect of zinc[J]. Journal of Applied Electrochemistry, 1999, 29: 1171-1176.

[162] VALOVA E, GEORGIEV I, ARMYANOV S, et al. Incorporation of zinc in electroless deposited nickel-phosphorus alloys[J]. The Electrochemical Society, 2001, 148(4): 266-273.

[163] VEERARAGHANAN B, KIM H, POPOV B. Optimization of electroless Ni-Zn-P deposition process: Experimental study and mathematical modeling[J]. Electrochimica Acta, 2004, 49(19): 3143-3154.

[164] VALOVA E, ARMYANOV S. Localization and chemical state of the third element (Zn, W) in electrolessly deposited nanocrystalline Ni-Zn-P, Ni-W-P and Co-W-P coating[J]. Russian Journal of Electrochemistry, 2008, 44(6): 709-715.

[165] RANGANATHA S, VENKATESHA T V, VATHSALA K. Development of electroless Ni-Zn-P/nano-TiO$_2$ composite coatings and their properties[J]. Applied Surface Science, 2010, 256(24): 7377-7383.

[166] CHOUCHANE K, LEVESQUE A, AABOUBI O, et al. Influence of zinc (II) ion concentration on Ni-Zn-P coatings deposited onto aluminum and their corrosion behavior[J]. International Journal of Materials Research, 2015, 106(1): 52-59.

[167] RATTANAWALEEDIROJN P, SAENGKIETTIYUT K, BOONYONGMANEERAT Y, et al. Factors affecting on the corrosion resistance of electroless Ni-Zn-P coated steel[J]. Key Engineering Materials, 2017, 751: 125-130.

[168] LI Y F, FU C G, LIU L L, et al. Influence of temperature and pH value on deposition rate and corrosion resistance of Ni-Zn-P alloy coating[J]. International Journal of Modern Physics B, 2019, 33: 1-6.

第2章 化学镀镍基多元合金的基本理论

化学镀反应进行的必要条件是镀液中的还原剂（例如，次磷酸盐等）的氧化还原电势要比氧化剂（镀层金属在溶液中的金属离子）的氧化还原电势低，要保证还原剂能够将金属离子还原成金属。

利用镍盐溶液在强还原剂次磷酸盐的作用下，使镍离子还原成金属镍，同时次磷酸盐分解析出磷，因而在具有催化表面的镀件上获得镍磷合金的沉积层，这一过程就是化学镀镍磷合金。镍盐采用硫酸镍或氯化镍，次磷酸盐常用次磷酸钠或次磷酸钾[1]。

2.1 化学镀镍磷合金的原理

从化学镀镍磷合金技术发明至今，人们不断探索其反应机理。张邦维总结了化学镀机理的发展历史，介绍了 Mallory 总结的化学镀镍磷合金主要反应机理。第一种是布伦纳和里德尔提出的原子氢机理。第二种是赤尔施（Hersch）在 1955 年提出的氢化物转移机理。第三种是电化学机理。第四种是卡瓦洛蒂（Cavallotti）和萨尔瓦戈（Salvago）于 1968 年提出的金属氢氧化物机理[2]。

化学镀的大部分特征可以通过这些机理来解释。然而，它们都不能解释所有的实验现象。原子氢机理解释了镍磷的沉积过程，不能解释次磷酸盐的利用率低于 50%的现象。氢化物转移机理解释氢的析出应至少相当于金属沉积，然而研究表明氢气与金属镍的摩尔比不会超过 1。电化学机理预测镍离子浓度对镍沉积速率有显著影响，然而实验表明对沉积速率影响较大的是镍离子与次磷酸根离子的摩尔比。应该指出的是，沉积过程受到配位剂、添加剂、pH、温度和稳定剂等各种因素的影响，化学镀机理的研究仍然十分重要[2]。

原子氢机理最初是由布伦纳和里德尔提出的，后来得到了其他学者的支持，尤其是 Gutzeit 做了很多工作，也有人把这个机理的主要贡献者归于 Gutzeit。这个机理目前得到了比较普遍的认同[2]。

反应式（2-1）为次磷酸盐与水反应生成吸附氢原子（H_{ad}），然后根据反应式（2-2）[2]，在催化表面，Ni^{2+}吸收吸附氢原子释放的电子还原成金属 Ni。

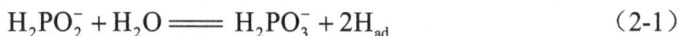

$$H_2PO_2^- + H_2O \rel\joinrel= H_2PO_3^- + 2H_{ad} \tag{2-1}$$

$$2H_{ad} + Ni^{2+} \rel\joinrel= Ni + 2H^+ \tag{2-2}$$

反应式（2-3）表明，在镍还原过程中伴随的析氢反应是两个氢原子复合生成氢气的过程：

$$2H_{ad} === H + H === H_2 \tag{2-3}$$

反应式（2-4）将氢原子的形成归因于在偏磷酸盐离子形成过程中次磷酸盐的脱氢作用。

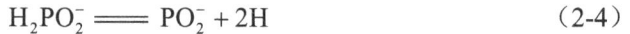

$$H_2PO_2^- === PO_2^- + 2H \tag{2-4}$$

反应式（2-5）表明根据原子氢机理，所有放出的氢气必须来源于与次磷酸盐中的磷直接结合的氢。元素磷的形成是由次磷酸盐和原子氢之间的二次反应来解释的。

$$H_2PO_2^- + H === P + H_2O + OH^- \tag{2-5}$$

原子氢机理未能解释化学镀沉积的许多特征，例如，同时进行的析氢反应。在这一机理中，磷的沉积和析氢反应的参与被解释为副反应。反应式（2-6）解释了为什么次磷酸盐离子还原的利用率不能超过 50%，根据反应式（2-6），反应溶液的 pH 会降低，一个镍原子的还原伴随一个 H_2 分子的产生。在此反应中形成的氢原子不会还原镍离子，而是以气体形式释放出来。上述方程预测了还原镍离子的次磷酸盐利用率不能超过 50%。关于其他机理的详细介绍，请参考相关专著及其参考文献[2]。

$$2H_2PO_2^- + 2OH^- + Ni^{2+} === 2H_2PO_3^- + H_2 + Ni \tag{2-6}$$

自从化学镀被发现以来，人们就开始研究化学镀的机理。然而，一种理论可以解释一组数据，另一种理论可以解释另一组数据。目前对化学镀机理的深入研究有如下三个主要特点：①对沉积过程进行了研究，使用原位沉积监测来深入了解其机理。例如，通过石英晶体微天平（quartz crystal microbalance, QCM）评估化学镀镍磷层的初始沉积速率。②人们提出了研究机理的模型，例如，提出了电化学反应的微观模型。③人们开始利用理论化学计算，如分子轨道从头计算法、密度泛函理论等研究化学镀的机理，因为理论化学计算有着非常深刻的物理意义[2]。

2.2 化学镀镍基多元合金共沉积的机理

用化学还原法获取镍基合金镀层必须具备两个条件：首先，镍可以自催化沉积，在合金镀层中镍的质量分数在 0～100% 的范围内变化；其次，进入合金的其他金属对镍的还原反应无催化性，但比较容易还原，而且不是催化剂毒物，并且能以一定的数量进入镀层。例如，如果还原时镍表面的电势足够负，它能以最简单的电化学方式在表面上还原，其他金属的还原不仅与它们的标准电极电势有关，还与它们对还原反应的催化性质有关。能满足上述条件的其他金属有钴、铁、铜、铼、钨、钼、锌、锡等[3]。

李宁等[4]认为从热力学角度，镍和其他金属离子可以被次磷酸盐还原。凡是能被次磷酸盐还原的金属都有可能与镍发生共沉积。这个可以通过电势-pH 图进行判断，这是实现多元化学镀镍的必要条件。在实际生产中，能够与镍离子一起被次磷酸钠还原的金属离子所对应的金属元素如表 2-1 所示。

表 2-1　能够与镍离子一起被次磷酸钠还原的金属离子所对应的金属元素[4]

IVB	VB	VIB	VIIB	VIII			IB	IIB	IIIA	IVA	VA
—	—	—	—	—			—	—	Al	Si	P
Ti	Ⓥ	Ⓒr	Ⓜn	Ⓕe	Ⓒo	Ni	Ⓒu	Ⓩn	Ga	Ge	As
Zr	Nb	Ⓜo	Tc	Ru	Rh	Ⓟd	Ag	Cd	In	Ⓢn	Sb
Hf	Ta	Ⓦ	Ⓡe	Os	Ir	Pt	Au	Hg	Tl	Pb	Bi

注：◎ 表示该金属能够与镍大量沉积；○ 表示该金属的沉积量小

2.2.1　正常共沉积

1. 镍铁磷的沉积机理

Pang 等[5]研究了粉煤灰空心微珠表面化学镀镍铁磷合金薄膜的制备，在镍和铁的催化作用下金属离子通过捕获还原剂提供的电子沉积在微珠表面上，具体包括反应式（2-7）到反应式（2-10）。从每个反应的标准吉布斯自由能变化（$\Delta_r G^0$）可知，次磷酸钠还原铁的趋势大于镍，而氢和磷是反应的副产物。沉积的镍和铁原子作为自催化中心用于进一步的镍和铁沉积，形成镍铁磷镀层，而氢在反应过程中形成气泡并从溶液中逸出。因此，通过这种化学镀工艺获得了镍铁磷包覆的粉煤灰空心微珠。

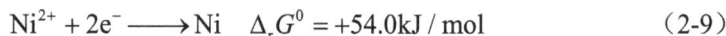

$$H_2PO_2^- + H_2O \longrightarrow H_2PO_3^- + 2H^+ + 2e^- \qquad \Delta_r G^0 = -96.5\text{kJ/mol} \qquad (2\text{-}7)$$

$$2H_2PO_2^- + 4H^+ + 2e^- \longrightarrow 2P + 4H_2O \qquad \Delta_r G^0 = +48.3\text{kJ/mol} \qquad (2\text{-}8)$$

$$Ni^{2+} + 2e^- \longrightarrow Ni \qquad \Delta_r G^0 = +54.0\text{kJ/mol} \qquad (2\text{-}9)$$

$$Fe^{2+} + 2e^- \longrightarrow Fe \qquad \Delta_r G^0 = +78.9\text{kJ/mol} \qquad (2\text{-}10)$$

Wang 等[6]采用化学镀制备磁性和电磁屏蔽的镍铁磷木质复合材料，在镍的催化作用下，Ni^{2+} 和 Fe^{2+} 与 $H_2PO_2^-$ 反应，在木材表面形成镍铁磷镀层。这一过程中涉及的化学反应和 Pang 等[5]研究粉煤灰空心微珠表面化学镀镍铁磷合金薄膜的制备机理一样，他们通过这种化学镀获得了镍铁磷镀层的木材单板。

Guo 等[7]研究了 pH 对杨木单板化学镀镍铁磷合金的影响，反应式（2-11）为镍铁磷的沉积。具体反应过程的化学反应式包括式（2-12）～式（2-14）。随着

pH 的增加，Ni(Fe) 的沉积速率增加，而 P 的沉积速率会下降，因此镀层中的 P 含量降低。相反，镀液的 pH 降低时，P 的沉积速率增加，而 Ni(Fe) 的沉积速率有所下降。因此，在酸性镀液中，Fe 的沉积速率较慢，根据 pH 可以改变镀层组成。

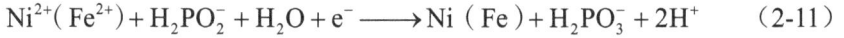

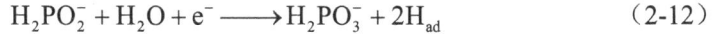

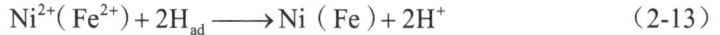

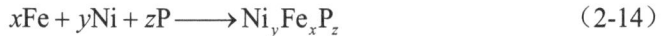

$$Ni^{2+}(Fe^{2+}) + H_2PO_2^- + H_2O + e^- \longrightarrow Ni(Fe) + H_2PO_3^- + 2H^+ \quad (2\text{-}11)$$

$$H_2PO_2^- + H_2O + e^- \longrightarrow H_2PO_3^- + 2H_{ad} \quad (2\text{-}12)$$

$$Ni^{2+}(Fe^{2+}) + 2H_{ad} \longrightarrow Ni(Fe) + 2H^+ \quad (2\text{-}13)$$

$$xFe + yNi + zP \longrightarrow Ni_yFe_xP_z \quad (2\text{-}14)$$

Zhang 等[8]采用化学镀制备不同表面电阻率的镍铁磷合金生物基屏蔽材料，镀液 pH 对镍、铁、磷沉积的影响可以用下面的化学反应式解释：

$$Ni^{2+} + 2H_2PO_2^- + 4OH^- \longrightarrow Ni + 2HPO_3^{2-} + 2H_2O + H_2 \quad (2\text{-}15)$$

$$Fe^{2+} + 2H_2PO_2^- + 4OH^- \longrightarrow Fe + 2HPO_3^{2-} + 2H_2O + H_2 \quad (2\text{-}16)$$

$$H_2PO_2^- + [H] \longrightarrow P + OH^- + H_2O \quad (2\text{-}17)$$

Zhang 等[9]利用响应面法优化制备了镍铁磷镀层，沉积过程中的主要化学反应式为式（2-18）～式（2-21），从沉积机理可以看出，碱性镀液有利于镍铁磷镀层的沉积。LV 等[10]研究了多层交替镍铁磷和镍钴磷薄膜的高析氢性能，在碱性溶液中，次磷酸盐的氧化和金属（镍、铁或钴）的共沉积包括两个化学反应式，即式（2-20）和式（20-21）。

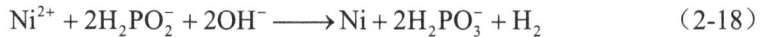

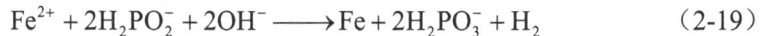

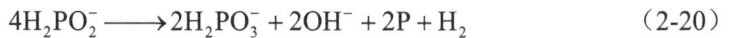

$$Ni^{2+} + 2H_2PO_2^- + 2OH^- \longrightarrow Ni + 2H_2PO_3^- + H_2 \quad (2\text{-}18)$$

$$Fe^{2+} + 2H_2PO_2^- + 2OH^- \longrightarrow Fe + 2H_2PO_3^- + H_2 \quad (2\text{-}19)$$

$$4H_2PO_2^- \longrightarrow 2H_2PO_3^- + 2OH^- + 2P + H_2 \quad (2\text{-}20)$$

$$H_2PO_2^- + H_2O \longrightarrow H_2PO_3^- + H_2 \quad (2\text{-}21)$$

2. 镍钴磷的沉积机理

Liu 等[11]研究了硅基表面化学镀镍钴磷合金的初期生长行为，镍钴磷合金沉积过程可以用式（2-7）～式（2-9）和式（2-22）表示。从每个反应的 $\Delta_r G^0$ 值可以清楚地看出，次磷酸钠可以还原镍、钴、磷，并且镍的还原趋势大于钴，镍的催化活性优于钴。因此，少量的镍添加到化学镀镍液中可以增加镍含量和镍钴磷镀层的沉积速率。

武晓威等[12]在钡铁氧体粉末表面采用化学镀制备镍钴磷镀层，并研究了镀层的吸波性能，镍钴磷沉积反应包括式（2-7）～式（2-9）和式（2-22）。结果表明，钡铁氧体粉末表面沉积了镍钴磷镀层。

$$Co^{2+} + 2e^- \longrightarrow Co \quad \Delta_r G^0 = +46.3kJ/mol \quad (2\text{-}22)$$

Aal 等[13]研究了铝合金表面低温化学沉积纳米晶软铁磁镍钴磷薄膜，在碱性介质中，次磷酸盐氧化参见反应式（2-23）。根据化学反应式（2-23），随着镀液

pH 增加，次磷酸盐的氧化速率增加，加快了镀层的沉积速率。然而镀液在较高的 pH 下变得不稳定，尤其是 pH 在 11.0 以上时，镍和钴的氢氧化物将产生沉淀。因此，不推荐较高的 pH，镀液 pH 约为 9.5 时镀液稳定，可以获得合适的镀层厚度。

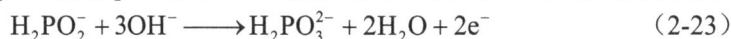

$$H_2PO_2^- + 3OH^- \longrightarrow H_2PO_3^{2-} + 2H_2O + 2e^- \tag{2-23}$$

Toda 等[14]研究了工艺条件对乳酸盐-柠檬酸盐-氨水溶液制备镍钴磷镀层的影响，在酸性和碱性时反应机理不同，镀液 pH 对沉积产生影响，镍离子的存在及浓度对镀层成分有影响。

Yang 等[15]研究了在泡沫镍表面化学镀镍钴磷。化学反应式包括式（2-20）、式（2-21）、式（2-24）和式（2-25）。

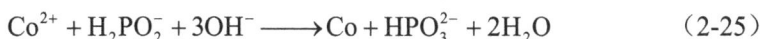

$$Ni^{2+} + H_2PO_2^- + H_2O \longrightarrow Ni + HPO_3^{2-} + 3H^+ \tag{2-24}$$

$$Co^{2+} + H_2PO_2^- + 3OH^- \longrightarrow Co + HPO_3^{2-} + 2H_2O \tag{2-25}$$

2.2.2　诱导共沉积

诱导共沉积是在研究电沉积合金的过程中解释一些金属共沉积时提出的机理。有些金属，如钨和钼，不能从只含其离子的水溶液中电沉积，但如果溶液中有镍、钴或铁等金属，钨和钼可以与铁、钴、镍共沉积，这种现象称为诱导共沉积。有研究表明，化学镀合金时钼、钨等金属与镍共沉积也可以用诱导共沉积机理来解释[16-20]。

1. 镍钼磷的沉积机理

Lu 等[16]进行了镍钼磷和镍钨磷两种镍基三元合金化学沉积工艺的研究。合金成分通过改变溶液的 pH 和金属盐、还原剂和配位剂的浓度来控制。由于钼的表面吸附，镍钼磷镀层的沉积速率很低。因此，有必要减少或完全避免钼酸盐在基体上的吸附，以提高镍钼磷镀层的沉积速率。一种可能的方法是在镀液中加入稳定的钼配合物，降低游离的钼酸盐的浓度。葡萄糖酸盐和钼酸盐之间的配合降低了游离钼酸盐的浓度，又降低了 MoO_4^{2-} 在基体上的吸附，这样可以提高镍钼磷镀层的沉积速率。当 MoO_4^{2-} 的浓度保持不变时，沉积速率随着 D-葡萄糖酸钠浓度的增加而增加。此外，D-葡萄糖酸钠的加入增加了合金镀层中钼和磷的含量，使镀层的耐蚀性和电催化活性提高。

Lee 等[17]给出柠檬酸铵作为镍和钼配合物时的反应机理，镍钼磷沉积层通过还原剂进行还原，电子由还原剂次磷酸盐的氧化产生，化学反应式包括式（2-7）～式（2-9）。MoO_4^{2-} 通过两步还原成元素钼，如式（2-26）和式（2-27）所示。$[NiCit]^+$ 代表镍-柠檬酸配合物，$[NiCitMoO_2]^{2+}$ 被镍催化并被还原成钼。

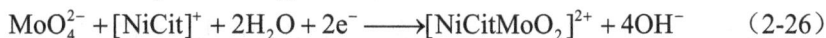

$$MoO_4^{2-} + [NiCit]^+ + 2H_2O + 2e^- \longrightarrow [NiCitMoO_2]^{2+} + 4OH^- \tag{2-26}$$

$$[NiCitMoO_2]^{2+} + 2H_2O + 4e^- \longrightarrow Mo + [NiCit]^{2+} + 4OH^- \qquad (2-27)$$

2. 镍钨磷的沉积机理

Du 等[18]进行了关于化学镀镍钨磷镀层的研究，H_2 主要来源于次磷酸盐而不是水，金属沉积总是伴随着 H_2 的产生。在碱性溶液中化学镀镍钨磷时，化学反应式包括式（2-7）～式（2-9）和式（2-28）。

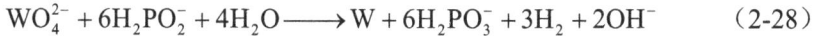

$$WO_4^{2-} + 6H_2PO_2^- + 4H_2O \longrightarrow W + 6H_2PO_3^- + 3H_2 + 2OH^- \qquad (2-28)$$

Balaraju 等[19]提出了镍钨铜磷的沉积机理，化学反应式包括式（2-7）～式（2-9）、式（2-29）和式（2-30）。三元和四元沉积物的沉积基于镍和钨在溶液中形成混合配合物的假设，该配合物直接沉积为合金。目前还没有直接的证据证明这种复合配合物的存在。然而，已经可以控制合适的条件制备出镍钨磷和镍钨铜磷镀层。

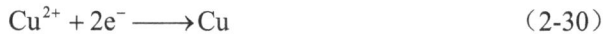

$$WO_4^{2-} + 6e^- + 4H_2O \longrightarrow W + 8OH^- \qquad (2-29)$$

$$Cu^{2+} + 2e^- \longrightarrow Cu \qquad (2-30)$$

Shu 等[20]研究了化学镀镍钨磷镀层的沉积机理，化学反应式包括式（2-7）～式（2-9）。钨的沉积不直接影响镍的沉积，钨的沉积与磷的沉积存在竞争关系[21]。

3. 镍铬磷的诱导沉积机理

Gonzalez[22]研究了化学镀过渡金属-磷合金的制备，其中镍铬磷的沉积只有在过程受电化学机制控制时才有可能实现。纯化学反应时，虽然次磷酸盐的还原性较强，但镍铬磷很难以自催化方式沉积。

杨玉国等[23]研究镍铬磷沉积机理时，提出了在扫描电势范围内达不到三价铬离子的还原电势，所以三价铬离子不能直接被还原，铬的还原沉积只能是在镍的还原沉积诱导下得以实现的观点。

Shashikala 等[24]研究了化学镀镍铬磷镀层的制备与表征。铬的水溶液的化学性质非常复杂，铬在水溶液中存在几种不同氧化态。化学镀的机理是一个复杂的表面过程，在分子水平上涉及几个连续的步骤，以次磷酸钠为还原剂，在化学镀过程中，化学反应式包括式（2-7）～式（2-9）和式（2-31）。上述步骤中释放的一些磷进入沉积物中，形成镍铬磷合金。因此，即使在有利的化学镀条件下，由于副反应，还原剂的总利用率很低，配位剂的存在会提高化学镀效率。

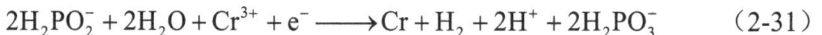

$$2H_2PO_2^- + 2H_2O + Cr^{3+} + e^- \longrightarrow Cr + H_2 + 2H^+ + 2H_2PO_3^- \qquad (2-31)$$

2.2.3　其他机理

1. 离子交换机理

肖鑫等[25]研究化学镀镍铬磷合金工艺，认为在化学镀镍铬磷合金溶液中，次磷酸根并不能将铬离子直接还原成金属铬，因为次磷酸盐没有足够的能力将铬离子还原成金属铬，因而铬的沉积只能经过离子交换过程实现，包括的化学反应式如下：

$$3Ni + 2Cr^{3+} \longrightarrow 3Ni^{2+} + 2Cr \qquad (2\text{-}32)$$

$$Fe + 2Cr^{3+} \longrightarrow 3Fe^{2+} + 2Cr \qquad (2\text{-}33)$$

在化学镀铜工艺中以次磷酸钠为还原剂时，次磷酸钠不能直接还原铜，加入镍离子之后可以发生镍的还原，之后镍与溶液中的铜离子反应生成金属铜，即反应式（2-34）。镍离子重新进入溶液，又可以和次磷酸盐反应生成镍，之后又与铜离子进行离子交换，最终实现铜的沉积。如果溶液中的铜离子浓度较低，镍离子的浓度较高，就可以实现镍和铜的共沉积。不能被次磷酸盐直接还原的金属可以通过离子交换实现共沉积[26]。

$$Ni + Cu^{2+} \longrightarrow Ni^{2+} + 2Cu \qquad (2\text{-}34)$$

镁合金、铝合金表面化学镀通常也可以通过离子交换生成具有自催化性能的镍，从而使共沉积继续进行[2]。

化学镀镍铜磷在次磷酸盐体系中的共沉积，也是通过离子交换实现的。

Liu 等[26]研究了碱性次磷酸盐溶液中硅表面化学镀镍铜磷。在碱性溶液中，次磷酸盐可以将 Cu^{2+} 和 Ni^{2+} 还原，化学镀镍铜磷合金反应的活化能很高，尽管 Cu^{2+} 根据热力学可以相对容易地被还原，但是由于动力学的原因，Cu^{2+} 很难形成沉积物。金属对次磷酸盐氧化的催化活性依次为金>镍>钯>钴>铂>铜，因此，在次磷酸盐型镀液中，如果没有像镍那样的催化剂，化学镀铜的反应是不可能发生的。如果镀液中没有镍，化学镀镍铜磷不能沉积在硅基体上。

Armyanov 等[27]研究了酸性溶液中镍铜磷合金的化学沉积，提出了一个简单的铜与镍磷共沉积模型。添加到化学镀镍液中的铜起到三种不同的作用：①作为稳定剂（Cu^{+}）；②作为促进剂；③影响溶液的稳定性。

Afzali 等[28]研究了棉织物化学镀铜镍磷合金，采用次磷酸盐将铜离子还原为铜，镍离子的加入加速了还原过程，同时沉积了镍和磷，形成镍铜磷镀层，化学反应式包括式（2-7）～式（2-9）式（2-34）。

2. 歧化反应沉积机理

Georgieva 等[29,30]研究了化学沉积镍锡磷镀层及其性能。在低锡含量的镍锡磷镀层中，合金成分在表面上均匀分布。在高锡含量的镍锡磷镀层中，合金成分在表面上不均匀分布，这与二价锡的歧化反应有关，化学反应式包括式（2-35）和式（2-36）。反应式（2-35）表明，如果 Sn^{2+} 的浓度足够高，歧化反应可能是富锡区域生长的主要机制，锡对次磷酸盐氧化不具有催化活性，在富锡区域，次磷酸盐还原剂的自催化沉积可能被抑制。二价锡的局部浓度增加减缓了锡的无电自催化还原沉积速率，富锡区的锡沉积厚度要小得多。在碱性条件下，锡歧化反应的更准确描述参见化学反应式（2-36）。

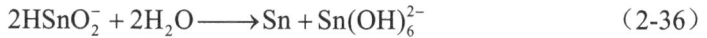

$$2Sn^{2+} \longrightarrow Sn + Sn^{4+} \tag{2-35}$$

$$2HSnO_2^- + 2H_2O \longrightarrow Sn + Sn(OH)_6^{2-} \tag{2-36}$$

2.3　超声波化学镀

Mallory[31]从基础和实用两方面研究了超声波对化学镀镍的影响。结果表明在化学镀过程中应用超声波是有益的，超声波加快了沉积速率。超声波作用下镀层的硬度为635HV，而无超声波时获得镀层的硬度为535HV，还观察到化学镀镍磷镀层的微观结构发生了显著变化。用超声波形成的镀层具有较低的磷含量。

当在超声波场中进行电化学过程时，超声波的空化作用会产生许多众所周知的效应，包括增强的物质传输、扩散层的变薄和局部加热。电化学沉积时使用超声波被证明是有益的，研究人员已经进行了许多关于超声波电镀的研究。化学镀也是一种电化学过程，在化学镀工艺中引入超声波会带来一系列优点，包括镀层的沉积速率、覆盖率和附着力的提高。由于工业界对高速镀覆、减少制造时间和镀覆纳米材料的需求不断增长，研究超声波对化学镀沉积过程的影响是必要的[32]。

当超声波应用于液体电解质时，可以改善物质传输并产生局部加热等，起到提高极限电流密度、增加电流效率、晶粒结构细化等作用。自20世纪60年代初以来，人们研究超声波在化学镀中的应用，尽管已经发现了一些明显的作用，但超声波可能降低镀液稳定性，影响了超声波在商业化学镀工艺中的应用。然而，超声波在降低化学镀镀液温度、减少能耗、提供高速沉积的工艺中具有很大的吸引力[31,32]。

有明确的证据表明，超声波可以提高化学镀的覆盖率，防止复合化学镀中的纳米粉末结块。研究表明，超声波可以影响化学镀层的成分，最明显的是减少化学镀镍中磷的含量。超声波能够提高镀层的附着力[33]。

刘丽等[34]研究了超声波对铝合金表面化学镀镍铜磷层性能的影响。超声波改变了化学镀镍铜磷镀层的沉积速率和结晶过程，有助于形成均匀、致密、较厚的镀层，从而提高了镀层的耐磨性和耐蚀性。

孙卫明等[35]研究了超声波辅助聚对苯二甲酸乙二醇酯（polyethylene terephthalate，PET）表面化学镀镍铜磷，经过接枝改性的PET表面可利用超声辅助进行中温化学镀镍铜磷合金，超声波辅助有利于降低镀液温度并提高镀层沉积速率，改善镀层结合力和耐蚀性。

Jiang等[36]采用超声波辅助化学沉积法在低碳钢表面制备了镍钼磷镀层。通过在超声波和非超声波作用下制备的镀层的显微组织、耐蚀性和硬度的对比，发现超声波辅助沉积改善了镀层性能。在超声波辅助下，镍钼磷镀层表面粗糙度降低，更加光滑，耐蚀性和硬度也有所提高。

活化过程中超声搅拌对 AZ91D 镁合金化学镀镍钨磷镀层组织和耐蚀性能有影响，通过常规活化或超声波搅拌制备的镍钨磷镀层具有相似的化学组成、相组成和结构。划痕试验表明，通过超声波预处理制备的镀层具有更好的结合强度，超声波搅拌提高了镍钨磷镀层的耐蚀性[37]。超声波对化学镀镍基多元合金的影响还有待进一步研究。

参 考 文 献

[1] 周荣廷. 化学镀镍的原理与工艺[M]. 北京: 国防工业出版社, 1975: 34-35.

[2] ZHANG B W. Amorphous and nano alloys electroless depositions: Technology, composition, structure and theory[M]. Netherlands Amsterdam : Elsevier Inc. , 2016: 585-627.

[3] 伍学高. 化学镀技术[M]. 成都: 四川科学技术出版社, 1985: 225-226.

[4] 李宁, 袁国伟, 黎德育. 化学镀镍基合金理论与技术[M]. 哈尔滨: 哈尔滨工业大学出版社, 2000: 156-157.

[5] PANG J F, LI Q, WANG B, et al. Preparation and characterization of electroless Ni-Fe-P alloy films on fly ash cenospheres[J]. Powder Technology, 2012, 226: 246-252.

[6] WANG L, SHI C H, WANG L J. Fabrication of magnetic and EMI shielding wood-based composite by electroless Ni-Fe-P plating process[J]. BioResources, 2015, 10(1) : 1869-1878.

[7] GUO T C, WANG Y, HUANG J T. The effect of pH on electroless Ni-Fe-P alloy plating on poplar veneer[J]. BioResources, 2017, 12(2): 3154-3165.

[8] ZHANG Q, NING L P, WANG C Y, et al. Fabrication and characterization of bio-based shielding material with dissimilar surface resistivity prepared by electroless Ni-Fe-P alloy plating on bamboo (*N. afnis*)[J]. Journal of Materials Science: Materials in Electronics, 2019, 30(24): 21064-21078.

[9] ZHANG Z F, BAI Y, HE Y, et al. Using RSM optimization to fabricate Ni-Fe-P ternary alloy electroless coating and explore its corrosion properties[J]. Journal of Materials Science: Materials in Electronics, 2021, 32(22): 26412-26424.

[10] LV Z H, WANG K H, SI Y Y, et al. High performance of multi-layered alternating Ni-Fe-P and Co-P films for hydrogen evolution[J]. Green Energy and Environment, 2022, 7(1): 75-85.

[11] LIU W L, CHEN W J, TSAI T K, et al. Effect of nickel on the initial growth behavior of electroless Ni-Co-P alloy on silicon substrate[J]. Applied Surface Science, 2007, 253(8): 3843-3848.

[12] 武晓威, 冯玉杰, 刘延坤, 等. 钡铁氧体粉末表面化学镀 Ni-Co-P 涂层的制备及吸波性能[J]. 硅酸盐学报, 2009, 37(2): 311-316.

[13] AAL A A, SHAABAN A, HAMID Z A. Nanocrystalline soft ferromagnetic Ni-Co-P thin film on Al alloy by low temperature electroless deposition[J]. Applied Surface Science, 2008, 254(7): 1966-1971.

[14] TODA A, CHIVAVIBUL P, ENOKI M. Effects of plating conditions on electroless Ni-Co-P coating prepared from lactate-citrate-ammonia solution[J]. Materials Transactions, 2013, 54(3): 337-343.

[15] YANG Q P, LV C C, HUANG Z P, et al. Amorphous film of ternary Ni-Co-P alloy on Ni foam for efficient hydrogen evolution by electroless deposition[J]. International Journal of Hydrogen Energy, 2018, 43(16): 7872-7880.

[16] LU G J, ZANGARI G. Study of the electroless deposition process of Ni-P-based ternary alloys[J]. The Electrochemical Society, 2003, 150(11): 777-786.

[17] LEE H M, CHAE H, KIM C K. Electroless deposition of NiMoP films using alkali-free chemicals for capping layers of copper interconnections[J]. Korean Journal of Chemical Engineering, 2012, 29(9): 1259-1265.

[18] DU N, PRITZKER M. Investigation of electroless plating of Ni-W-P alloy films[J]. Journal of Applied Electrochemistry, 2003, 33(11): 1001-1009.

[19] BALARAJU J N, JAHAN S M, ANANDAN C, et al. Studies on electroless Ni-W-P and Ni-W-Cu-P alloy coatings using chloride-based bath[J]. Surface & Coatings Technology, 2006, 200(16): 4885-4890.

[20] SHU X, WANG Y X, LU X, et al. Parameter optimization for electroless Ni-W-P coating[J]. Surface & Coatings Technology, 2015, 276: 195-201.

[21] BALARAJU J N, KALAVATI, MANIKSNDANATH N T, et al. Phase transformation behavior of nanocrystalline Ni-W-P alloys containing various W and P contents[J]. Surface & Coatings Technology, 2012, 206: 2682-2689.

[22] GONZALEZ O M. Preparation, characterization, surface chemistry and corrosion properties of nickel-transition metal-phosphorus alloys produced by autocatalytic reduction[D]. College Station: Texas A&M University, 1991: 1-50.

[23] 杨玉国, 许韵华, 孙冬柏, 等. Ni-Cr-P 化学镀过程中 Cr 的沉积机理[C]//第六届全国化学镀会议, 2002: 184-186.

[24] SHASHIKALA A R, MAYANNA S M, SHARMA A K. Studies and characterisation of electroless Ni-Cr-P alloy coating[J]. Transactions of the Institute of Metal Finishing, 2007, 85(6): 320-324.

[25] 肖鑫, 龙有前, 钟萍, 等. 化学镀 Ni-Cr-P 合金工艺研究[J]. 表面技术, 2003, 32(2): 47-49, 56.

[26] LIU W L, HSIEH S H, CHEN W J. Kinetics of electroless Ni-Cu-P deposits on silicon in a basic hypophosphite-type bath[J]. International Journal of Minerals, Metallurgy and Materials, 2009, 16(2): 197-202.

[27] ARMYANOV S, GEORGIEVA J, TACHEV D, et al. Electroless deposition of Ni-Cu-P alloys in acidic solutions[J]. Electrochemical and Solid-State Letters, 1999, 2(7): 323-325.

[28] AFZALI A, MOTTAGHITALAB V, MOTLAGH M S, et al. The electroless plating of Cu-Ni-P alloy onto cotton fabrics[J]. Korean Journal of Chemical Engineering, 2010, 27(4): 1145-1149.

[29] GEORGIEVA J, KAWASHIMA S, ARMYANOV S, et al. Electroless deposition of Ni-Sn-P and Ni-Sn-Cu-P coatings[J]. The Electrochemical Society, 2005, 152(11): C783-C788.

[30] GEORGIEVA J, ARMYANOV S. Electroless deposition and some properties of Ni-Cu-P and Ni-Sn-P coatings[J]. Journal of Solid State Electrochem, 2007, 11: 869-876.

[31] MALLORY G O. The effects of ultrasonic irradiation on electroless nickel plating[J]. Transactions of the Institute of Metal Finishing, 1978, 56(1): 81-86.

[32] TOUYERAS F, HIHN J Y, BOURGOIN X, et al. Effects of ultrasonic irradiation on the properties of coatings obtained by electroless plating and electroplating[J]. Ultrasonics Sonochemistry, 2005, 12(1-2): 13-19.

[33] COBLEY A J, MASON T J, SAEZ V. Review of effect of ultrasound on electroless plating processes[J]. Transactions of the Institute of Metal Finishing, 2011, 89(6): 303-309.

[34] 刘丽, 张维洪, 杨惟翔, 等. 超声波对铝合金表面化学镀 Ni-Cu-P 层性能的影响[J]. 材料保护, 2015, 48(11): 18-20.

[35] 孙卫明, 李宾, 袁晓, 等. 超声辅助 PET 共价接枝化学镀镍铜磷及性能研究[J]. 高校化学工程学报, 2019, 33(6): 1394-1400.

[36] JIANG J B, CHEN H T, WANG Y H, et al. Effect of ultrasonication and Na_2MoO_4 content on properties of electroless Ni-Mo-P coatings[J]. Surface Engineering, 2018, 35(10): 1-10.

[37] ZHOU P, CAI W B, YANG Y B, et al. Effect of ultrasonic agitation during the activation process on the microstructure and corrosion resistance of electroless Ni-W-P coatings on AZ91D magnesium alloy[J]. Surface & Coatings Technology, 2019, 374: 103-115.

第3章　热稳定性化学镀镍基多元合金镀层

化学镀镍磷二元合金具有优异的性能，如硬度高、耐磨性和耐蚀性较强。在镍磷二元合金的基础上制备化学镀镍基多元合金，可以进一步提高镀层的热稳定性、可焊性、磁性等性能。添加金属元素钼、钨、铬可以提高二元合金的热稳定性，其他金属如锡、铜、铁、钴等的加入也可以提高镀层的热稳定性。本章重点介绍钼、钨、铬和镍磷组成的多元合金镀层的工艺。镀层热稳定性提高，表明镀层在较高温度时仍可以保持非晶结构，抗高温性能得到改善[1]。

3.1　化学镀镍钼磷三元合金

化学镀镍钼磷镀层具有很高的硬度，在耐磨、耐蚀以及热稳定性方面性能优异，可以作为电触点材料来降低电力消耗，也可以作为理想的薄膜电阻材料和热传感器的探头。化学镀镍钼磷镀层是一种很好的耐蚀性合金镀层，尤其是非晶镀层具有良好的耐蚀性，使其能够作为腐蚀环境下防护性镀层而得到应用[1-4]。

除了化学镀制备镍钼磷镀层之外，还有电镀、蒸发镀、磁控溅射膜等技术。其中，化学镀是不使用电能，通过自发反应使基体镀上镀层的技术。化学镀简单、快速、成本低，化学镀产生的镀层结构致密、细致、孔隙率低、结合力好。化学镀镍钼磷合金的镀液基于化学镀镍磷合金的镀液。在化学镀镍磷合金的镀液中添加钼酸盐，使钼元素与镍、磷元素共沉积，从而实现合金共沉积，获得镍钼磷镀层[5-8]。

但是与化学镀镍磷相比，化学镀镍钼磷镀层技术还不够成熟，存在沉积速率慢、镀层薄、镀层中钼含量较低、镀液稳定性差等问题。通过原子氢机理和镍钼共沉积理论可知，钼的沉积与镍、磷沉积一样要消耗原子氢，而且镀液中钼酸根离子还能够导致镀件表面催化活性下降，起到抑制反应的作用，磷在酸性条件下容易析出，钼在碱性条件下容易析出。因为钼和磷含量都较高的镀层会具有更好的热稳定性，所以如何通过化学镀法获得高含量钼和磷的镍钼磷镀层也是一个难题。如果攻克这些难题，化学镀镍钼磷镀层的应用范围将得到拓展[7,8]。

本书作者科研小组为了改善化学镀镍钼磷工艺中镀层沉积速率低等问题，研究在化学镀镍磷合金的镀液中，引入钼酸盐及其他辅助配位剂，实现钼元素与镍、磷元素的化学共沉积，提高化学镀镍钼磷工艺的沉积速率，总结出化学镀镀液各组分浓度及工艺参数对镀层沉积速率的影响规律[2,3]。

3.1.1 镍钼磷镀液组成和工艺条件

本书作者科研小组[2,3]以钼酸钠为镀层钼的来源，向镀液中加入配位剂以提高镀液的稳定性，针对两种不同的主配位剂（柠檬酸钠、焦磷酸钠）分别研究了影响镀层沉积过程和性能的因素。主要应用的镀液配方参见表3-1。

表 3-1 镍钼磷镀液组成和工艺条件

项目	配方 1	配方 2	配方 3
硫酸镍/(g/L)	27	30～35	30
次磷酸钠/(g/L)	27.2	30～35	31
钼酸钠/(g/L)	0.25	0.2～1.6	0.5～1.1
柠檬酸钠/(g/L)	25		20～60
焦磷酸钠/(g/L)		27～32	
硫酸铵/(g/L)		35～40	
乙酸钠/(g/L)			18
丙酸/(mL/L)	15～20		
三乙醇胺/(mL/L)		10～15	
硫脲/(mg/L)			1
温度/℃	70	65～70	70～95
pH	8.5	8.5～9.5	8.0～10.5

3.1.2 镀液组成和工艺条件对沉积速率的影响

1. 柠檬酸钠体系

1）硫酸镍浓度对镀层沉积速率的影响

以表3-1配方1作为基础配方，控制钼酸钠浓度为0.25g/L、镀液pH为8.5、温度为70℃等条件不变，改变硫酸镍浓度，研究其对镀层沉积速率的影响。固定硫酸镍与次磷酸钠的摩尔比为0.4，硫酸镍浓度对沉积速率的影响如图3-1所示。由图3-1可知，随着硫酸镍浓度的增大，镀层沉积速率逐渐增大，当硫酸镍浓度为35g/L时，化学镀镍钼磷镀层沉积速率达到10.4μm/h。当继续增大硫酸镍浓度时，镀液的稳定性降低，镀液会分解。

2）次磷酸钠浓度对镀层沉积速率的影响

次磷酸钠浓度对沉积速率的影响如图3-2所示。由图3-2可知，随着次磷酸钠浓度的增大，镀层沉积速率增大，当次磷酸钠浓度为35.3g/L时，化学镀镍钼磷镀层沉积速率能够达到10.5μm/h。虽然随着次磷酸钠浓度的上升，镀层沉积速率逐渐加快，但当继续增大次磷酸钠浓度时，镀液的稳定性降低，镀液会分解。

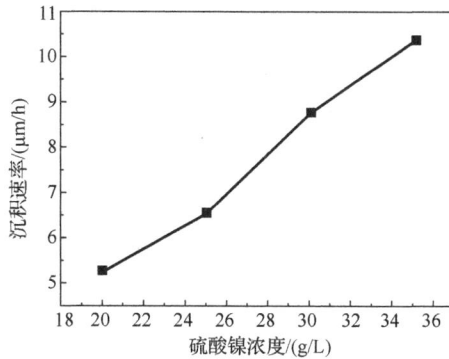

图 3-1　硫酸镍浓度对镀层沉积速率的影响

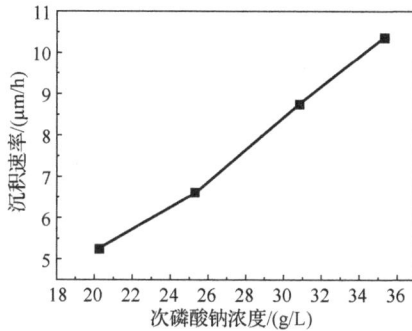

图 3-2　次磷酸钠浓度对镀层沉积速率的影响

3）柠檬酸钠浓度对镀层沉积速率的影响

图 3-3 为柠檬酸钠浓度对沉积速率的影响。由图 3-3 可知，随着柠檬酸钠浓度的增大，镀层沉积速率先增大后减小，有一个最高点。当柠檬酸钠浓度超过最高点后沉积速率开始下降，其原因与柠檬酸钠浓度增大导致镀液中游离的镍离子浓度减小有关。

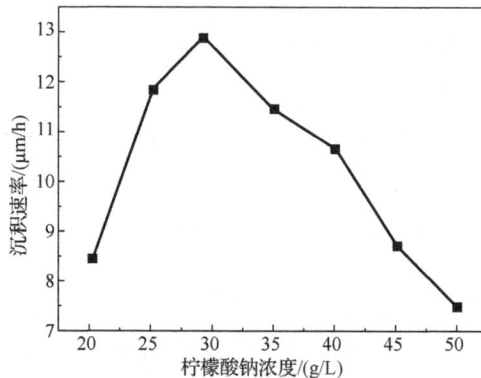

图 3-3　柠檬酸钠浓度对镀层沉积速率的影响

　　在化学镀合金元素中，除了钴、硼等元素能单独沉积外，钨、钼等在以次磷酸盐为还原剂的镀液中难以单独沉积出来，这与电镀合金中的诱导共沉积的原理相似。从化学镀热力学角度考虑，要实现两种元素的共沉积，其平衡电势必须相等或相近。对于标准电极电势不相等的两种元素，可以通过以下两种方式来进行调整：①改变两种金属元素在溶液中的浓度（此方法用于标准电极电势相近的两种元素）；②添加配位剂来改变各离子的平衡电势而使其析出电势相近，此方法同时改变了溶液中的离子浓度。采用柠檬酸钠作为配位剂来改变 Ni 和 Mo 的析出电势，从而实现 Ni 和 Mo 的共沉积。

　　4）钼酸钠浓度对镀层沉积速率的影响

　　钼酸钠浓度对沉积速率的影响如图 3-4 所示。图 3-4 中钼酸钠的浓度变化范围为 0～0.8g/L，可以看出随着钼酸钠浓度的上升，沉积速率不断下降。当化学镀镀液中钼酸钠浓度较高时，沉积速率降低，甚至不起镀。这是因为 MoO_4^{2-} 浓度太大，会使 $H_2PO_2^-$ 发生反应导致 $H_2PO_2^-$ 中 P—H 键强度增加，吸附的 MoO_4^{2-} 改变了催化表面的双电层结构，增强了表面吸附程度而影响氧化还原反应的动力学过程，进而影响了沉积速率。

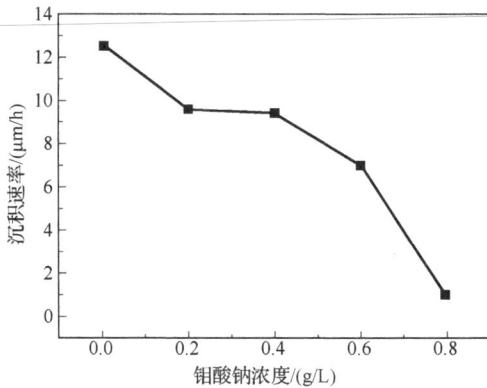

图 3-4　钼酸钠浓度对镀层沉积速率的影响

　　5）丙酸浓度对镀层沉积速率的影响

　　图 3-5 为丙酸浓度与沉积速率关系曲线。由图 3-5 可知，加入适当浓度的丙酸可以加快沉积速率。丙酸浓度对沉积速率的影响呈抛物线趋势，即在丙酸浓度大于 17.5mL/L 之后，随着浓度的增加，沉积速率下降，可能与丙酸浓度增大后游离的 Ni^{2+} 的浓度减小有关。

　　图 3-6 为添加丙酸后钼酸钠浓度对沉积速率的影响。由图 3-6 可得出，钼酸钠浓度为 0.2g/L 时，镀层沉积速率最大且为 17.6μm/h。与图 3-4 相比，添加丙酸后，在钼酸钠浓度相同时，镀层沉积速率较无丙酸时有了较大的提高。

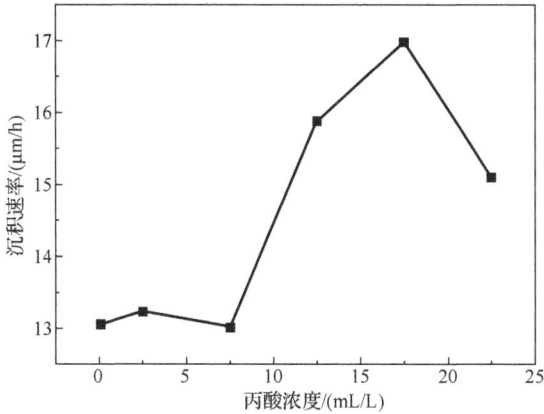

图 3-5　丙酸浓度与镀层沉积速率关系曲线

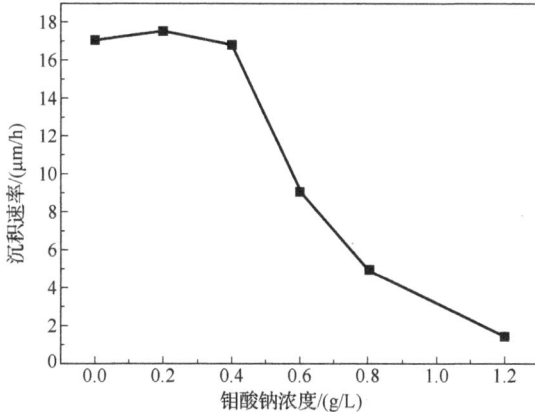

图 3-6　添加丙酸后钼酸钠浓度对镀层沉积速率的影响

6）工艺条件对镀层沉积速率的影响

图 3-7 为温度对镀层沉积速率的影响。由图 3-7 可知，一开始镀层沉积速率随着温度的增加而增大，温度高于 80℃后，化学镀镀液稳定性降低、沉积速率过快导致镀镀液部分分解，沉积速率降低。化学镀镍钼磷的镀液温度在 70～80℃范围内时，镀液稳定，镀层沉积速率较大。

图 3-8 为 pH 对镀层沉积速率的影响。由图 3-8 可知，一开始镀层沉积速率随着 pH 的增加而增大，当 pH 为 9.5 时，镀层沉积速率最大，当 pH 继续增大时，镀液稳定性降低、沉积速率过快从而导致镀液部分分解，沉积速率降低。

7）钼酸钠浓度对镀层成分的影响

钼酸钠的浓度与镀层中各元素质量分数的关系如图 3-9 和图 3-10 所示。由图 3-9 和图 3-10 可知，随着钼酸钠浓度的增大，Ni 的质量分数变化很小，Mo 质量分数不断增大，P 的质量分数不断减小，且与 Mo 的质量分数增大形成共轭。

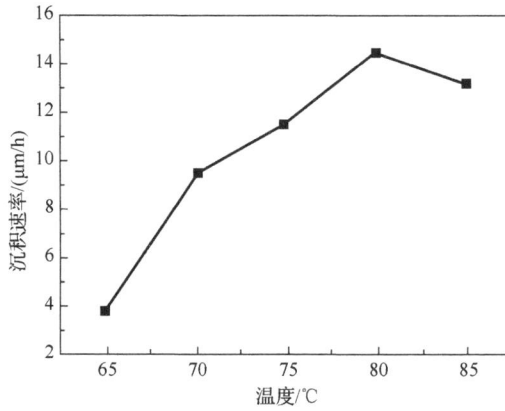

图 3-7　温度对镀层沉积速率的影响

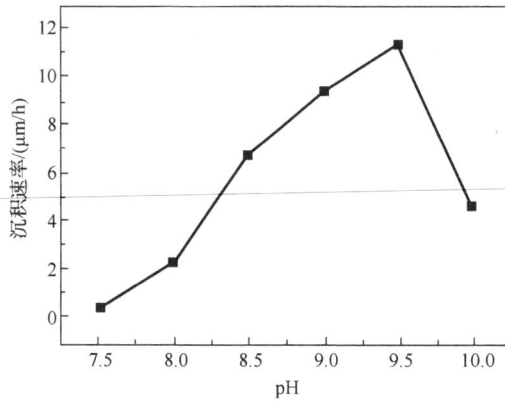

图 3-8　pH 对镀层沉积速率的影响

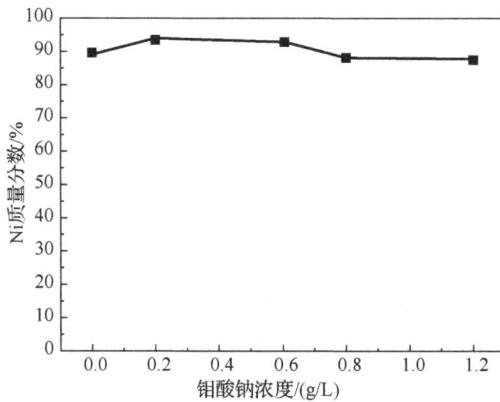

图 3-9　钼酸钠浓度对镀层中 Ni 质量分数的影响

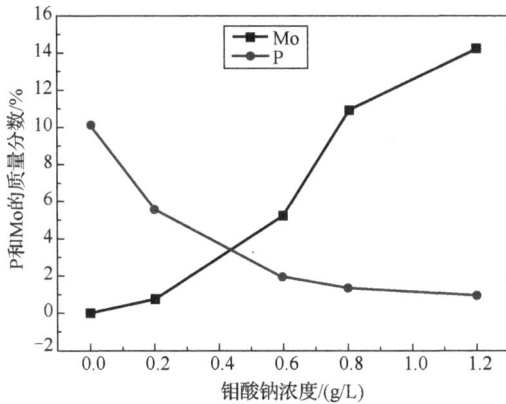

图 3-10 钼酸钠浓度对镀层中 P 和 Mo 质量分数的影响

不同浓度的钼酸钠对于镀层成分影响很大，镀层成分直接影响合金镀层的性能，扩散阻挡层需要钼和磷含量都比较高的合金镀层，因此，需要制备高钼含量和高磷含量的镀层。

2. 焦磷酸钠体系

选择焦磷酸钠作为主配位剂，用氨水调节 pH，硫酸铵作为缓冲剂，三乙醇胺作为辅助配位剂来提高镀层沉积速率，可以获得较快的沉积速率。在焦磷酸钠体系中进行镍钼磷化学镀可以获得较高的沉积速率。

1）硫酸镍浓度对镀层沉积速率的影响

图 3-11 为硫酸镍浓度对沉积速率的影响。镀液中镍离子浓度不宜过高，镀液中镍离子过多，会降低镀液的稳定性，容易形成粗糙的镀层，甚至会诱发镀液瞬

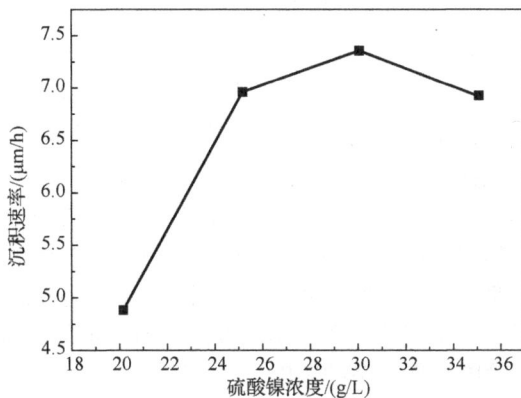

图 3-11 硫酸镍浓度对镀层沉积速率的影响

时分解，继而在镀液中析出镍。镍离子与次磷酸盐的摩尔比应为 0.4 左右。改变硫酸镍和次磷酸钠的浓度，使其浓度在 20g/L 到 35g/L 之间变化，得到硫酸镍和次磷酸钠浓度对化学镀镍钼磷镀层沉积速率的影响规律。

当硫酸镍与次磷酸钠浓度均在 20g/L 到 30g/L 之间变化时，随着它们浓度的增大，沉积速率增大。镀液中镍离子浓度的增大，必然增加离子与还原剂在沉积表面上碰撞的机会，加大相互之间反应的可能性，从而提高化学镀镍的沉积速率。同理，还原剂浓度的增大，也会提高沉积速率。当硫酸镍和次磷酸钠浓度均在 30g/L 到 35g/L 时，随着浓度的增大，沉积速率下降。

2）钼酸钠浓度对镀层沉积速率的影响

图 3-12 为钼酸钠浓度对沉积速率的影响，镀液中没有加入三乙醇胺，钼酸钠的浓度变化范围为 0.4～0.8g/L。由图 3-12 可知，随着钼酸钠浓度的增大，沉积速率不断下降。

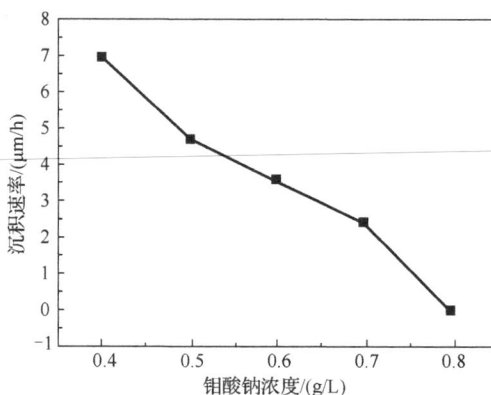

图 3-12　钼酸钠浓度对镀层沉积速率的影响

图 3-13 为镀液中加入三乙醇胺后，钼酸钠浓度对沉积速率的影响。钼酸钠浓度相同时，加入三乙醇胺后，沉积速率增大。随着钼酸钠浓度的增大，镍钼磷镀层的沉积速率逐渐降低。钼酸根能够吸附在基体表面，阻碍 Ni 的沉积，而且钼酸根的还原过程与次磷酸根还原过程原理一致，都要消耗原子氢，因此 Mo 的沉积与 P 的沉积是竞争关系。钼酸根的加入会阻碍沉积过程的进行，因此镀层沉积速率随着镀液中钼酸钠浓度的增大而降低。如图 3-13 所示，在钼酸钠浓度为 0～0.4g/L 时，镀层沉积速率降低的程度缓慢，尤其是当钼酸钠浓度为 0.2～0.4g/L 时，沉积速率趋于稳定，不降低。在钼酸钠浓度为 0.4～0.6g/L 时，镀层沉积速率下降明显。

3）工艺参数对镀层沉积速率的影响

图 3-14 为温度对镍钼磷镀层沉积速率的影响。图 3-15 为 pH 对镍钼磷镀层沉积速率的影响。随着温度的升高，镀液中各组分离子运动速率加快，镀液到镀层的浓差极化程度减小，因此沉积速率加快。由于焦磷酸钠体系为中低温镀液，焦

磷酸钠与金属镍离子配位的稳定常数低，温度过高容易造成镀液分解，因此选用 70℃最适当。

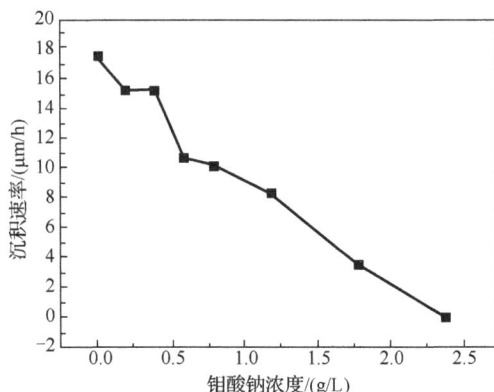

图 3-13 镀液中加入三乙醇胺后，钼酸钠浓度对镀层沉积速率的影响

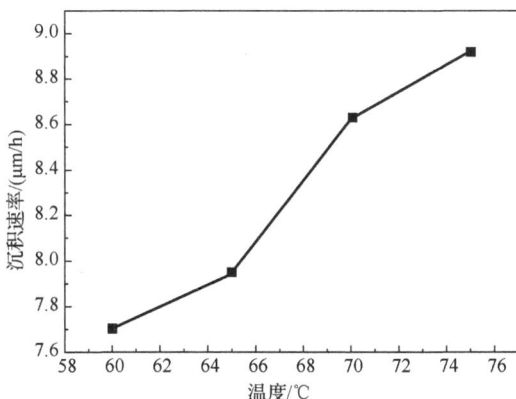

图 3-14 温度对镀层沉积速率的影响

焦磷酸钠体系中，采用氨水调节镀液的 pH。随着 pH 的增大，镀层的沉积速率增大。当 pH 从 8 到 9.5 时，镀层沉积速率逐渐增大。当 pH 从 8 到 9.5 时，镀层沉积速率从 4.6μm/h 增加到 8.7μm/h 时，镀层沉积速率增大得很快。当 pH 达到 10 时，沉积速率进一步增大，但是镀液不稳定，容易分解。

4）钼酸钠浓度对镀层各元素含量的影响

图 3-16 为钼酸钠浓度对镀层中 Ni 质量分数的影响。图 3-17 为钼酸钠浓度对镀层中 P 和 Mo 质量分数的影响。由能谱分析得出各元素在镀层中的质量分数。由图 3-16、图 3-17 可以发现，随着钼酸钠浓度的增大，Ni 的质量分数变化很小，Mo 的质量分数不断增大，P 的质量分数不断减小，且与 Mo 质量分数增大形成共轭，这一规律和柠檬酸钠作为主配位剂的镀液结果一致。

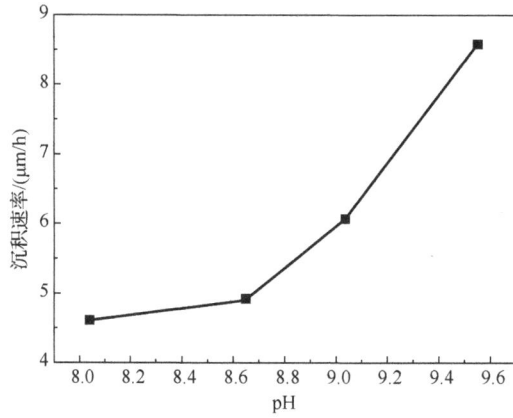

图 3-15　pH 对镀层沉积速率的影响

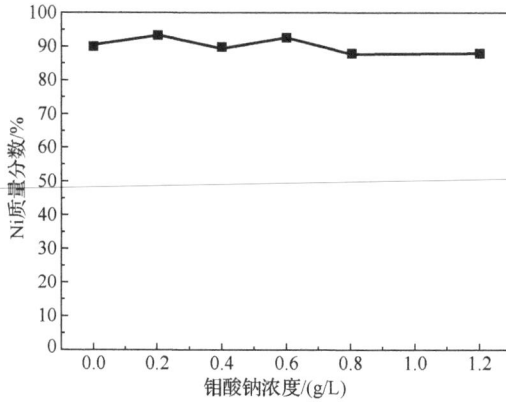

图 3-16　钼酸钠浓度对镀层中 Ni 质量分数的影响

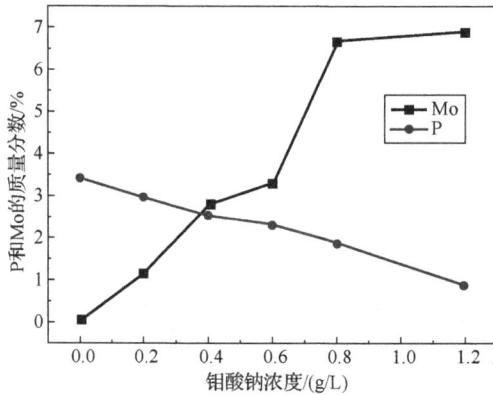

图 3-17　钼酸钠浓度对镀层中 P 和 Mo 质量分数的影响

3.1.3　镍钼磷镀层的热稳定性

2009 年，Chou 等[8]研究了非等温沉积非晶镍钼磷扩散阻挡层，铜被认为是超大规模集成电路（very-large-scale integrated circuit, VLSI）逻辑器件中取代传统铝基布线的最可靠的互连材料，因为它具有低电阻率、高熔点、高抗电迁移性和低应力等优点。然而，铜在硅和二氧化硅中迅速扩散，在硅衬底中形成特定的杂质导致晶体管可靠性降低。所以，应开发一种有效的扩散阻挡层，防止铜扩散到硅基集成电路中。

通过化学镀沉积的阻挡层因其低成本、优异的阶梯覆盖能力、低温工艺、高选择性以及在敏化和活化处理后沉积在非导电样品（如硅、二氧化硅表面上的可行性）而受到关注。通过化学镀工艺制备的三元镍基合金被用作阻止铜原子渗入硅的有效扩散阻挡层。高含量的磷会形成非晶结构，消除了多晶材料中沿晶界的短路扩散路径。另外，难熔金属，如钨、钼会提高镍基扩散阻挡材料的热稳定性[8]。

在化学镀镍合金中，三元镍基薄膜的非晶结构和热稳定性分别取决于磷和难熔金属的含量。难熔金属不能通过电化学反应单独沉积，除非与铁族金属共沉积，这种共沉积反应被称为诱导共沉积。镍基合金中难熔金属的诱导共沉积通常在碱性条件下才能实现。然而，在碱性体系中，镍基合金中的磷含量会显著降低。由于膜中磷含量低，膜的结构可能变成纳米晶体或多晶。难熔金属（钨和钼）和磷的还原反应为竞争反应，因此，寻找一种同时提高镍钼磷三元合金中磷和钼含量的方法对其在扩散阻挡层中的应用是至关重要的。众所周知，化学镀镀液的 pH 对镍钼磷镀层中磷和钼的含量有影响。为了提高镍钼磷镀层中磷和钼的含量，Chou 等[8]用非等温沉积装置制备了高磷和高钼含量的镍钼磷镀层。这种阻挡层可以有效地阻挡铜在高达 650℃的温度下扩散 1h。

图 3-18 是高温退火前后 Cu/Ni-Mo-P/Si 样品的 XRD 谱图[8]。图 3-18（a）显示了未经退火的 Cu/Ni-Mo-P/Si 样品的 XRD 谱图。在沉积态 Cu/Ni-Mo-P/Si 样品中，观察到 Cu(111)强峰和 Cu(200)弱峰，(111)和(200)衍射强度的比值约为 14，表明铜具有优先的(111)晶体取向。图 3-18（b）～（d）显示了在镀液的 pH 分别为 3、4、5 时沉积并在不同温度下退火的 Cu/Ni-Mo-P/Si 样品的 XRD 谱图。对比在 550℃退火处理的三种条件下制备的样品和沉积态的样品，在图 3-18（b）～（d）XRD 谱图中没有观察到新相。对于在 pH 为 3 时沉积并在 650℃退火的 Cu/Ni-Mo-P/Si，检测到 Cu3Si 和 Cu4Si 相的微弱信号。退火温度 700℃时，Cu3Si 和 Cu4Si 相明显增加，表明 pH 为 3 时沉积的镍钼磷阻挡层失效。对于 pH 为 5 的镍钼磷阻挡层样品，在 650℃和 700℃退火后也检测到 Cu3Si 和 Cu4Si 相，pH 为 5 的镍钼磷阻挡层样品与在 pH 为 3 时沉积的镍钼磷阻挡层具有几乎相同的 XRD 谱图和热稳定性。而对于 pH 为 4 时制备的镍钼磷阻挡层样品，在图 3-18（c）中

显示，650℃退火处理后的样品未检测到 Cu3Si 相，在 700℃退火处理后，样品中仅检测到 Cu3Si 相的微弱信号。结果表明，在 pH 为 4 时沉积的镍钼磷阻挡层具有较好的阻挡性能[8]。

在 pH 为 3 和 5 时制备的镍钼磷阻挡层在 550℃时可阻挡铜扩散，而在 pH 为 4 时制备的钼和磷含量高的阻挡层在 650℃时仍可有效阻挡铜扩散。基于实验结果，认为镍钼磷阻挡层具有应用在超大规模集成电路的潜力[8]。

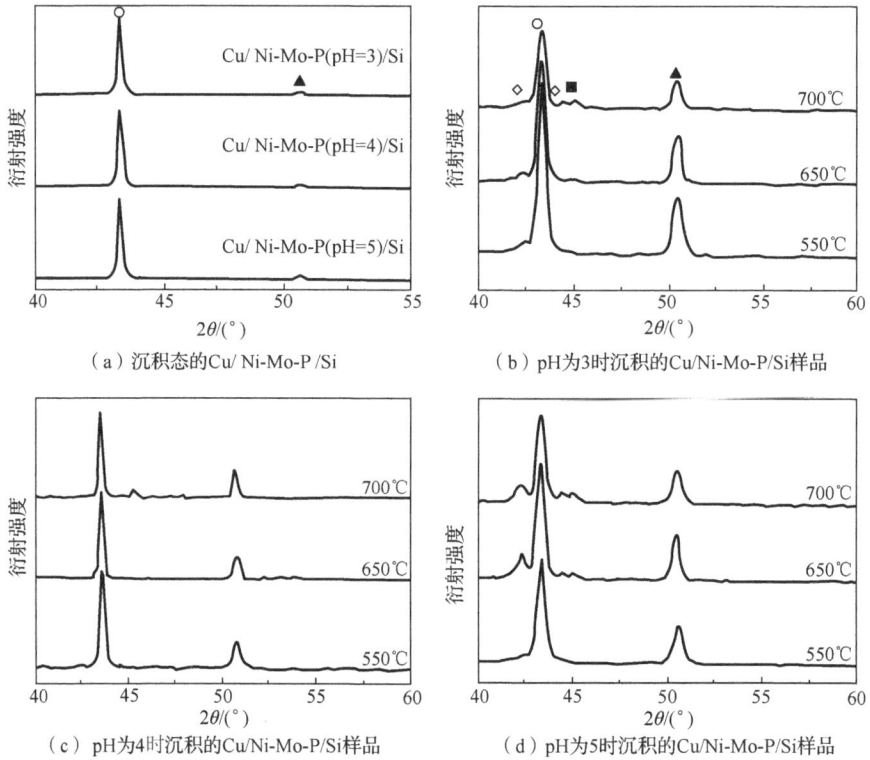

（a）沉积态的 Cu/ Ni-Mo-P /Si
（b）pH 为 3 时沉积的 Cu/Ni-Mo-P/Si 样品
（c）pH 为 4 时沉积的 Cu/Ni-Mo-P/Si 样品
（d）pH 为 5 时沉积的 Cu/Ni-Mo-P/Si样品

图 3-18 高温退火前后的 Cu/Ni-Mo-P/Si 样品的 XRD 谱图[8]

○表示 Cu(111)，■表示 Cu3Si，◇表示 Cu4Si，▲表示 Cu(200)

3.1.4 镍钼磷镀层的表面形貌和耐蚀性

1. 柠檬酸钠浓度对镀层表面形貌和耐蚀性能的影响

主配位剂柠檬酸钠的浓度对镀层沉积影响较大，样品制备采用的镀液及工艺条件参见表 3-1 的配方 3。图 3-19 为不同柠檬酸钠浓度下获得的镍钼磷镀层的扫描电镜表面形貌图。通过扫描电镜和能谱分析的结果分析，可知柠檬酸钠浓度对镍钼磷镀层的形貌和各元素的含量都有很大的影响，进而影响镀层的性能。柠檬酸钠浓度在 30g/L 时，沉积速率能达到 18.95μm/h，能保证镀层达到一定的厚度。

镀层中的钼质量分数为 3.49%，磷质量分数为 4.37%，使镀层中有相对较高的钼与磷。镀层的表面状态良好，无明显缺陷。

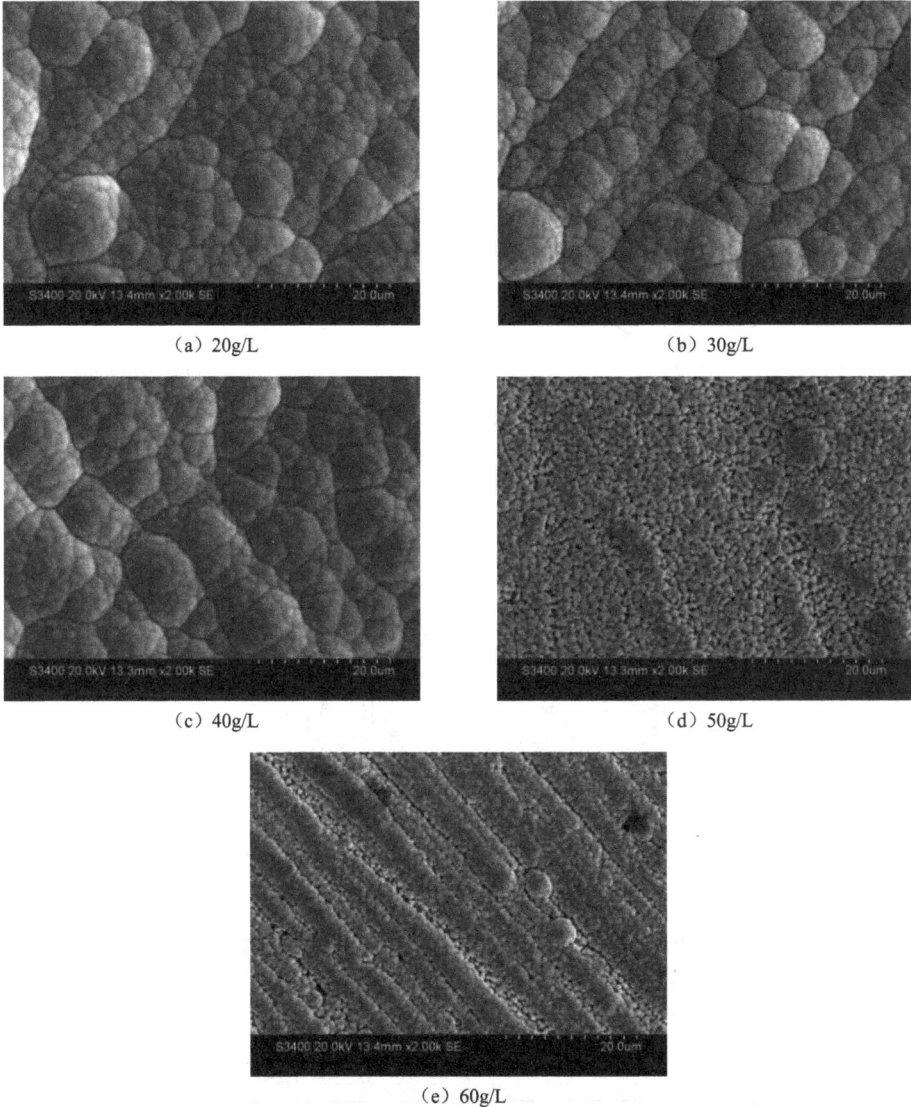

（a）20g/L

（b）30g/L

（c）40g/L

（d）50g/L

（e）60g/L

图 3-19　不同柠檬酸钠浓度下获得的镍钼磷镀层的扫描电镜表面形貌图

图 3-20 为柠檬酸钠浓度对镀层中 P 和 Mo 质量分数的影响。从化学沉积的原理来看，碱性溶液不利于 P 和 Mo 的同时生成。

图 3-21 为不同柠檬酸钠浓度下制备的镍钼磷镀层在 0.5mol/L 硫酸溶液中的极化曲线。表 3-2 为不同柠檬酸钠浓度下制备的镍钼磷镀层极化曲线拟合的腐蚀数

据结果。由表 3-2 可知，30g/L 柠檬酸钠制备的镀层的腐蚀电势为-0.106V，腐蚀电势相对最正，腐蚀电流相对最小，耐蚀性最好。

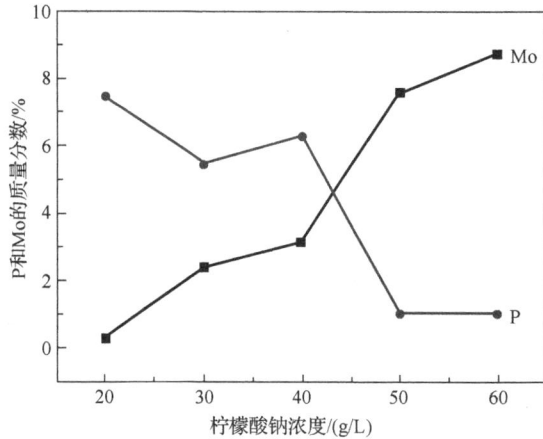

图 3-20 柠檬酸钠浓度对镀层中 P 和 Mo 质量分数的影响

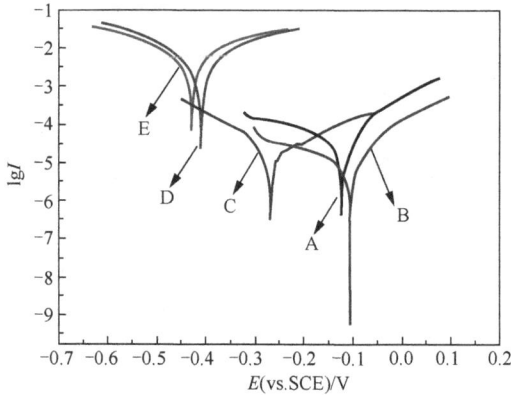

图 3-21 不同柠檬酸钠浓度下制备的镍钼磷镀层在 0.5moL/L 硫酸溶液中的极化曲线

A-20g/L、B-30g/L、C-40g/L、D-50g/L、E-60g/L，I 的单位为 A/cm^2，vs. 表示相对，

SCE（saturated calomel electrode）表示饱和甘汞电极

表 3-2 不同柠檬酸钠浓度下制备的镍钼磷镀层极化曲线拟合结果

柠檬酸钠浓度/(g/L)	腐蚀电势 E_{corr}/V	腐蚀电流 I_{corr}/($\times 10^{-5}$A/cm^2)
20	-0.123	4.71
30	-0.106	1.28
40	-0.269	3.80
50	-0.412	7.28
60	-0.429	6.77

2. 钼酸钠浓度对镀层表面形貌和耐蚀性能的影响

图 3-22 为不同钼酸钠浓度下镍钼磷镀层的扫描电镜表面形貌图。由图 3-22 可知,钼酸钠浓度为 0.6g/L 时制备的镀层表面相比其他浓度制备的镀层更致密一些。

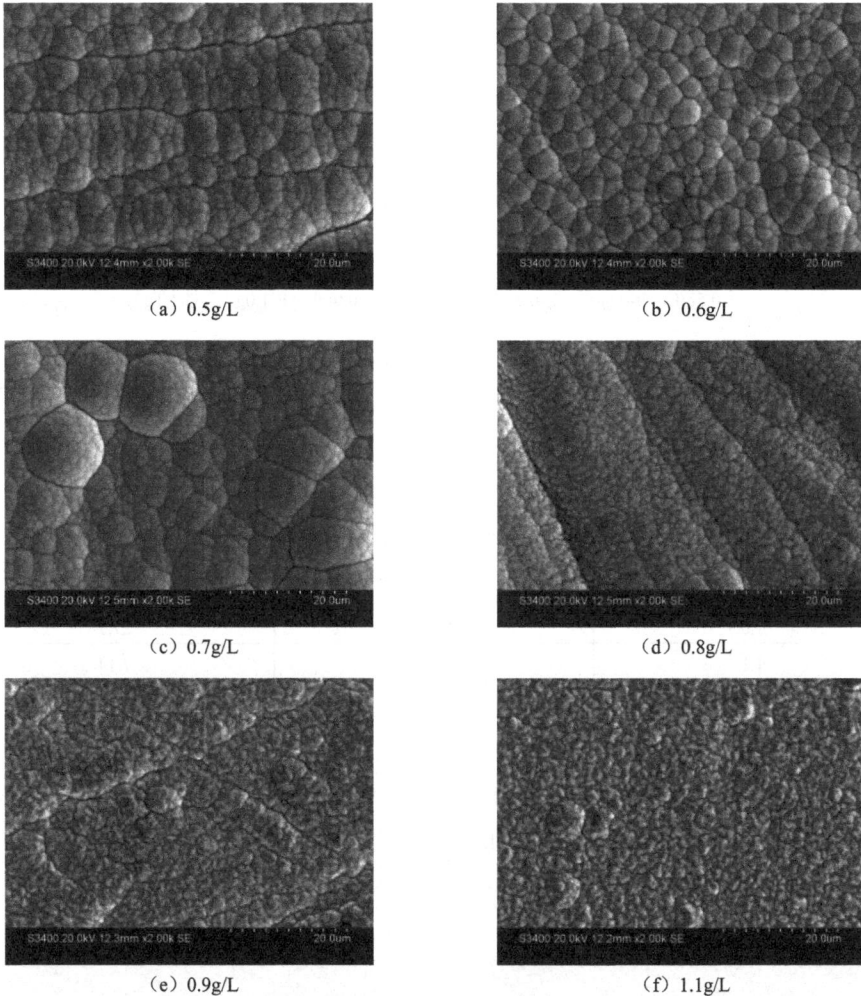

(a) 0.5g/L

(b) 0.6g/L

(c) 0.7g/L

(d) 0.8g/L

(e) 0.9g/L

(f) 1.1g/L

图 3-22　不同钼酸钠浓度下镍钼磷镀层的扫描电镜表面形貌图

图 3-23 为不同钼酸钠浓度下制备的镍钼磷镀层在 0.5mol/L 硫酸溶液中的极化曲线。由图 3-23 中各浓度下的极化曲线对比和表 3-3 中的拟合数据可知,钼酸钠浓度为 0.6g/L 时,耐蚀性相对是最好的。当钼酸钠浓度为 0.6g/L 时,沉积速率为 18.95μm/h,镀层中钼和磷的质量分数分别为 2.41%、5.43%,镀层表面平整、致密,有较好的耐蚀性。

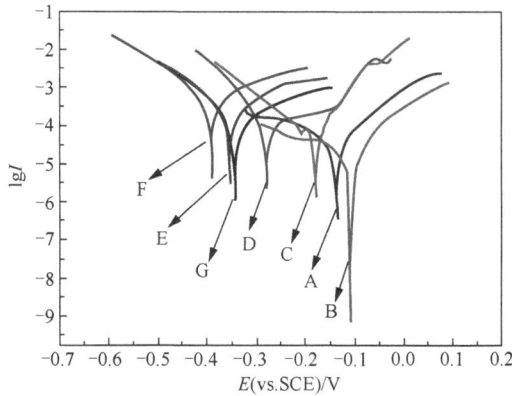

图 3-23　不同钼酸钠浓度下制备的镍钼磷镀层在 0.5mol/L 硫酸溶液中的极化曲线

A-0.5g/L，B-0.6g/L，C-0.7g/L，D-0.8g/L，E-0.9g/L，F-1.0g/L，G-1.1g/L

表 3-3　不同钼酸钠浓度下制备的镍钼磷镀层极化曲线拟合结果

钼酸钠浓度/(g/L)	腐蚀电势 E_{corr}/V	腐蚀电流 I_{corr}/($\times 10^{-5}$A/cm^2)
0.5	-0.135	2.90
0.6	-0.106	1.28
0.7	-0.173	4.75
0.8	-0.277	9.30
0.9	-0.351	11.5
1.0	-0.389	27.7
1.1	-0.340	7.14

3. 温度对镀层表面形貌的影响

图 3-24 为不同温度下镍钼磷镀层的扫描电镜表面形貌图。由图 3-24 可知，70℃和 75℃时的镀层还没形成致密的晶胞，表面粗糙且不平整。在 80℃时形成细小的晶胞，镀层开始变得平整，温度高于 85℃后，晶胞结合在一起形成致密、平整的镀层。

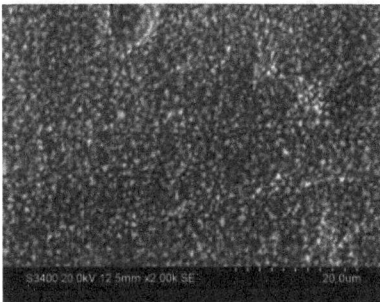

（a）70℃

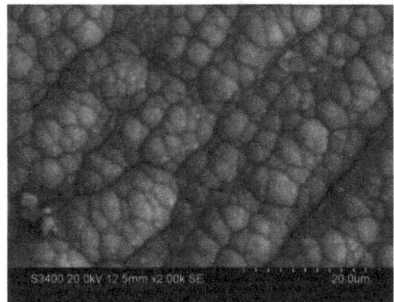

（b）75℃

(c) 80℃

(d) 85℃

(e) 90℃

(f) 95℃

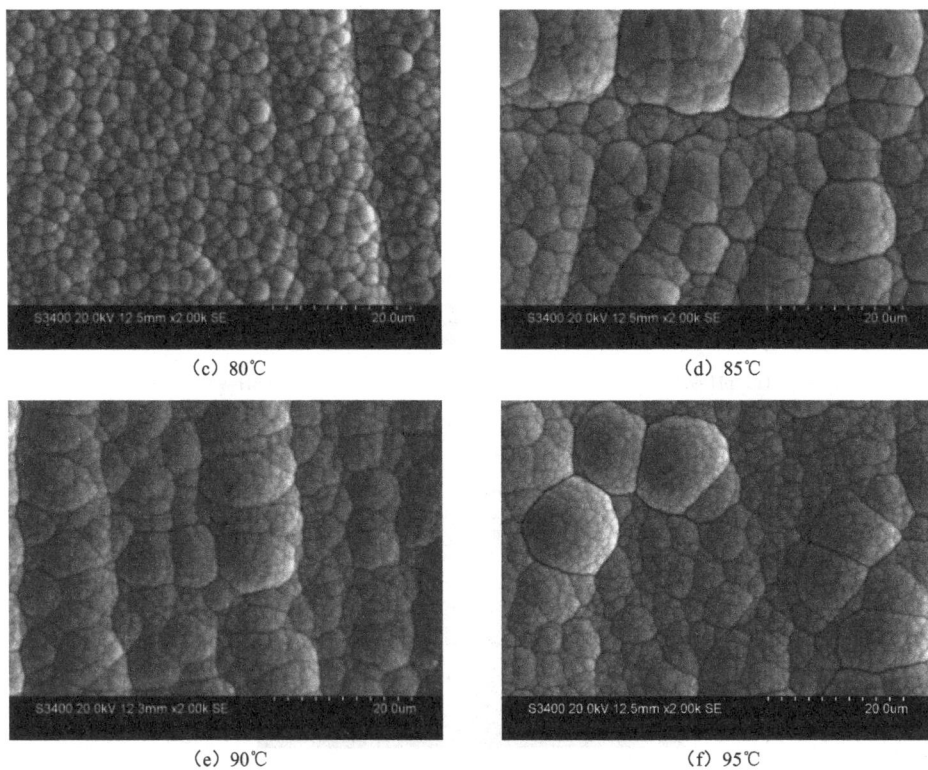

图 3-24　不同温度下镍钼磷镀层的扫描电镜表面形貌图

4. 镀液 pH 对镀层表面形貌的影响

图 3-25 为不同 pH 下镍钼磷镀层的扫描电镜表面形貌图。从图 3-25 中看到，pH 为 8.5 时，镀层呈现粗糙且不平整的形貌，pH 为 9.0 时制备的镀层致密、无明显裂纹，pH 大于 9.5 时制备的镀层不够致密。

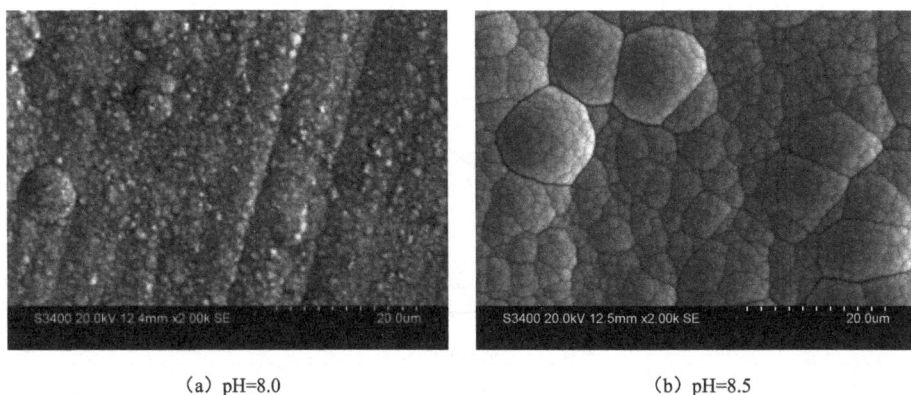

（a）pH=8.0

（b）pH=8.5

（c）pH=9.0　　　　　　　　　　　　　　　（d）pH=9.5

（e）pH=10.0

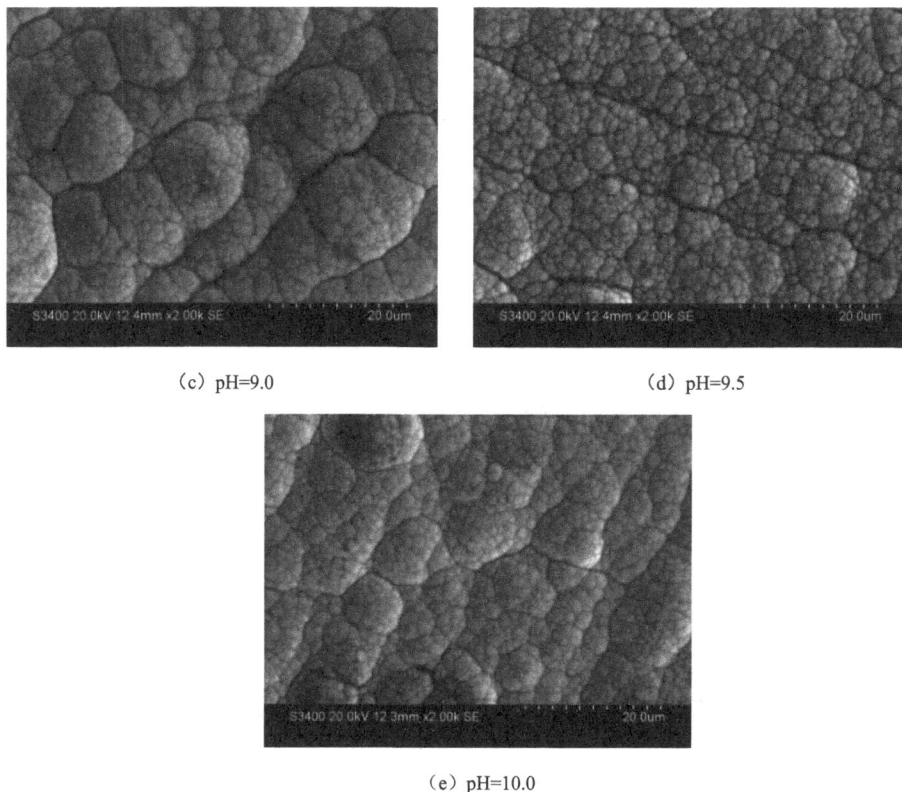

图 3-25　不同 pH 下镍钼磷镀层的扫描电镜表面形貌图

5. 镀覆时间对镀层耐蚀性能的影响

图 3-26 为沉积时间与增重量的关系曲线。化学镀时间影响镀层的厚度，而镀层的厚度与镀层的耐蚀性有关。图 3-27 为不同时间下制备的镍钼磷镀层在 0.5mol/L

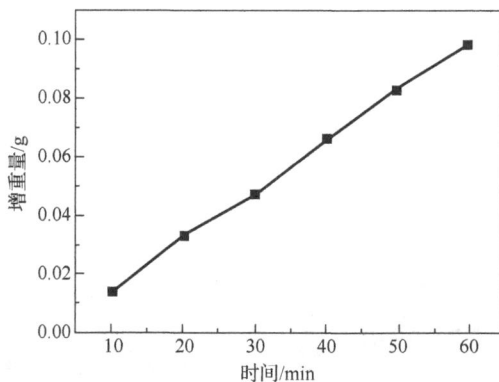

图 3-26　沉积时间与增重量的关系

硫酸溶液中的极化曲线，表 3-4 为不同时间下制备的镍钼磷镀层极化曲线拟合结果。化学镀的时间是影响镀层厚度的主要因素，60min 时镀层的厚度最大为 24.58μm，此时腐蚀电流值最小，为 $3.80×10^{-5}A/cm^2$。

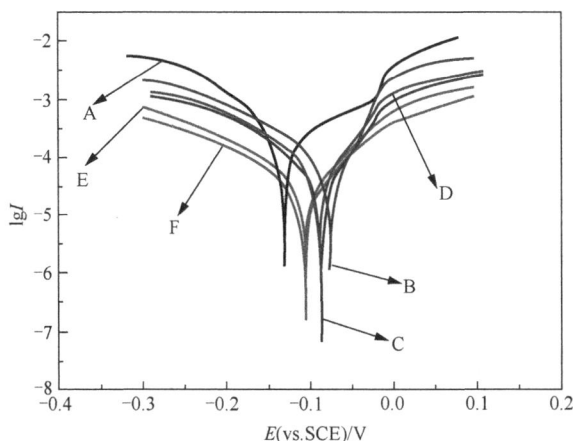

图 3-27 不同时间下制备的镍钼磷镀层在 0.5mol/L 硫酸溶液中的极化曲线

A-10min，B-20min，C-30min，D-40min，E-50min，F-60min

表 3-4 不同时间下制备的镍钼磷镀层极化曲线拟合结果

时间/min	腐蚀电势 E_{corr}/V	腐蚀电流 I_{corr}/($×10^{-5}A/cm^2$)
10	−0.130	28.1
20	−0.076	12.5
30	−0.087	6.86
40	−0.089	9.50
50	−0.106	4.71
60	−0.107	3.80

以柠檬酸钠为主配位剂的化学镀镀液可很好地实现 Ni、Mo、P 的共沉积。随着柠檬酸钠浓度的增加，镍钼磷镀层沉积速率先升后降，当柠檬酸钠浓度为 30g/L 时，镀层沉积速率较大。随着硫酸镍和次磷酸钠浓度的增大，镍钼磷镀层沉积速率逐渐加快。随着钼酸钠浓度的提高，镀层 Mo 含量提高，镀层沉积速率下降。由此确定了镍钼磷镀层的工艺配方：硫酸镍浓度为 30~35g/L、次磷酸钠浓度为 30~35g/L、柠檬酸钠浓度为 27~32g/L、丙酸浓度为 15~20mL/L、钼酸钠浓度为 0.2~0.8g/L、pH 为 8~9、温度为 70~80℃。在钼酸钠浓度为 0.2g/L 时沉积速率较快，可达 17.6μm/h。通过对不同钼酸钠浓度下的镍钼磷镀层进行极化曲线测量发现，当钼酸钠浓度为 0.6g/L 时，所获得的镍钼磷镀层的耐蚀性较好。

在焦磷酸钠体系中，通过实验进行辅助配位剂的筛选，得到一种低温快速的镀液配方：硫酸镍浓度为 30~35g/L、次磷酸钠浓度为 30~35g/L、焦磷酸钠浓度为 27~32g/L、硫酸铵浓度为 35~40g/L、三乙醇胺浓度为 10~15mL/L、钼酸钠浓度为 0.2~1.6g/L、pH 为 8.5~9.5、温度为 65~70℃。在钼酸钠浓度为 0.2g/L 时沉积速率较快，可达 15.3μm/h。通过对不同钼酸钠浓度下的镍钼磷镀层进行极化曲线测量发现，当钼酸钠为 1.6g/L 时，镀层的耐蚀性较好。

3.2 化学镀镍钨磷三元合金

化学镀镍钨磷合金是较早研究和应用的三元合金之一，已有不少研究论文公开发表，多个国内外研究团队进行了研究[9]。

3.2.1 镍钨磷镀液组成和工艺条件

本书作者科研小组[10]和文献[11]研究的化学镀镍钨磷镀液组成和工艺条件见表 3-5，这三种镀液的组成基本相同。

表 3-5 镍钨磷镀液组成和工艺条件

项目	配方 1	配方 2	配方 3[11]
硫酸镍/(g/L)	20	20	26
钨酸钠/(g/L)	5	5	33
次磷酸钠/(g/L)	20	20	11
柠檬酸钠/(g/L)	20	20	30
乙酸钠/(g/L)	15		
硫酸铵/(g/L)		15	
硫脲/(mg/L)	1	1	
温度/℃	90	90	90
pH	6	6	9

3.2.2 镀液组成和工艺条件对镀层沉积速率的影响

图 3-28 为钨酸钠浓度对镀层沉积速率的影响。根据图 3-28，钨酸钠的加入可以增大沉积速率，钨酸钠有加速沉积的作用。镀液中钨酸钠浓度为 0~5g/L 时，钨酸钠浓度增大，沉积速率也增大，继续增大钨酸钠浓度，沉积速率变化缓慢。

图 3-29 为柠檬酸钠浓度对镀层沉积速率的影响。由图 3-29 可知，沉积速率随着柠檬酸钠浓度的增大而下降。这可能与柠檬酸浓度增大时，减少了游离镍离

子的浓度，使被还原的镍离子数目减少有关。柠檬酸钠浓度较低时，沉积速率较快，镀液不稳定，容易分解。

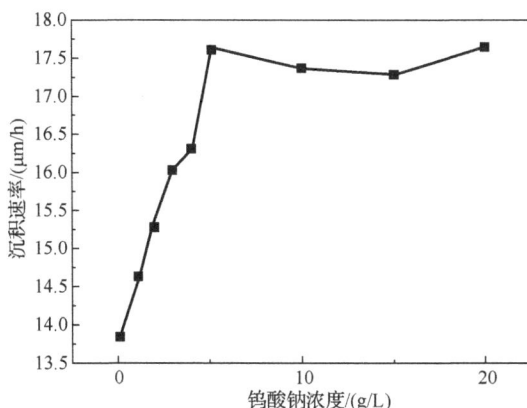

图 3-28　钨酸钠浓度对镀层沉积速率的影响

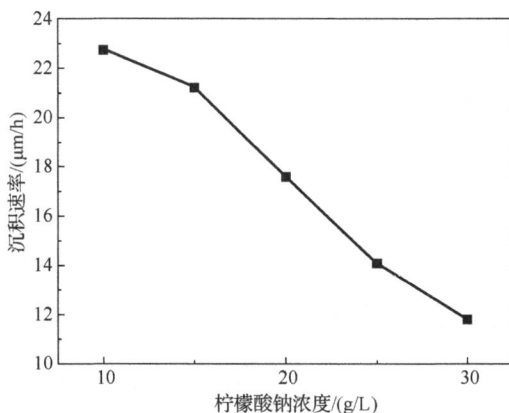

图 3-29　柠檬酸钠浓度对镀层沉积速率的影响

图 3-30 为镀液 pH 对镀层沉积速率的影响。由图 3-30 可知，镀层沉积速率随着 pH 的增大呈现先增大后减小的趋势。镀液 pH 较高时，镀液中反应生成 $NiHPO_3$ 而使镀液浑浊，不利于镍离子还原，从而沉积速率下降。当 pH 为 7 时，沉积速率达到最大值，镀液稍有分解。

图 3-31 为镀液温度对镀层沉积速率的影响。根据图 3-31，随着镀液温度的升高，沉积速率增大。虽然镀液温度为 95℃时沉积速率最大，但此时镀液不稳定，镀液分解严重。

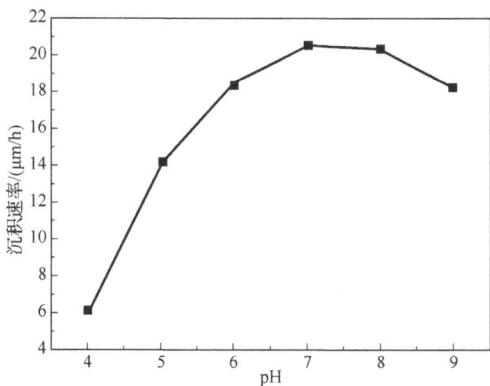

图 3-30 镀液 pH 对镀层沉积速率的影响

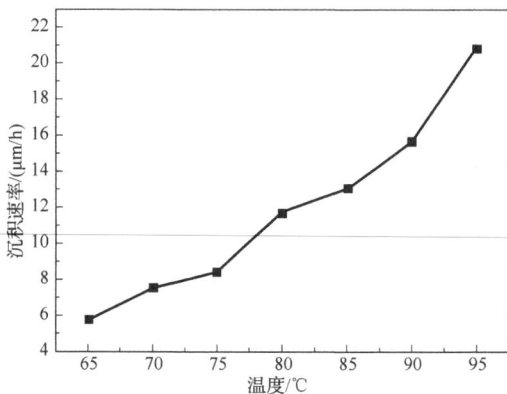

图 3-31 镀液温度对镀层沉积速率的影响

3.2.3 镍钨磷镀层的热稳定性

图 3-32 为钨酸钠浓度为 5g/L 时镍钨磷镀层 XRD 谱图。图 3-32 的 XRD 分

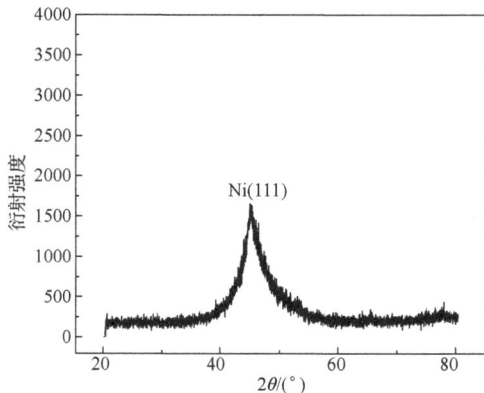

图 3-32 钨酸钠浓度为 5g/L 时镍钨磷镀层 XRD 谱图

析显示在 $2\theta=45°$ 附近存在一条宽漫散射峰，该峰与 Ni(111)衍射峰的位置吻合，说明此结构为微晶或者混晶结构。

3.2.4　镍钨磷镀层的耐蚀性

图 3-33 为不同钨酸钠浓度的镍钨磷镀层在 0.5mol/L 硫酸溶液中的极化曲线。表 3-6 是对应图 3-33 中各镀层的腐蚀电势、腐蚀电流以及极化电阻。图 3-34 为不同钨酸钠浓度的镍钨磷镀层在 0.5mol/L 硫酸溶液中的奈奎斯特（Nyquist）图。

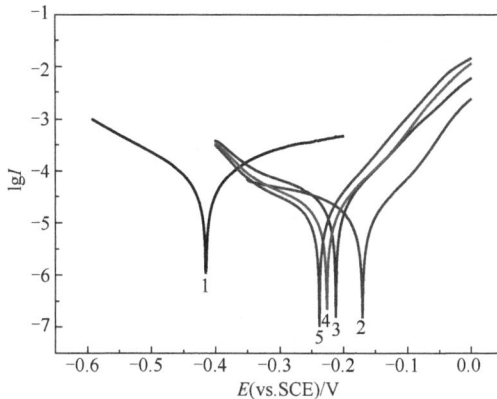

图 3-33　不同钨酸钠浓度的镍钨磷镀层在 0.5mol/L 硫酸溶液中的极化曲线
1-0g/L，2-5g/L，3-10g/L，4-15g/L，5-20g/L

由图 3-33 和表 3-6 可知，当镍磷镀液中不添加钨酸钠时，沉积的化学镀镍磷镀层腐蚀电势最负。当钨酸钠浓度为 5g/L 时腐蚀电势最正。钨酸钠浓度为 10g/L、15g/L、20g/L 时镀层腐蚀电势依次向负方向移动。化学镀镍磷镀层的腐蚀电流最大为 8.703×10^{-5}A/cm², 当钨酸钠浓度为 5g/L 时，腐蚀电流最小，为 1.304×10^{-5}A/cm²。极化电阻值与腐蚀电流呈相反规律，当钨酸钠浓度为 5g/L 时极化电阻最大，为 1730Ω·cm²；镍磷镀层极化电阻最小，为 415Ω·cm²。由此可见，镍钨磷镀层耐蚀性能比镍磷镀层要好。由图 3-34 可知，钨酸钠浓度为 5g/L 时制备的镍钨磷镀层测得的 Nyquist 图中的容抗弧最大，表明该条件下制备的镍钨磷镀层耐蚀性最好，这与极化曲线测得的结果一致。

表 3-6　镍钨磷镀层的腐蚀电势、腐蚀电流和极化电阻

钨酸钠浓度/(g/L)	E_{corr}/V	I_{corr}/(×10^{-5}A/cm²)	R_p/(Ω·cm²)
0	-0.402	8.703	415
5	-0.170	1.304	1730
10	-0.212	2.647	928
15	-0.226	1.660	1343
20	-0.238	1.436	1372

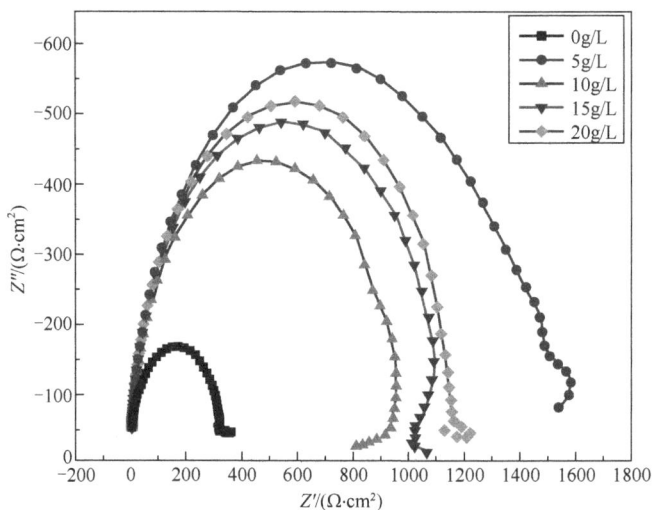

图 3-34　不同钨酸钠浓度的镍钨磷镀层在 0.5mol/L 硫酸溶液中的 Nyquist 图

Z'表示阻抗实部，Z"表示阻抗虚部

3.2.5　热处理对镀层结构和性能的影响

2004 年，Tien 等[11]研究采用化学镀法在低碳钢上获得镍钨磷镀层。对镀层进行热处理，以评估结晶行为和晶粒尺寸对机械性能的影响。低碳钢上镀层所有深度的硬度都通过纳米压痕获得。图 3-35 为不同热处理条件下镀层硬度和压痕深度的关系曲线，图 3-36 为不同退火温度持续 4h 后镀层的弹性模量。

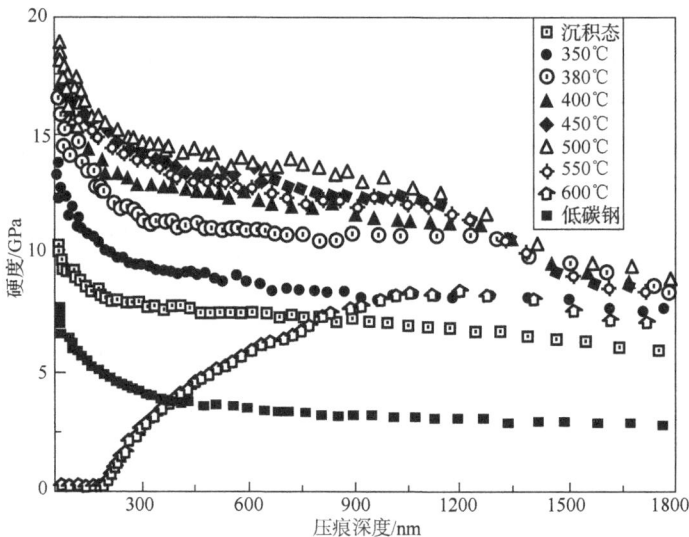

图 3-35　不同热处理条件下镀层硬度和压痕深度的关系曲线[11]

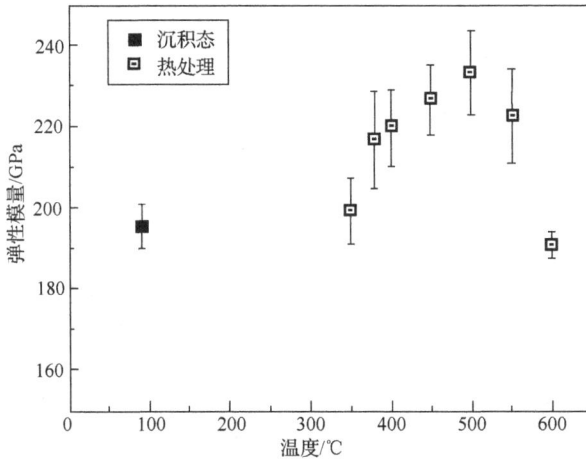

图 3-36 不同退火温度持续 4h 后镀层的弹性模量[11]

图 3-35 的结果显示压痕深度对镀层硬度测量结果影响分为三个区域，除了热处理温度在 600℃的镀层硬度测量结果外，其他条件的硬度测量结果显示，压痕深度在 350nm 以内时，硬度值随压痕深度变化下降比较剧烈，压痕深度在 350～1200nm 范围内，硬度值变化很小，接近水平线，当压痕深度超过 1200nm 时，硬度值的变化开始受到基体的影响，所以压痕深度在 350～1200nm 范围内测得的硬度值作为镀层的硬度值。结果表明，镀层在沉积态和热处理之后（600℃热处理的镀层除外）的硬度值都高于基体低碳钢的硬度值，且镀层热处理（350~550℃）后的硬度值高于没有经过热处理的沉积态镀层的硬度值，500℃热处理后镀层的硬度值相比其他条件的硬度值是最大的。图 3-36 表明非晶镍磷钨镀层的弹性模量相对较低，为 195GPa。然而，随着晶粒长大、热处理温度升高，弹性模量最大值提高到 233GPa[11]。

3.3 化学镀镍铬磷三元合金

研究人员对化学镀镍基多元合金的研究已经取得了很大的进步[9,12-16]，获得了性能更加优异且能满足不同场合要求的镍基合金镀层[17-19]。但是通过化学镀的方法沉积镍铬磷镀层方面的研究相对较少[20,21]。由于铬在空气和水中都相当稳定，表面容易形成一层氧化膜而变为钝态，有研究[22,23]证明，铬的质量分数仅为 0.1%的化学镀镍铬磷镀层的耐蚀性明显优于镍磷镀层。又有研究[24,25]证明，铬与镍磷的共沉积使镀层呈现非晶结构，非晶合金具有优异的磁性、耐磨性、高强度、硬度和韧性等。而镍铬磷合金形成非晶所需的磷含量低于镍磷合金，说明铬的存在有利于非晶结构的形成，铬富集在镀层外表面，使镀层的自钝化倾向加强，耐蚀性显著提高[26,27]。

此外，化学镀镍铬磷三元合金具有较小的电阻温度系数（temperature coefficient of resistance, TCR），适合在电子零部件表面化学镀镍铬磷镀层。化学镀镍铬磷恰好弥补了电镀铬成本高、环境污染严重等缺点[28,29]。

由于铬与镍共沉积困难，镀液的组成和 pH 不断变化，所以镍铬磷镀层制备研究困难较多[30-34]。目前，关于化学镀镍铬磷的制备与腐蚀行为的报道比较少，下面主要介绍本书作者科研小组的工作[35]。

化学镀镍铬磷镀液的基础配方如下：$NiSO_4$ 浓度为 10g/L；NaH_2PO_2 浓度为 10g/L；$Na_3C_6H_5O_7$ 浓度为 10g/L；$CrCl_3$ 浓度为 5g/L；$CHKO_2$ 浓度为 5g/L；CH_4N_2S 浓度为 1mg/L；pH 为 4.6，温度为 85℃。

3.3.1 镀液组成和工艺条件对沉积过程的影响

1. 氯化铬（$CrCl_3$）浓度对沉积速率和耐蚀性的影响

通过在化学镀镍磷合金基础配方中加入 $CrCl_3$ 来制备镍铬磷镀层。镀层中 Cr 的质量分数利用扫描电镜附带的能量色散谱仪进行测定。图 3-37 为化学镀镀液中 $CrCl_3$ 浓度对镀层沉积速率和镀层中 Cr 质量分数的影响。可以看到，随着 $CrCl_3$ 浓度的增大，沉积速率逐渐增大，当 $CrCl_3$ 浓度为 20g/L 时，沉积速率达到最大。值得注意的是，$CrCl_3$ 浓度为 20g/L 时，镀液出现了分解，这可能是配位剂的含量不足导致的，表明在配位剂浓度一定的条件下，镀液中的 $CrCl_3$ 浓度不宜过高。而当 $CrCl_3$ 浓度低于 5g/L 时，镀层外观较差；当浓度大于 15g/L 时，镀层外观也较差；浓度在 5~15g/L 时镀层的外观良好，这和文献[24]的结果基本一致。由图 3-37 可知，镀层中 Cr 质量分数均小于 1%，这和文献[26]报道的结果相似。当 $CrCl_3$ 浓度为 3g/L 时镀层表层中几乎不含 Cr，当 $CrCl_3$ 浓度为 5g/L 时，Cr 的质量分数为 0.64%。当 $CrCl_3$ 浓度大于 5g/L 时，镀层中 Cr 的质量分数开始降低，之后又有略微上升，这可能与镀液不稳定并且分解有关。

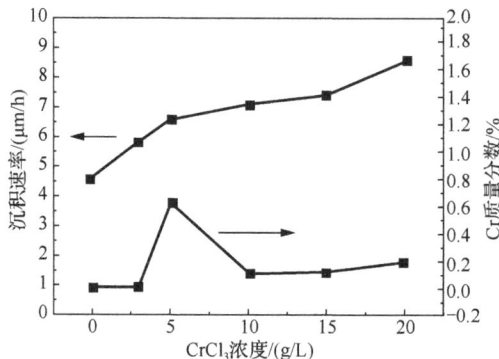

图 3-37　化学镀镀液中 $CrCl_3$ 浓度对镀层沉积速率和镀层中 Cr 质量分数的影响

　　图 3-38（a）为不同 CrCl$_3$ 浓度镀液中制备的镍铬磷镀层在 0.5mol/L 硫酸溶液中的极化曲线，表 3-7 为图 3-38 的极化曲线和 Nyquist 图拟合参数。由图 3-38（a）和表 3-7 可以看出，CrCl$_3$ 浓度对镀层的腐蚀电势有影响，CrCl$_3$ 浓度为 20g/L 时制备的镍铬磷镀层的腐蚀电势（E_{corr}）较负，其腐蚀电流（I_{corr}）较大，而其他浓度下制备的镍铬磷镀层的腐蚀电势相对较正并且相差不大，腐蚀电流也相差不大。当 CrCl$_3$ 浓度为 5g/L 时制备的镀层的腐蚀电流较小，为 6.971μA/cm^2，由于极化电阻（R_p）与腐蚀电流成反比，此时对应的极化电阻较大，为 6019Ω·cm^2，表明此镀层具有较好的耐蚀性能，这可能与在该条件下，Cr 质量分数相对较高有关。

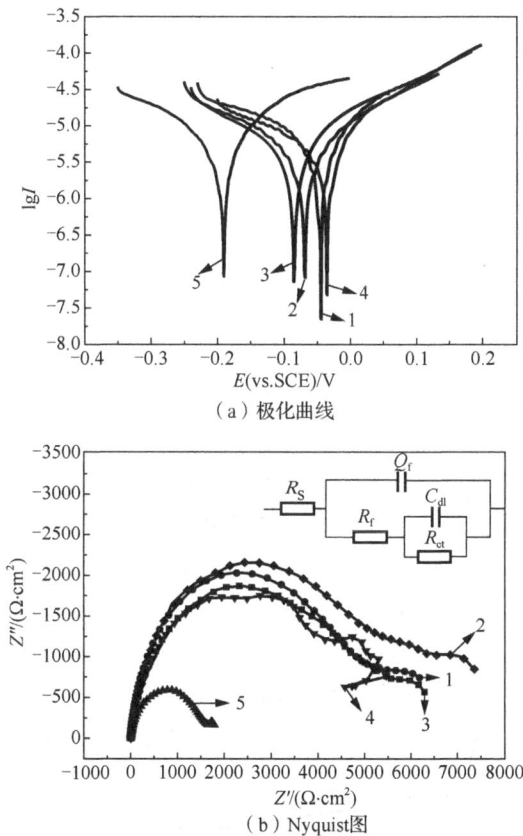

（a）极化曲线

（b）Nyquist图

图 3-38　镍铬磷镀层在 0.5mol/L 硫酸溶液中的极化曲线和 Nyquist 图
CrCl$_3$ 浓度：1-3g/L，2-5g/L，3-10g/L，4-15g/L，5-20g/L

　　图 3-38（b）为不同浓度 CrCl$_3$ 镀液中制备的镍铬磷镀层在 0.5mol/L 硫酸溶液中的 Nyquist 图及选用的等效电路图。结果表明，Nyquist 图中均出现了明显的容抗弧。高频区的容抗弧表明与镀层腐蚀相对应的电极反应受电化学反应步骤控制，这与镀层在 0.5mol/L 硫酸溶液中的腐蚀行为相对应。在中频和低频区容抗弧的半径

大小可能与镀层在溶液中的腐蚀产物膜电阻的大小以及其保护镀层的性能有关[30]。采用 $R(Q(R(CR)))$ 等效电路图对结果进行拟合。其中，R_f 为镀层在 0.5mol/L 硫酸溶液中的腐蚀产物膜电阻，R_{ct} 为电荷传递电阻。Nyquist 图拟合的部分参数值（R_f 和 R_{ct}）列在表 3-7 中的最后两列，R_f 和 R_{ct} 的数值越大，表明其镀层的耐蚀性越好。由表 3-7 可知，当 $CrCl_3$ 浓度为 5g/L 时制备的镀层的 R_f 为 $5042\Omega\cdot cm^2$，R_{ct} 为 $1935\Omega\cdot cm^2$，其数值均较大，这与采用极化曲线拟合的结果基本一致。

表 3-7 镍铬磷镀层在 0.5mol/L 硫酸溶液中的极化曲线和 Nyquist 图拟合参数

$CrCl_3$浓度/(g/L)	E_{corr}/V	I_{corr}/(μA/cm^2)	R_p/($\Omega\cdot cm^2$)	R_f/($\Omega\cdot cm^2$)	R_{ct}/($\Omega\cdot cm^2$)
3	-0.044	9.278	5055	4469	1417
5	-0.068	6.971	6019	5042	1935
10	-0.085	7.178	5984	4427	1233
15	-0.035	9.404	5115	1409	320.9
20	-0.190	8.741	4790	4575	886.3

2. 乳酸（$C_3H_6O_3$）浓度对沉积速率和耐蚀性的影响

$C_3H_6O_3$ 是化学镀镍磷合金常用的配位剂之一，图 3-39 为 $C_3H_6O_3$ 浓度对镀层沉积速率和镀层中 Cr 质量分数的影响。可以看到，随着 $C_3H_6O_3$ 浓度的增大，沉积速率逐渐减小。原因可能是随着浓度增大其配位作用逐步加强，此时配位剂与金属离子形成稳定的配合物，过多的配位剂与活性镍离子配合，减小了游离 Ni^{2+} 的浓度，被还原的 Ni^{2+} 数目减少，沉积速率降低。Ni^{2+} 的还原速度在一定程度上也会影响 Cr^{3+} 的还原速度[31]。由图 3-39 可以看到，加入 $C_3H_6O_3$ 后，Cr^{3+} 的质量分数相比不加 $C_3H_6O_3$ 时有所下降，改变 $C_3H_6O_3$ 浓度对镀层中 Cr 质量分数影响不大，而 $C_3H_6O_3$ 加入可以明显增加三元合金镀液的稳定性。

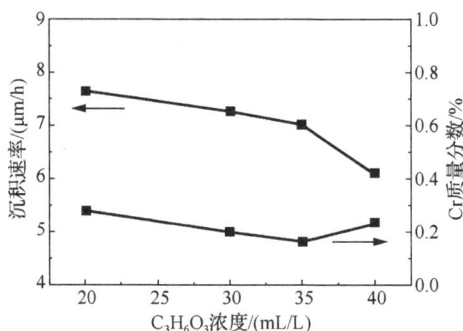

图 3-39 $C_3H_6O_3$ 浓度对镀层沉积速率和镀层中 Cr 质量分数的影响

图 3-40（a）是不同浓度 $C_3H_6O_3$ 镀液中制备的镍铬磷镀层在 0.5mol/L 硫酸溶液中的极化曲线，表 3-8 为图 3-40 的极化曲线和 Nyquist 图的拟合参数。由表 3-8

可知,改变$C_3H_6O_3$浓度对制备的镀层的耐蚀性影响不大,当$C_3H_6O_3$浓度为20mL/L时,镀层的耐蚀性相对最好,腐蚀电流为$7.178\mu A/cm^2$。

图 3-40(b)是不同浓度 $C_3H_6O_3$ 镀液中制备的镍铬磷镀层在 0.5mol/L 硫酸溶液中的 Nyquist 图及选用的等效电路图。采用 $R(Q(R(CR)))$ 等效电路图对结果进行拟合。Nyquist 图拟合的部分参数值列在表 3-8 中的最后两列,R_f 和 R_{ct} 的数值越大,表明其耐蚀性越好。当 $C_3H_6O_3$ 浓度为 20mL/L 时制备的镀层的 R_f 为 $4367\Omega\cdot cm^2$,R_{ct} 为 $1106\Omega\cdot cm^2$,其数值均较大。改变镀液中 $C_3H_6O_3$ 的浓度对制备的镀层耐蚀性影响不大,其影响规律和采用极化曲线拟合的结果基本一致。通常,在镍磷镀液中,单一乳酸体系的耐蚀性不够理想,加入其他配位剂可以改善镀层耐蚀性[32]。

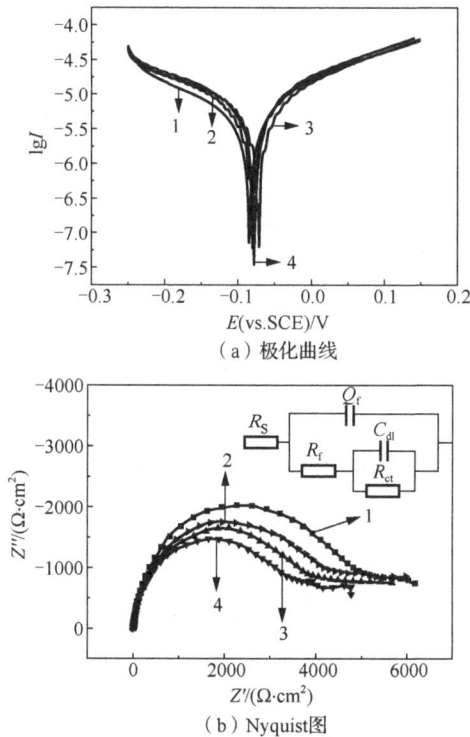

（a）极化曲线

（b）Nyquist图

图 3-40　镍铬磷镀层在 0.5mol/L 硫酸溶液中的极化曲线和 Nyquist 图

$C_3H_6O_3$ 的浓度:1-20mL/L,2-30mL/L,3-35mL/L,4-40mL/L

表 3-8　镍铬磷镀层在 0.5mol/L 硫酸溶液中的极化曲线和 Nyquist 图拟合参数

$C_3H_6O_3$ 浓度/(mL/L)	E_{corr}/V	I_{corr}/($\mu A/cm^2$)	R_p/($\Omega\cdot cm^2$)	R_f/($\Omega\cdot cm^2$)	R_{ct}/($\Omega\cdot cm^2$)
20	-0.085	7.178	5984	4367	1106
30	-0.080	8.225	6312	4166	1597
35	-0.071	9.320	5095	3706	1583
40	-0.078	9.658	5119	3222	747.4

3. 甘氨酸（$C_2H_5NO_2$）浓度对沉积速率和耐蚀性的影响

$C_2H_5NO_2$ 是一种较弱的 Ni^{2+}、Cr^{3+} 的配位剂，金属离子与配位剂的弱配位是从化学镀镀液中获得高质量镀层的要求之一[21,29]。化学镀镍磷镀液中 $C_2H_5NO_2$ 能显著提高沉积速率且改善外观[32]。图 3-41 为其他物质浓度不变的情况下，$C_2H_5NO_2$ 浓度对镀层沉积速率和镀层中 Cr 质量分数的影响。可以看到，随着 $C_2H_5NO_2$ 浓度的增大，沉积速率下降。当 $C_2H_5NO_2$ 的浓度为 0.1g/L 时，沉积速率最大，这个浓度范围和 $C_2H_5NO_2$ 化学镀镍磷二元合金中的影响一致，在化学镀镍磷二元合金中 $C_2H_5NO_2$ 的用量一般小于 1g/L。当 $C_2H_5NO_2$ 的浓度为 4g/L 时，镀层中 Cr 的质量分数为 0.36%。而 $C_2H_5NO_2$ 浓度为 15g/L 时，Cr 的质量分数较低，这可能是 $C_2H_5NO_2$ 浓度对 Ni 的沉积有较大影响造成的。

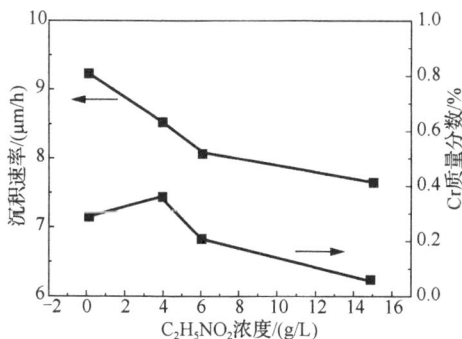

图 3-41　$C_2H_5NO_2$ 浓度对镀层沉积速率和镀层中 Cr 质量分数的影响

图 3-42（a）是不同浓度 $C_2H_5NO_2$ 镀液中制备的镍铬磷镀层在 0.5mol/L 硫酸溶液中的极化曲线图，表 3-9 为图 3-42 的极化曲线和 Nyquist 图拟合参数。由图 3-42（a）和表 3-9 可知，当 $C_2H_5NO_2$ 浓度为 6g/L 时，镀层的耐蚀性最好，腐蚀电流为 7.787μA/cm^2。

图 3-42（b）为不同浓度 $C_2H_5NO_2$ 镀液中制备的镍铬磷镀层在 0.5mol/L 硫酸溶液中的 Nyquist 图及选用的等效电路图。采用 $R(Q(R(CR)))$ 等效电路图对结果进行拟合。Nyquist 图的拟合参数值列在表 3-9 中的最后两列，R_f 和 R_{ct} 的数值越大表明其耐蚀性越好。当 $C_2H_5NO_2$ 浓度为 6g/L 和 15g/L 时制备的镀层的 R_f、R_{ct} 数值均较大。这与采用极化曲线拟合的结果基本一致。在文献[21]中，$C_2H_5NO_2$ 浓度为 15g/L 时作为 Cr^{3+} 的配位剂与柠檬酸钠复配可以获得耐蚀性较好的三元合金镀层。

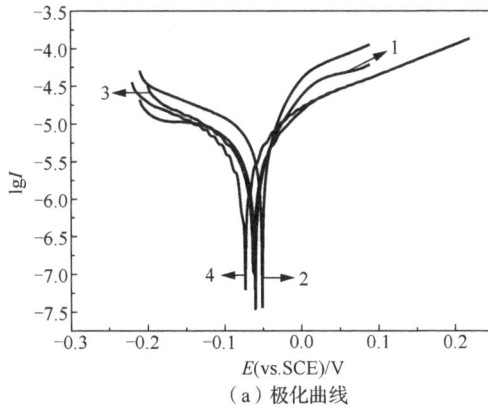

（a）极化曲线

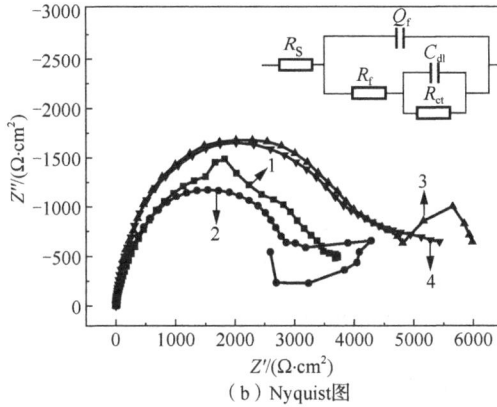

（b）Nyquist 图

图 3-42　镍铬磷镀层在 0.5mol/L 硫酸溶液中的极化曲线和 Nyquist 图

$C_2H_5NO_2$ 的浓度：1-0.1g/L，2-4g/L，3-6g/L，4-15g/L

表 3-9　镍铬磷镀层在 0.5mol/L 硫酸溶液中的极化曲线和 Nyquist 图拟合参数

$C_2H_5NO_2$ 浓度/(g/L)	E_{corr}/V	I_{corr}/(μA/cm²)	R_p/(Ω·cm²)	R_f/(Ω·cm²)	R_{ct}/(Ω·cm²)
0.1	-0.060	14.450	4819	—	3592
4	-0.051	19.380	2580	2720	924
6	-0.062	7.787	5123	4190	1561
15	-0.073	8.108	5432	3801	1366

4. 草酸钾（$K_2C_2O_4$）浓度对沉积速率和耐蚀性的影响

$K_2C_2O_4$ 在碱性体系中作为 Cr^{3+} 的主配位剂被研究[17-20]，在酸性体系中较少采用。图 3-43 为 $K_2C_2O_4$ 浓度对镀层沉积速率和镀层中 Cr 质量分数的影响。由于 Cr^{3+} 的配位剂通常为羟基羧酸及其盐，如甲酸和乙酸盐、氨基乙酸、草酸及其盐、柠檬酸及其盐、硫氰酸盐和酒石酸盐等，其与 Cr^{3+} 配位顺序大致为：

$CNS^- < HCOO^- < CH_3COO^- < C_4H_4O_4^{2-} < C_4H_4O_6^{2-} < C_2H_3O_3^- = C_3H_5O_3^- < C_3H_2O_4^{2-} <$
$C_6H_7O_7^- < C_2O_4^{2-} < OH^{-}$ [33]。可见 $K_2C_2O_4$ 与 Cr^{3+} 的配位能力很强，而且从图中可
以看出随着 $K_2C_2O_4$ 浓度的增大，沉积速率逐渐下降。这是因为 $K_2C_2O_4$ 的浓度增
大，与 Ni^{2+} 和 Cr^{3+} 充分配合，使其配合物极其稳定，NaH_2PO_2 不能将其还原，导
致沉积速率降低。$K_2C_2O_4$ 浓度对镀层成分的含量影响不大。当 $K_2C_2O_4$ 浓度为
2.5g/L 时，镀层中 Cr 的质量分数为 0.30%。$K_2C_2O_4$ 的加入也改善了三元合金镀液
的稳定性。

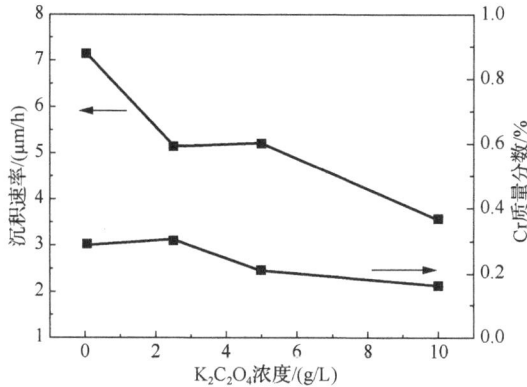

图 3-43　$K_2C_2O_4$ 浓度对镀层沉积速率和镀层中 Cr 质量分数的影响

图 3-44（a）是不同浓度 $K_2C_2O_4$ 镀液中制备的镍铬磷镀层在 0.5mol/L 硫酸溶
液中的极化曲线图，表 3-10 为图 3-44 的极化曲线和 Nyquist 图拟合参数。由
表 3-10 可以看出，当 $K_2C_2O_4$ 浓度为 2.5g/L 时，镀层的腐蚀电流为 $4.849\mu A/cm^2$，
比其他浓度制备镀层的腐蚀电流都小，镀层的耐蚀性相对较好，$K_2C_2O_4$ 的加入对
镀层耐蚀性影响较大。

图 3-44（b）为不同浓度 $K_2C_2O_4$ 镀液中制备的镍铬磷镀层在 0.5mol/L 硫酸溶
液中的 Nyquist 图及选用的等效电路图。采用 $R(Q(R(CR)))$ 等效电路对结果进行拟
合，Nyquist 图的拟合参数值列在表 3-10 中的最后两列，R_f 和 R_{ct} 的数值越大表明
其耐蚀性越好。当 $K_2C_2O_4$ 浓度为 2.5g/L 时制备的镀层的 R_f 为 $4648\Omega\cdot cm^2$，R_{ct} 为
$4420\Omega\cdot cm^2$，其数值均较大，这与采用极化曲线拟合的结果基本一致。

表 3-10　镍铬磷镀层在 0.5mol/L 硫酸溶液中的极化曲线和 Nyquist 图拟合参数

$K_2C_2O_4$ 浓度/(g/L)	E_{corr}/V	I_{corr}/($\mu A/cm^2$)	R_p/($\Omega\cdot cm^2$)	R_f/($\Omega\cdot cm^2$)	R_{ct}/($\Omega\cdot cm^2$)
0	−0.269	100	2275	1566	503.9
2.5	−0.152	4.849	7751	4648	4420
5	−0.130	8.818	4731	2766	1305
10	−0.143	6.626	5863	3392	1670

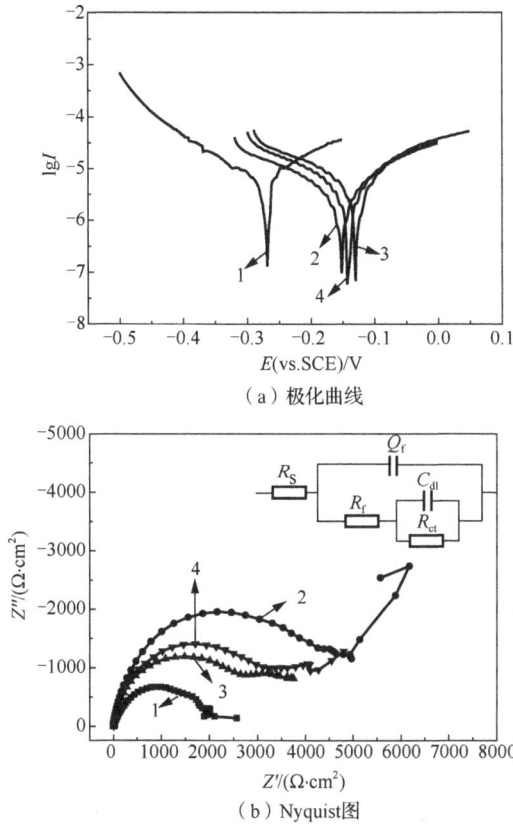

（a）极化曲线

（b）Nyquist图

图 3-44　镍铬磷镀层在 0.5mol/L 硫酸溶液中的极化曲线和 Nyquist 图

$K_2C_2O_4$ 的浓度：1-0g/L，2-2.5g/L，3-5g/L，4-10g/L

3.3.2　镍铬磷镀层的表面形貌和结构

图 3-45 是化学镀镍铬磷镀层的扫描电镜表面形貌。可以看出，镀层表面呈胞状结构，且颗粒分布较均匀，排列较致密，相应的镀层表面较为光滑。

图 3-46 为化学镀镍铬磷镀层的 XRD 谱图。可以看出，镀层的 XRD 谱图在 2θ 为 45°附近形成下部较宽的"馒头"状峰，可知是 Ni 的(111)面衍射方向有漫散射的衍射峰，表明此时镀层是非晶加微晶结构，这和文献[23]的结果相近，此外还有少量 Cr_3Ni_2 相。有研究指出，镍铬磷镀层形成非晶所需的 P 含量低于镍磷镀层，Cr 的存在有利于非晶结构的形成，Cr 富集在镀层外表面，使镀层的自钝化倾向加强，耐蚀性提高[26,27]。如何进一步提高镀层表面的 Cr 质量分数还有待进一步研究。

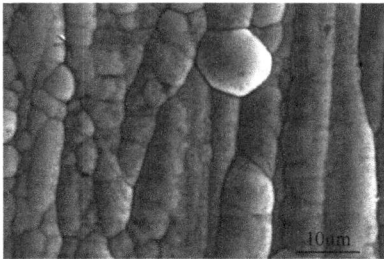

图 3-45　镍铬磷镀层的扫描电镜表面形貌

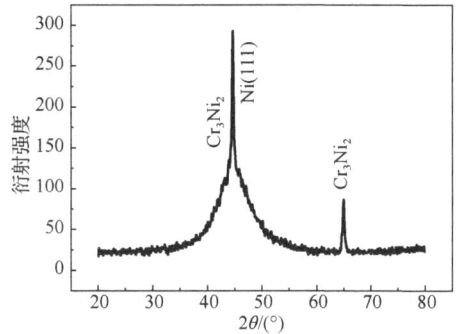

图 3-46　镍铬磷镀层的 XRD 谱图

3.3.3　镍铬磷镀层的耐蚀性

图 3-47（a）为镍磷镀层和镍铬磷镀层在 0.5mol/L 的硫酸溶液中的极化曲线图，表 3-11 为图 3-47 的极化曲线和 Nyquist 图的部分拟合参数。材料在同一介质中，通常腐蚀电势越正，腐蚀电流越小，该材料的耐蚀性能就越好。由图 3-47（a）和表 3-11 可以看出，镍铬磷镀层的腐蚀电势明显高于镍磷镀层，相比镍磷镀层的腐蚀电势提高了大约 0.25V。其腐蚀电流降低了大约一个数量级，表明镍铬磷镀层的耐蚀性明显优于镍磷镀层。

图 3-47（b）为镍磷镀层和镍铬磷镀层在 0.5mol/L 硫酸溶液中的 Nyquist 图及选用的等效电路图。采用 $R(Q(R(CR)))$ 等效电路图对结果进行拟合。Nyquist 图的拟合部分参数值列在表 3-11 中的最后两列。镍铬磷镀层的 R_{ct} 为 4430Ω·cm²，镍磷二元合金镀层的 R_{ct} 为 441Ω·cm²，R_{ct} 的数值越大，镀层的耐蚀性越好，结果表明镍铬磷镀层耐蚀性比镍磷镀层好，这个阻抗拟合结果和采用极化曲线拟合的结果一致。另外，由图 3-47（b）的 Nyquist 图也可看出，镍铬磷镀层的容抗弧半径更大，文献[34]指出，Nyquist 图中容抗弧半径尺寸表示涂镀层阻抗性能，半径越大，电子转移越难，涂镀层的电阻越大，耐蚀性越好，此结果从另一个方面验证了镍铬磷镀层具有更好的抗腐蚀性能。

表 3-11　镍磷镀层与镍铬磷镀层在 0.5mol/L 硫酸溶液中的极化曲线和 Nyquist 图拟合参数

镀层	E_{corr}/V	I_{corr}/(μA/cm²)	R_p/(Ω·cm²)	R_f/(Ω·cm²)	R_{ct}/(Ω·cm²)
镍磷	−0.412	94.81	467	—	441
镍铬磷	−0.158	4.850	7755	4658	4430

结果表明，镀液组成和浓度对镍铬磷镀层沉积过程和耐蚀性的影响如下：①随着镀液中的 $CrCl_3$ 浓度增大，沉积速率提高，镀液变得不稳定。当 $C_3H_6O_3$、$C_2H_5NO_2$、$K_2C_2O_4$ 浓度增大，沉积速率降低，镀液稳定。化学镀法制备的镍铬磷镀层表面形

貌呈胞状结构，镀层为非晶加微晶的结构。②在 0.5mol/L 硫酸溶液中，镍铬磷镀层的腐蚀电势远高于镍磷镀层，向正移动约 0.25V，其电荷转移电阻增大，腐蚀电流降低了大约一个数量级，化学镀镍铬磷镀层的耐蚀性明显优于镍磷镀层。

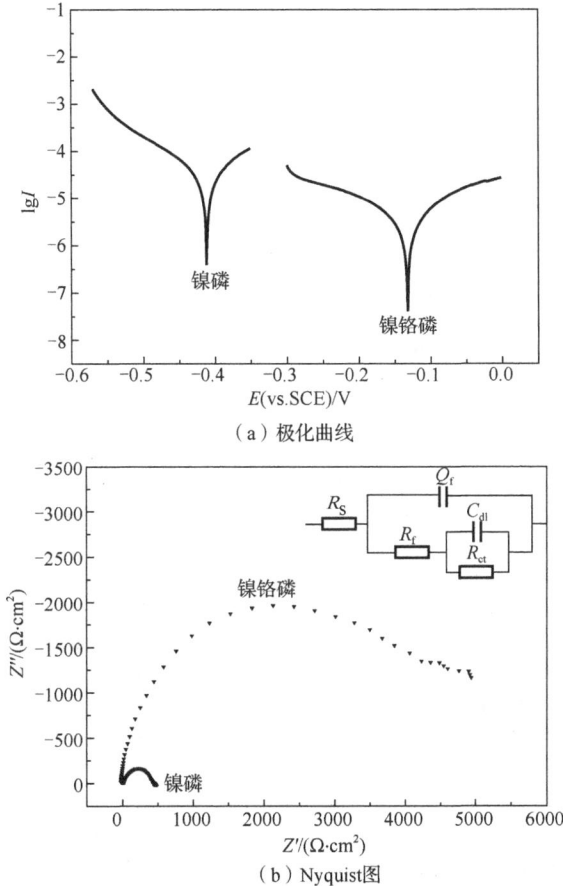

（a）极化曲线

（b）Nyquist图

图 3-47　镍磷和镍铬磷镀层在 0.5mol/L 硫酸溶液中的极化曲线和 Nyquist 图

参 考 文 献

[1] BALARAJU J N , JAHAN S M , JAIN A , et al. Structure and phase transformation behavior of electroless Ni-P alloys containing tin and tungsten[J]. Journal of Alloys and Compounds, 2007, 436(1-2): 319-327.

[2] 苏博. Ni-Mo-P 镀层的制备及性能研究[D]. 沈阳: 沈阳工业大学, 2015.

[3] 马正华. 化学镀 Ni-Mo-P 三元合金工艺研究[D]. 沈阳: 沈阳工业大学, 2017.

[4] LEE H M, CHAE H, KIM C K. Electroless deposition of NiMoP films using alkali-free chemicals for capping layers of copper interconnections[J]. Korean Journal of Chemical Engineering, 2012, 29(9): 1259-1265.

[5] 肖顺华. 化学镀 Ni-Mo-P 三元合金沉积速率研究[J]. 广西科学, 2003, 10(1): 45-46.

[6] 张翼, 方永奎, 张科. 酸性 Ni-Mo-P/Ni-P 双层化学镀工艺研究[J]. 中国表面工程, 2003(1): 34-37.

[7] LU G J, ZANGARI G. Study of the electroless deposition process of Ni-P-based ternary alloys[J]. The Electrochemical Society, 2003, 150(11): 777-786.

[8] CHOU Y H, SUNG Y, LIU Y M, et al. Amorphous Ni-Mo-P diffusion barrier deposited by non-isothermal deposition[J]. Surface & Coatings Technology, 2009, 203(8): 1020-1026.

[9] AL-ZAHRANI A, ALHAMED Y, PETROV L, et al. Mechanical and corrosion behavior of amorphous and crystalline electroless Ni-W-P coatings[J]. Journal of Solid State Electrochemistry, 2014, 18(7): 1951-1961.

[10] 郑典. 化学镀 Ni-W-P 镀层的制备及性能研究[D]. 沈阳: 沈阳工业大学, 2016.

[11] TIEN S K, DUH J G, CHEN Y I. The influence of thermal treatment on the microstructure and hardness in electroless Ni-P-W deposit[J]. Thin Solid Films, 2004, 469-470: 333-338.

[12] BAI C Y, CHOU Y H, CHAO C L, et al. Surface modifications of aluminum alloy 5052 for bipolar plates using an electroless deposition process[J]. Journal of Power Sources , 2008, 183(1): 174-181.

[13] 姚振虎, 张振忠, 赵芳霞, 等. 质子交换膜燃料电池双极板化学镀 Ni-Cu-P 表面改性[J]. 腐蚀与防护, 2010, 31(6): 431-433.

[14] ROY S, SAHOO P. Parametric optimization of corrosion and wear of electroless Ni-P-Cu coating using grey relational coefficient coupled with weighted principal component analysis[J]. International Journal of Mechanical and Materials Engineering, 2014, 1(10): 1-15.

[15] YANG Y, BALARAJU J N, HUANG Y Z, et al. Interface reaction between electroless Ni-Sn-P metallization and lead-free Sn-3.5Ag solder with suppressed Ni_3P formation[J]. Journal of Electronic Materials, 2014, 43(11): 4103-4110.

[16] SHI C H, WANG L, WANG L J. Preparation of corrosion-resistant, EMI shielding and magnetic veneer-based composite via Ni-Fe-P alloy deposition[J]. Journal of Materials Science: Materials in Electronics, 2015, 26(9): 7096-7103.

[17] WANG H, XIE M, ZONG Q, et al. Electroless Ni-W-Cr-P alloy coating with improved electrocatalytic hydrogen evolution performance[J]. Surface Engineering, 2015, 31(3): 226-231.

[18] CHE L, XIAO M, XU H, et al. Enhanced corrosion resistance and microhardness of titanium with electroless deposition Ni-W-Cr-P coating[J]. Materials and Manufacturing Processes, 2013, 28: 899-904.

[19] ZHANG L, JIN Y, PENG B, et al. Effects of annealing temperature on the crystal structure and properties of electroless deposited Ni-W-Cr-P alloy coatings[J]. Applied Surface Science, 2008, 255(5): 1686-1691.

[20] JIN Z Y, LI P P, ZHENG B Z, et al. The structure and properties of electroless Ni-Mo-Cr-P coatings on copper alloy[J]. Materials and Corrosion, 2013, 64(4): 341-346.

[21] SHASHIKALA A R, MAYANNA S M, SHARMA A K. Studies and characterisation of electroless Ni-Cr-P alloy coating[J]. Transactions of the Institute of Metal Finishing, 2007, 85(6): 320-324.

[22] CHEN W Y, TIEN S K, DUH J G. Thermal stability and microstructure characterization of sputtered Ni-P and Ni-P-Cr coatings[J]. Surface and Coatings Technology, 2004, 188-189: 489-494.

[23] 晋勇, 孙平, 刘巧玲, 等. 热处理对不锈钢表面化学镀 Ni-Cr-P 合金镀层结构及性能的影响[J]. 材料热处理学报, 2012, 33(3): 146-150.

[24] 肖鑫, 龙有前, 钟萍, 等. 化学镀 Ni-Cr-P 合金工艺研究[J]. 表面技术, 2003, 32(2): 47-49, 56.

[25] 杨玉国, 孙冬柏, 杨德钧. Ni-Cr-P 化学镀液的配置方法[J]. 表面技术, 1998, 28(4): 43-44.

[26] 黄晓梅, 徐晓鹏, 李阳, 等. Ni-Cr-P 化学镀液配位剂复配的研究[J]. 电镀与环保, 2016, 36(1): 21-23.

[27] ZENG Z X, ZHANG Y X, ZHAO W J, et al. Role of complexing ligands in trivalent chromium electrodeposition[J]. Surface and Coatings Technology, 2011, 205(20): 4771-4775.

[28] LI L, WANG Z, WANG M Y, et al. Modulation of active Cr(III) complexes by bath preparation to adjust Cr(III) electrodeposition[J]. International Journal of Minerals, Metallurgy and Materials, 2013, 20(9): 902-908.

[29] THARAMANI C N, HOOR F S, BEGUM N S, et al. Microstructure, surface and electrochemical studies of electroless Cr-P coatings tailored for the methanol oxidative fuel cell[J]. Journal of Solid State Electrochemistry, 2005, 9(7): 476-482.

[30] 廖梓含, 宋博, 任泽, 等. X70 钢及其焊缝在 Na_2CO_3+$NaHCO_3$ 溶液中电化学腐蚀行为研究[J]. 中国腐蚀与防护学报, 2018, 38(2): 158-166.

[31] 李宁, 袁国伟, 黎德育. 化学镀镍基合金理论与技术[M]. 哈尔滨: 哈尔滨工业大学出版社, 2000: 159-160.

[32] 姜晓霞, 沈伟. 化学镀理论与实践[M]. 北京: 国防工业出版社, 2000: 29-30.

[33] 屠振密, 郑剑, 李宁, 等. 三价铬电镀铬现状及发展趋势[J]. 表面技术, 2007, 36(5): 59-63, 87.

[34] BARSOUKOV E, MACDONALD J R. Impedance spectroscopy: Theory, experiment, and applications[M]. New York: John Wiley & Sons, 2005: 1-10.

[35] 孙硕, 杨杰, 钱薪竹, 等. Ni-Cr-P 化学镀层的制备与电化学腐蚀行为[J]. 中国腐蚀与防护学报, 2020, 40(3): 273-280.

第4章 磁性化学镀镍基多元合金镀层

4.1 化学镀镍铁磷三元合金

化学镀镍铁磷合金具有较好的磁性能、吸波性能、耐蚀性能，可以作为焊料的扩散阻挡层来替代化学镀镍磷合金[1-7]。

4.1.1 镍铁磷镀液组成和工艺条件

本书作者科研小组以硫酸亚铁作为铁盐的来源[8,9]，采用表 4-1 所示的镀液组成及工艺参数进行了化学镀镍铁磷三元合金的研究，研究了硫酸亚铁和柠檬酸钠的浓度对沉积速率和镀层成分的影响。在镀液中加入抗坏血酸提高镀液的稳定性，并研究了其对镀层耐蚀性的影响。An 等[10]研究了改进化学镀工艺制备玻璃/镍铁磷三元合金核壳复合空心微球和铁含量与磁性能的关系。

表 4-1 镍铁磷镀液组成和工艺条件

项目	配方 1	配方 2	配方 3[10]
硫酸镍/(g/L)	30	10～20	33.5～55.8
次磷酸钠/(g/L)	35	20～40	25
硫酸亚铁/(g/L)	0～45	0～10	
硫酸亚铁铵/(g/L)			16.7～50
柠檬酸钠/(g/L)	20～40	15～30	
酒石酸钾钠/(g/L)			75
乙酸钠/(g/L)	18	15	
硫酸铵/(g/L)			40
硫脲/(mg/L)	1	1	
抗坏血酸/(g/L)		1～5	
葡萄糖/(g/L)		0.5～4	
pH	4～6	4～6	8.0～10.5
温度/℃	75～95	75～95	35～85

4.1.2 镀液的稳定性

Fe^{2+} 不稳定，在空气中易被氧化成 Fe^{3+}，使镀液变质甚至失效，导致化学镀镍铁磷不能正常沉积。图 4-1 为无稳定剂时镀层沉积速率与放置时间的关系。图 4-2 为加入抗坏血酸后镀层沉积速率与放置时间的关系。图 4-3 为加入葡萄糖后镀层沉积速率与放置时间的关系。

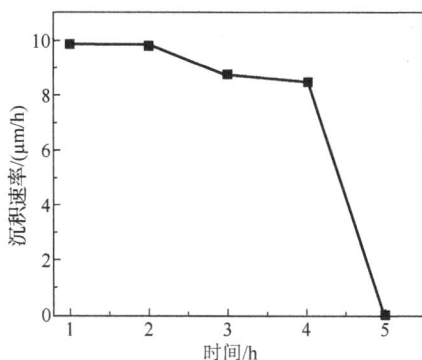

图 4-1　无稳定剂时镀层沉积速率与放置时间的关系

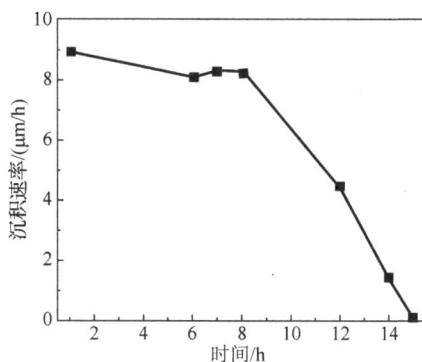

图 4-2　加入抗坏血酸后镀层沉积速率与放置时间的关系

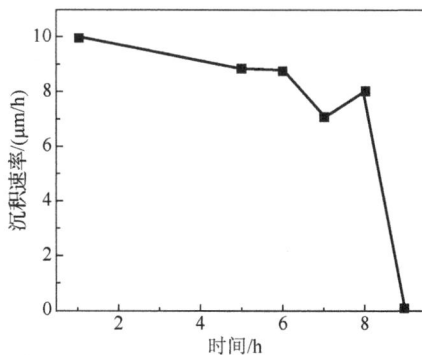

图 4-3　加入葡萄糖后镀层沉积速率与放置时间的关系

由图 4-1 可知，未加稳定剂的镀液有效时间小于 5h，5h 后沉积几乎停止，表明镀液已失效。这可能是由于镀液中的 Fe^{2+} 不断氧化成 Fe^{3+}，而 Fe^{3+} 累积到一定含量时会作为毒化剂，抑制镀层的沉积，使镀液失效。

抗坏血酸作为还原剂可以减缓 Fe^{2+} 被氧化。未添加抗坏血酸的镀液配制后颜色为浅绿色，放置一段时间后，镀液颜色加深，进行化学镀后变为墨绿色或黑绿色。在镀液配制过程中添加抗坏血酸，配制完与化学镀后颜色基本不变。镀液放置几个小时后，会变为墨绿色，这是由于抗坏血酸在光照下发生变质而失去抗氧化性。

　　由图 4-2 可知，加入抗坏血酸的镀液有效时间大于 8h，相比于不加亚铁离子稳定剂镀液，镀液的有效时间增加。但是抗坏血酸本身在空气中不稳定。抗坏血酸的稳定性主要取决于温度、pH、铜离子和铁离子的含量以及和氧气的接触程度，图 4-2 所示实验结果为避光条件下进行。在不避光条件下，镀液的稳定时间要小于 6h。这是因为抗坏血酸在光照条件下会分解，失去稳定 Fe^{2+} 的作用，使镀液失效。

　　由图 4-3 可知，加入葡萄糖的镀液有效时间接近 9h，相比于不加亚铁离子稳定剂的镀液，镀液的有效时间增加。相对于抗坏血酸，葡萄糖的稳定性较好，更利于镀液稳定，且葡萄糖的价格较低，适用于工业大批量生产使用。

4.1.3　镀液组成和工艺条件对沉积过程的影响

　　图 4-4 为主盐硫酸亚铁浓度对镀层沉积速率的影响。图 4-5 为主配位剂柠檬酸钠浓度对镀层沉积速率的影响。随着硫酸亚铁浓度的增大，沉积速率下降比较明显，柠檬酸钠浓度增大后沉积速率也下降较快。说明铁离子浓度增大不利于镍铁合金的沉积，柠檬酸钠的加入也降低了镍离子和铁离子的还原速度。选择柠檬酸钠作为配位剂，其作用包括：保持 pH 稳定，防止金属盐沉淀，降低游离金属离子的浓度[1]。

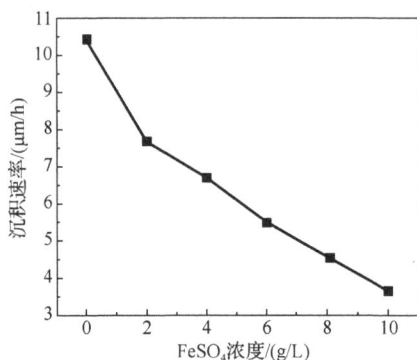

图 4-4　主盐硫酸亚铁浓度对镀层
沉积速率的影响

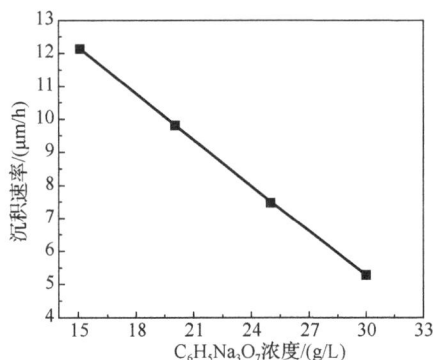

图 4-5　主配位剂柠檬酸钠浓度对镀层
沉积速率的影响

　　图 4-6 为抗坏血酸浓度对镀层沉积速率的影响。可以发现抗坏血酸浓度对沉积速率有一定的影响，当浓度在 3g/L 时，沉积速率相对较低，抗坏血酸的浓度不宜过大。图 4-7 为葡萄糖浓度对镀层沉积速率的影响。葡萄糖浓度对沉积速率影响较小，其浓度在 2g/L 时镀液稳定，沉积速率较大。

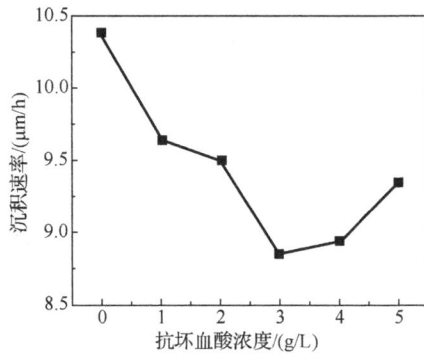

图 4-6　抗坏血酸浓度对镀层沉积速率的影响

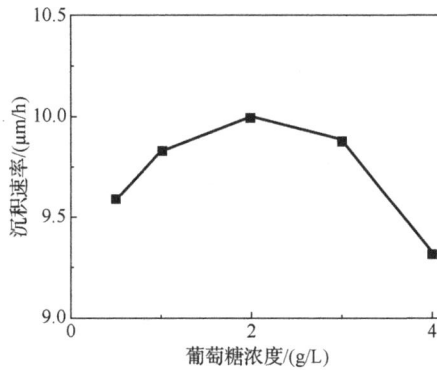

图 4-7　葡萄糖浓度对镀层沉积速率的影响

图 4-8 为抗坏血酸浓度对镀层组成成分的影响，从图中可以看出抗坏血酸浓度的变化对镀层中铁和磷的质量分数影响较小，对铁和磷的总质量分数有一定的影响，从变化趋势看，铁和磷的沉积有一定的竞争关系。

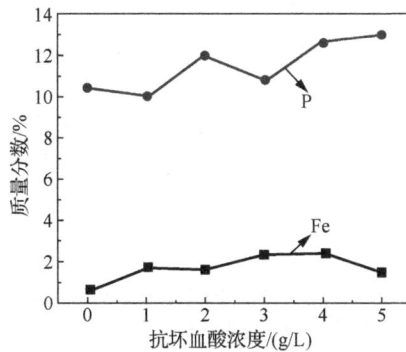

图 4-8　抗坏血酸浓度对镀层组成成分的影响

4.1.4 镍铁磷镀层的磁性能

An 等[10]采用化学镀制备了玻璃/镍铁磷三元合金核壳复合空心微球，研究了铁含量与磁性能的关系。具有微米或亚微米直径的空心球因其独特的结构和性质而受到高度重视。在这些球体中，中空玻璃微球因其低密度、巨大的表面积、优异的热稳定性和化学稳定性、高机械强度和良好的流动性而受到特别关注。微球在涂料和涂料体系中有广泛的用途。镀有一层磁性金属的微球将在一些领域得到更广泛的应用，如催化剂、电磁干扰屏蔽和低密度微波吸收材料等，因为复合核壳结构将中空玻璃微球和金属的特性结合在一起。

An 等[10]研究了镀层中铁含量不同的复合微球在镀态下的磁性能。室温下获得的磁滞回线见图 4-9。从磁滞回线可以推断，所有样品在室温下都是软磁的。为考察铁对产品磁性能的影响，在与镍铁磷相同的条件下制备了镍磷二元合金壳复合微球。发现沉积物中铁的存在显著增强了复合微球的软磁性能。复合微球的饱和磁化强度从 8.55A/m（镍磷）提高到 25.58A/m（镍铁磷）。这一结果可归因于铁的饱和磁化强度高于镍（铁和镍分别为 217.8A/m 和 54.4A/m）。然而，样品的矫顽力（H_c）从 81.357Oe{1Oe=[1000/(4π)]A/m}下降到 34.231Oe，因为镍晶格中铁取代了部分镍，所以降低了晶体的各向异性场。

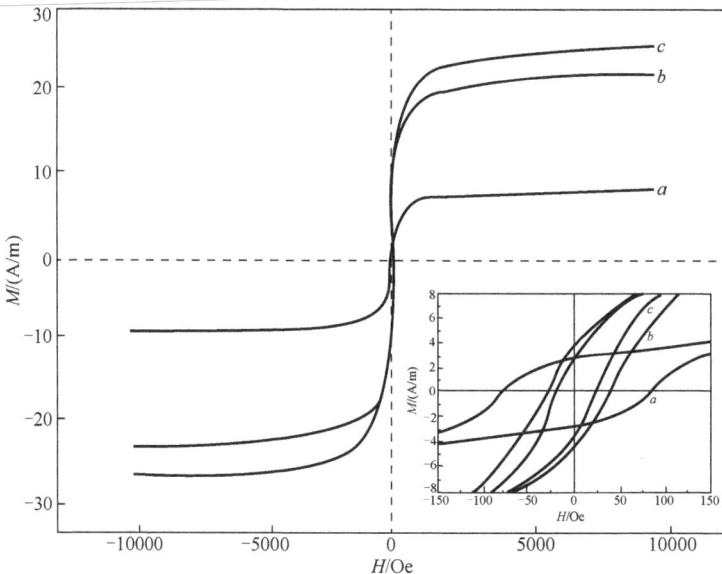

图 4-9　不同铁含量的复合微球在室温下的磁场强度 H 与饱和磁化强度 M 关系[10]

a、*b*、*c* 表示铁的质量分数，*a* 表示 0，*b* 表示 9.09%，*c* 表示 15.33%

4.1.5 镍铁磷镀层的耐蚀性

图 4-10 为不同柠檬酸钠浓度的镍铁磷镀层在 0.5mol/L H$_2$SO$_4$ 溶液中的极化曲

线。图 4-11 为不同柠檬酸钠浓度的镍铁磷镀层的扫描电镜表面形貌。从图 4-10 可以看出，柠檬酸钠浓度为 20g/L 时腐蚀电势最负，此时的腐蚀电流为 $6.66×10^{-3}$A/cm^2，柠檬酸钠浓度 40g/L 时的腐蚀电势最正，此时的腐蚀电流为 $3.27×10^{-4}$A/cm^2，耐蚀性随着柠檬酸钠的浓度增大而增大。从图 4-11 可以看出柠檬酸钠浓度为 40g/L 时的表面形貌比柠檬酸钠浓度为 20g/L 时的表面形貌更致密。

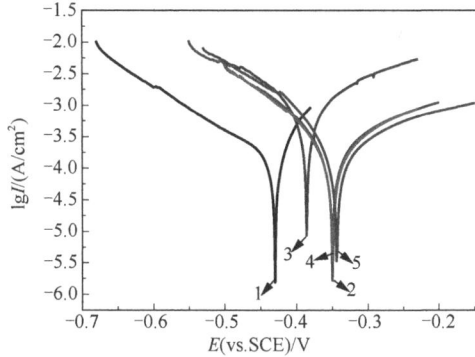

图 4-10　不同柠檬酸钠浓度的镍铁磷镀层在 0.5mol/L H$_2$SO$_4$ 溶液中的极化曲线

1-20g/L，2-25g/L，3-30g/L，4-35g/L，5-40g/L

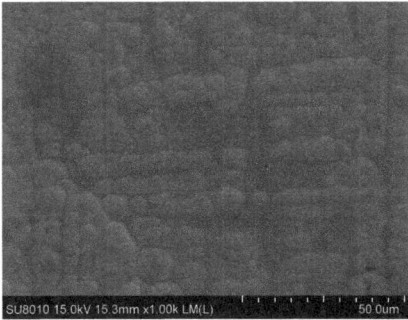

（a）20g/L

（b）30g/L

（c）40g/L

图 4-11　不同柠檬酸钠浓度的镍铁磷镀层的扫描电镜表面形貌

图 4-12 为不同抗坏血酸浓度的镍铁磷镀层在 0.5mol/L H$_2$SO$_4$ 溶液中的极化曲线。由图 4-12 可知，抗坏血酸浓度为 4g/L 时的腐蚀电势最正，此时腐蚀电势为 −0.232V，腐蚀电流为 6.8×10^{-5}A/cm^2，耐蚀性较好。

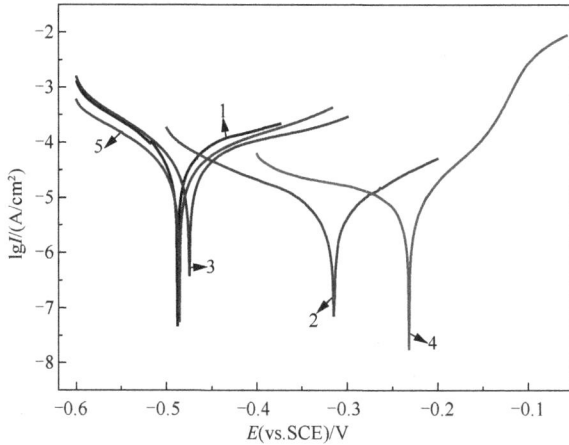

图 4-12　不同抗坏血酸浓度的镍铁磷镀层在 0.5mol/L H$_2$SO$_4$ 溶液中的极化曲线
1-1g/L，2-2g/L，3-3g/L，4-4g/L，5-5g/L

图 4-13 为不加稳定剂、加抗坏血酸和加葡萄糖的动电势极化曲线，表 4-2 为相应镍铁磷镀层的腐蚀参数。由图 4-13 与表 4-2 可以看出，无稳定剂、加葡萄糖和加抗坏血酸的镀液制备镀层的耐蚀性差别不大，加入葡萄糖的镀液制备镀层的耐蚀性低于加入抗坏血酸的镀液制备的镀层。

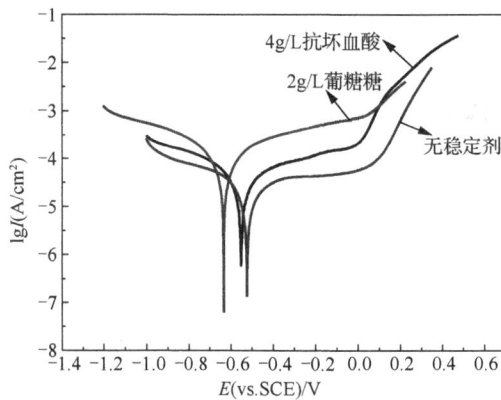

图 4-13　不加稳定剂、加抗坏血酸和加葡萄糖的动电势极化曲线

表 4-2　镍铁磷镀层的腐蚀参数

成分	E_{corr}/V	$I_{corr}/(\times 10^{-5}A/cm^2)$	$R_P/(\Omega \cdot cm^2)$
无稳定剂	−0.523	2.052	2652
抗坏血酸	−0.551	3.128	1647
葡萄糖	−0.634	6.603	648

4.2　化学镀镍钴磷三元合金

　　金属元素的选择是根据沉积物的化学和物理性质来决定的。钴是赋予磁性的最常见的元素，镍钴磷合金膜被用作磁记录介质薄膜。尽管有多种技术可用于制备磁性膜，但化学镀被认为是最合适的方法，因为它能够提供均匀的表面和优异的性价比[11-20]。

4.2.1　镍钴磷镀液组成和工艺条件

　　表 4-3 为镍钴磷镀液组成和工艺条件。由表 4-3 可知，这两种配方的镀液组成基本相同。

表 4-3　镍钴磷镀液组成和工艺条件

项目	配方 1[11]	配方 2[12]
硫酸镍/(g/L)	9.2	20～25
次磷酸钠/(g/L)	31.8	15～30
硫酸钴/(g/L)	4.2～9.8	0.5
柠檬酸钠/(g/L)	44.1	25～35
氯化铵/(g/L)	26.8	
硫酸铵/(g/L)		0～40
pH	9	9～10
温度/℃	80	85

4.2.2　镀液组成和工艺条件对镀层成分的影响

　　Narayanan 等[11]通过改变金属配比制备了化学镀镍钴磷镀层，化学镀镍钴磷镀层的沉积速率是次磷酸钠浓度（0.1～0.3mol/L）、镀液的 pH（8.0～11.0）、施镀时间（10～60min）和硫酸钴的金属物质的量比[$CoSO_4/(CoSO_4+NiSO_4)$]的函数。由图 4-14～图 4-17 可知，随着次磷酸钠浓度的增大，沉积速率增大，在 pH 为 9.5 左右沉积速率最大。随着时间的增加，沉积速率增大；随着金属物质的量比的增大，沉积速率减小。

　　图 4-18 为金属物质的量比对化学镀镍钴磷镀层化学成分的影响。随着金属物质的量比的增大，镀层中钴的质量分数增大，同时镍的质量分数减小，而磷的质量分数略有减小。

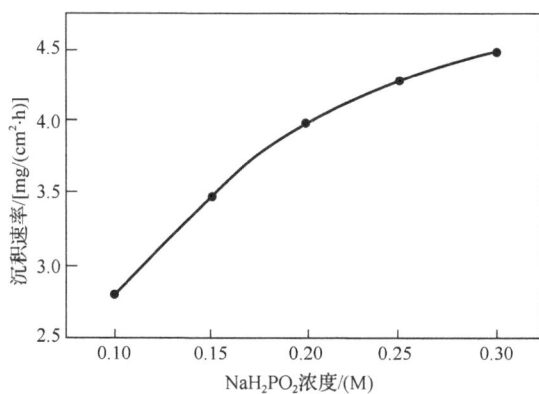

图 4-14　次磷酸钠浓度对镀层沉积速率的影响[11]

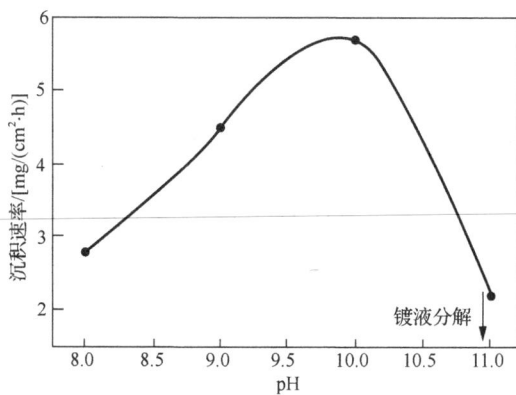

图 4-15　pH 对镀层沉积速率的影响[11]

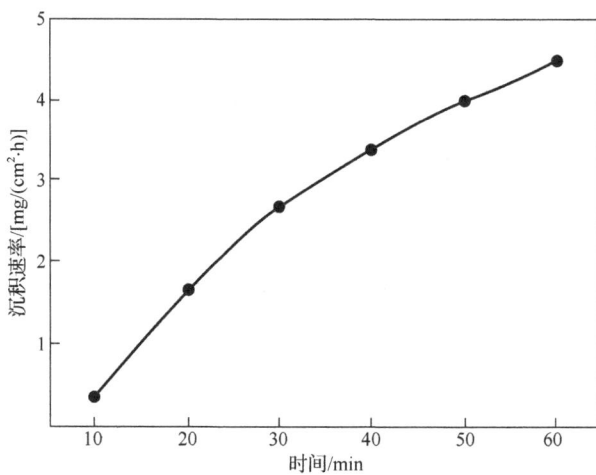

图 4-16　时间对镀层沉积速率的影响[11]

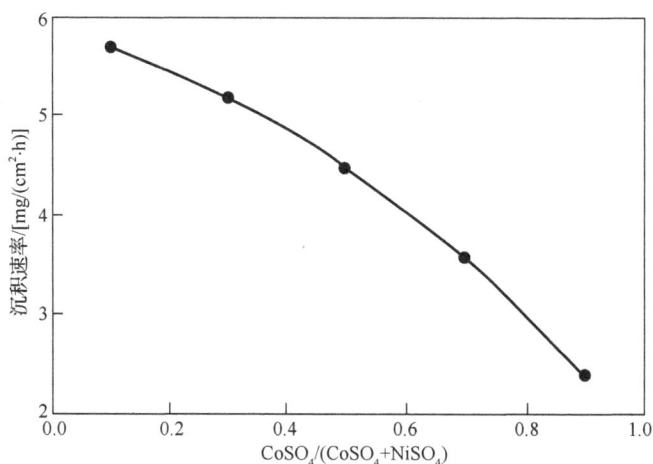

图 4-17　金属物质的量比对镀层沉积速率的影响[11]

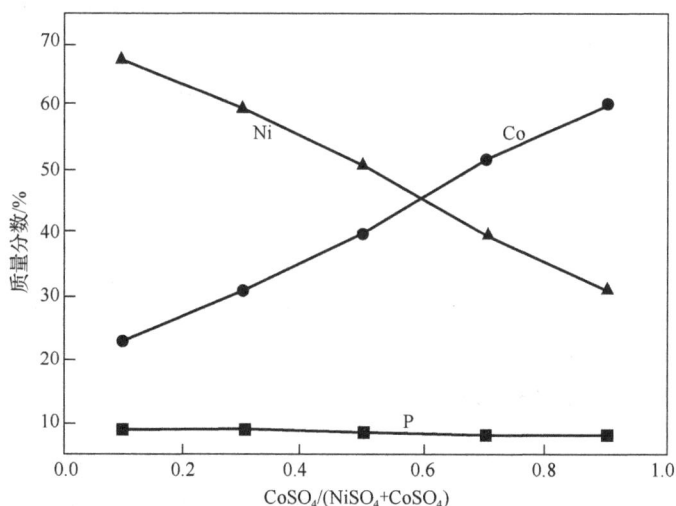

图 4-18　金属物质的量比对化学镀镍钴磷镀层化学成分的影响[11]

4.2.3　镍钴磷镀层的磁性能

图 4-19 为化学镀镍钴磷镀层在其沉积态时获得的磁滞回线。表 4-4 为化学镀镍钴磷镀层的磁性能。NCP3、NCP5 和 NCP7 代表 $CoSO_4/$ ($CoSO_4+NiSO_4$)的值为 0.3、0.5、0.7 条件下制备的样品。由图 4-19 可知，镍钴磷镀层表现出软磁特性。饱和磁化强度 σ_s、剩磁 M_r 与样品中钴含量有关。由表 4-4 可知，饱和磁化强度 σ_s、剩磁 M_r 随着镀层中钴的质量分数增加而增加。矫顽力 H_c 与磷含量有关，而这三种样品的磷含量变化不大，其矫顽力变化也不大[11]。

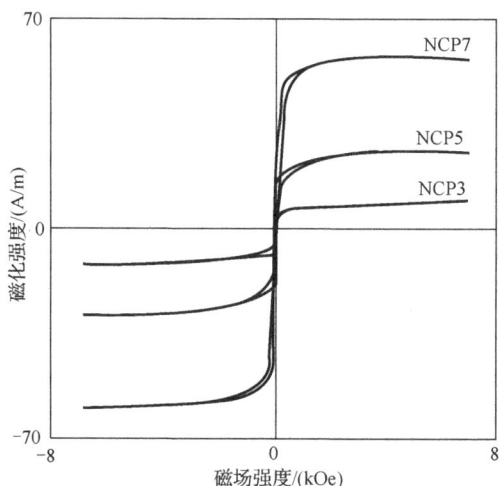

图 4-19　化学镀镍钴磷镀层在其沉积态时获得的磁滞回线[11]

表 4-4　化学镀镍钴磷镀层的磁性能[11]

样品名称	饱和磁化强度 σ_s/(A/m)	剩磁 M_r/(A/m)	矫顽力 H_c/Oe
NCP3	11.54	3.16	67.62
NCP5	28.10	7.74	64.65
NCP7	59.41	20.03	63.70

4.2.4　镍钴磷镀层的耐蚀性

　　Gao 等[13]研究了镀层中钴的质量分数对铝基化学镀镍钴磷镀层耐蚀性的影响。图 4-20 是铝基体和六种化学镀镍钴磷镀层在质量分数 5%H$_2$SO$_4$ 溶液中的阳极极化曲线。表 4-5 是六种化学镀镍钴磷镀层的化学组成，表 4-6 是铝基体和六种化学镀镍钴磷镀层在质量分数 5% H$_2$SO$_4$ 溶液中的腐蚀参数。由表 4-5 和表 4-6 可知，随着镀层中 Co 质量分数的变化，镍钴磷镀层的耐蚀性呈现由升到降的趋势，其中 Co 质量分数为 8.3%的 3#样品的腐蚀电势最正，腐蚀电流最小，极化电阻最高，耐蚀性最好。这与随着镀层中 Co 和 P 质量分数的变化，镀层结构由非晶（1#～3#）向混合晶（4#～6#）转变，混合晶结构中出现更多的晶界、位错、层错和成分偏析等缺陷，导致混合晶镀层耐蚀性下降有关。镍钴磷镀层（1#～6#）与铝基体（0#）相比，镍钴磷镀层的耐蚀性有了很大的提高。

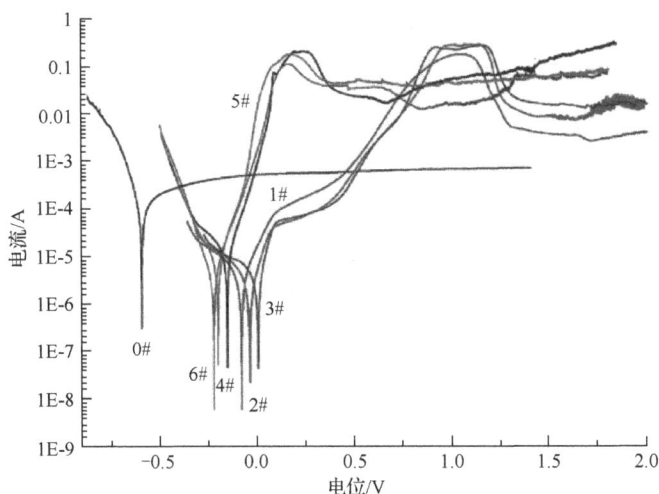

图 4-20　铝基体和六种化学镀镍钴磷镀层在质量分数 5%H$_2$SO$_4$ 溶液中的阳极极化曲线[13]

表 4-5　六种化学镀镍钴磷镀层的化学组成[13]

项目	1#	2#	3#	4#	5#	6#
P 质量分数/%	11.1	12.4	12.2	6.9	6.6	6.0
Ni 质量分数/%	88.9	82.9	79.5	59.1	57.5	50.9
Co 质量分数/%	—	4.7	8.3	34.0	35.9	43.1

表 4-6　铝基体和六种化学镀镍钴磷镀层在质量分数 5% H$_2$SO$_4$ 溶液中的腐蚀参数[13]

腐蚀参数	0#（铝基体）	1#	2#	3#	4#	5#	6#
E_{corr}/mV	−597	−87	−44	−2	−159	−206	−227
I_{corr}/(μA/cm^2)	62.90	4.14	3.28	2.98	7.34	9.83	14.98
R_p/(Ω·cm^2)	121	4183	4541	5402	2546	1874	908

参 考 文 献

[1] WANG S L. Electroless plating of Ni-Fe-P alloy and corrosion resistance of the deposit[J]. Journal of Materials Science & Technology, 2005, 21(1): 39-42.

[2] HUANG G F, HUANG W Q, WANG L L, et al. Effects of complexing agents on the corrosion resistance of electroless Ni-Fe-P alloys[J]. International Journal of Electrochemical Science, 2007, 2(4): 321-328.

[3] XIE L, LI X, ZOU J T, et al. Optimized giant magneto-impedance effect in electroless-deposited NiFeP/Cu composite wires[J]. Surface & Coatings Technology, 2018, 334: 158-163.

[4] PANG J F, LI Q, WANG B, et al. Preparation and characterization of electroless Ni-Fe-P alloy films on fly ash cenospheres[J]. Powder Technology, 2012, 226: 246-252.

[5] ZHANG D Y, YUAN L M, LAN M M, et al. Electromagnetic properties of core-shell particles by way of electroless Ni-Fe-P alloy plating on flake-shaped diatomite[J]. Journal of Magnetism and Magnetic Materials, 2013, 346: 48-52.

[6]　LAN M M, CAI J, YUAN L M, et al. Fabrication and electromagnetic properties of soft-core functional particles by way of electroless Ni-Fe-P alloy plating on helical microorganism cells[J]. Surface & Coatings Technology, 2013, 216: 152-157.

[7]　JUNG M W, KANG S K, LEE J H. Effects of sodium citrate concentration on electroless Ni-Fe bath stability and deposition[J]. Journal of Electronic Materials, 2014, 43(1): 290-298.

[8]　刘春雨. 工艺参数对化学镀 Ni-Fe-P 合金沉积速率的影响[D]. 沈阳: 沈阳工业大学, 2016.

[9]　王杨杨. 亚铁离子稳定剂对化学镀 Ni-Fe-P 合金镀层制备的影响[D]. 沈阳: 沈阳工业大学, 2018.

[10]　AN Z G, ZHANG J J, PAN S L. Fabrication of glass/Ni-Fe-P ternary alloy core/shell composite hollow microspheres through a modified electroless plating process[J]. Applied Surface Science, 2008, 255(5): 2219-2224.

[11]　NARAYANAN S, SELVAKUMAR S, STEPHEN A. Electroless Ni-Co-P ternary alloy deposits: Preparation and characteristics[J]. Surface & Coatings Technology, 2003, 172(2): 298-307.

[12]　LIU W L, CHEN W J, TSAI T K, et al. Effect of nickel on the initial growth behavior of electroless Ni-Co-P alloy on silicon substrate[J]. Applied Surface Science, 2007, 253(8): 3843-3848.

[13]　GAO Y, HUANG L, ZHENG Z J, et al. The influence of cobalt on the corrosion resistance and electromagnetic shielding of electroless Ni-Co-P deposits on Al substrate[J]. Applied Surface Science, 2007, 253(24): 9470-9475.

[14]　AAL A A, SHAABAN A, HAMID A A. Nanocrystalline soft ferromagnetic Ni-Co-P thin film on Al alloy by low temperature electroless deposition[J]. Applied Surface Science, 2008, 254(7): 1966-1971.

[15]　TODA A, CHIVAVIBUL P, ENOKI M. Effects of plating conditions on electroless Ni-Co-P coating prepared from lactate-citrate-ammonia solution[J]. Materials Transactions, 2013, 54(3): 337-343.

[16]　YANG Q P, LV C C, HUANG Z P, et al. Amorphous film of ternary Ni Co P alloy on Ni foam for efficient hydrogen evolution by electroless deposition[J]. International Journal of Hydrogen Energy, 2018, 43(16): 7872-7880.

[17]　SUMI V S, AMEEN SHA M, ARUNIMA S R, et al. Development of a novel method of NiCoP alloy coating for electrocatalytic hydrogen evolution reaction in alkaline media[J]. Electrochimica Acta, 2019, 303: 67-77.

[18]　LI Z B, DENG Y D, SHEN B, et al. Synthesis, characterization and microwave properties of Ni-Co-P hollow spheres[J]. Journal of Alloys & Compounds, 2010, 491(1-2): 406-410.

[19]　BANERJEE T, SEN R S, ORAON B, et al. Predicting electroless Ni-Co-P coating using response surface method[J]. International Journal of Advanced Manufacturing Technology, 2013, 64(9-12): 1729-1736.

[20]　SEIFZADETH D, HOLLAGH A R. Corrosion resistance enhancement of AZ91D magnesium alloy by electroless Ni-Co-P coating and Ni-Co-P-SiO$_2$ nanocomposite[J]. Journal of Materials Engineering and Performance, 2014, 23(11): 4109-4121.

第5章 可焊性化学镀镍基多元合金镀层

5.1 化学镀镍铜磷三元合金

镍铜磷镀层可以提高镀层的热稳定性和可焊性[1-6]。Zhang 等[7]在 20 世纪 90 年代系统地研究了镍铜磷、镍锡磷的可焊性。

5.1.1 镍铜磷镀液组成和工艺条件

在化学镀镍磷合金溶液中加入硫酸铜或氯化铜，可以获得镍铜磷镀层[8-10]。表 5-1 为镍铜磷镀液组成和工艺条件。

表 5-1 镍铜磷镀液组成和工艺条件

项目	配方 1[8]	配方 2[9]	配方 3[10]
硫酸镍/(g/L)	35	15	
氯化镍/(g/L)			10.4
硫酸铜/(g/L)	9	0~1.4	
氯化铜/(g/L)			0~2.2
次磷酸钠/(g/L)	20	30	
柠檬酸钠/(g/L)	60	30	15~75
氯化铬/(g/L)	1.5		
乙酸钠/(g/L)		15	
三乙醇胺/(g/L)			0~60
磺基水杨酸/(g/L)			0~50
pH	8.5~11	4.6	6.5~9
温度/℃	85	83	70~90

5.1.2 镀液的稳定性

吴丰等[8]采用表 5-1 的配方 1 研究了碘酸钾、钼酸钠、碘化钾等镍铜磷沉积的稳定剂，结果表明钼酸钠的稳定效果最好，得到镀层的沉积速率和性能都较好。聂书红等[9]研究了 $CrCl_3$ 对酸性化学镀镍铜磷镀层性能的影响，由于 $CrCl_3$ 在镀液中几乎不参与沉积，在镀层中没有铬的沉积，因此 $CrCl_3$ 几乎不影响镀层的性能。而钼酸钠在镀液中易沉积，对镀层的各项性能影响较大。

在化学镀镍磷合金的溶液中加入少量的铜离子即可实现化学镀镍铜磷合金的沉积。从化学沉积反应的角度出发，加入的铜离子应尽可能地少，若超过一定含量，就会有铜置换而析出，从而抑制了镍的沉积。若要使镍铜共沉积得到镍铜磷合金，则应使两种金属的析出电势相等或相近。控制好物质的量比 Ni^{2+}/Cu^{2+}，且调整好柠檬酸钠的添加量以及其他添加剂的含量，才可能使化学合金镀镍铜磷的沉积质量得到保障[9]。

铜离子浓度很低时，不产生镀液分解现象，同时只有铜离子的含量很低时，铜析出电势、镍析出电势相等或接近，才能实现铜镍的共沉积。铜离子浓度使析出电势接近于或稍高于共沉积电势时，易形成沉积速率较高的黑色镀层。随着铜离子浓度的增大，铜离子的沉积活性易于形成活性沉积核心，使镀液易分解。更高的铜离子浓度将与基体发生置换反应，使基体失去催化活性，沉积反应停止。采用表 5-1 的配方 2，当 $CrCl_3$ 加入镀液后，由于形成的 CrO_2^- 与镀液中的微粒和基体形成了较稳定的吸附，阻碍了以微粒为中心的沉积反应的发生，从而起到稳定镀液的作用；CrO_2^- 在基体表面的较稳定吸附阻碍了铜离子接近基体发生沉积反应，从而抑制了铜离子在基体表面的置换反应，增加了镍铜磷化学共沉积的机会[9]。

5.1.3　镀液组成和工艺条件对镀层成分的影响

Ashassi-Sorkhabi 等[10]采用表 5-1 的配方 3 研究了镍铜磷合金的化学镀及其参数对镀层性能的影响，分析了 pH、温度和镀液组成对合金沉积速率的影响。pH 和柠檬酸盐浓度对合金、镍、铜和磷沉积速率的影响分别见图 5-1 和图 5-2。由图 5-1 可知，pH 为 6.5，获得薄层铜，不发生镍铜磷合金的沉积。随着溶液 pH 的增大，镍铜磷合金和镀层中镍的沉积速率增大，pH 为 9 时沉积速率略降低，磷的沉积速率在 pH 为 7.5 之后开始略降低和轻微波动。在 pH 为 9 时，镀液的稳定性较低。图 5-2 表明，柠檬酸盐浓度对沉积速率影响很大。随着柠檬酸盐浓度的增

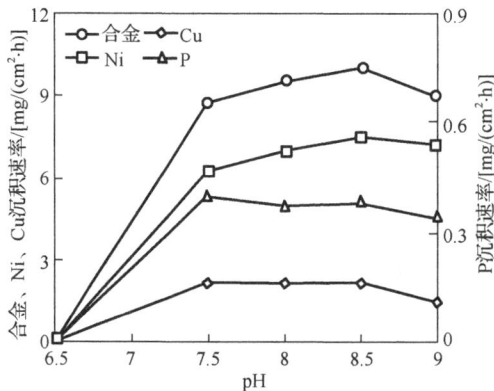

图 5-1　pH 对镀层沉积速率的影响[10]

大，合金、镍、铜和磷的沉积速率降低。由于柠檬酸盐是一种强配位剂，随着其浓度的增大，溶液中自由离子 Cu^{2+} 和 Ni^{2+} 的浓度降低，合金的沉积速率减小。对于不同浓度的次磷酸钠，沉积速率与氯化铜浓度的关系如图 5-3 所示。由图 5-3 可知，在较高浓度的次磷酸钠中，沉积速率随氯化铜浓度的增大而增大。而在低浓度的次磷酸钠中，随着氯化铜浓度的增大，沉积速率先增大后减小。

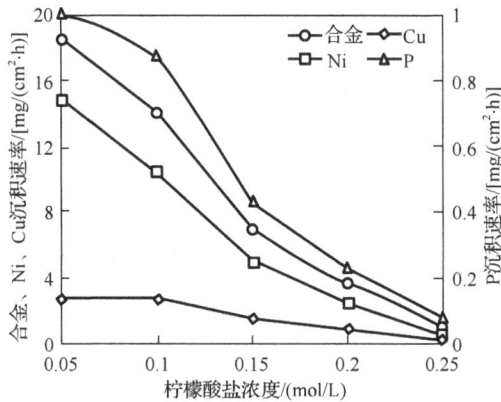

图 5-2　柠檬酸盐浓度对镀层沉积速率的影响[10]

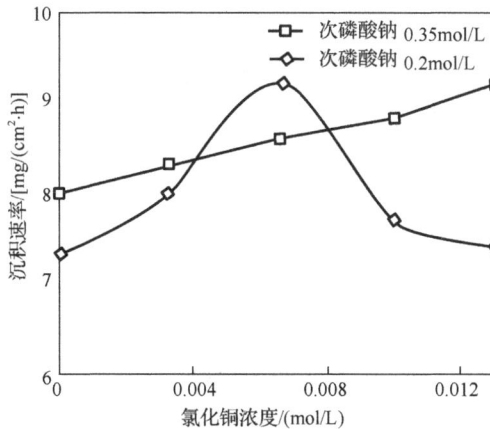

图 5-3　氯化铜浓度对镀层沉积速率的影响[10]

镍铜磷镀层的组成很大程度上取决于镀液的组成、pH 和温度。图 5-4 为磺基水杨酸浓度对镀层成分的影响。由图 5-4 可知，随着磺基水杨酸浓度逐渐增加到接近 0.1mol/L 时，铜的质量分数显著增加，然后随着磺基水杨酸浓度增加，铜的质量分数降低。在整个浓度范围内，随着铜质量分数的增加，镍的质量分数下降，反之，铜的质量分数下降，镍的质量分数增加。这与磺基水杨酸吸附在基底表面，和铜的配合物比和镍的配合物更稳定有关。因此，随着磺基水杨酸的浓度增加到接近 0.1mol/L，基底周围的铜离子浓度将高于溶液深处的浓度，镍的沉积速率大于铜的沉积速率。三乙醇胺（triethanolamine, TEA）浓度对镀层成分的影响如图 5-5 所示。由图 5-5 可知，铜的质量分数随着三乙醇胺浓度的增大而增大，而磷和镍的质量分数则减小，这和磺基水杨酸浓度对铜镍沉积影响机理是相同的，这表明三乙醇胺不仅用作抛光剂，还用作化学镀镍液中镍的配位剂[10]。

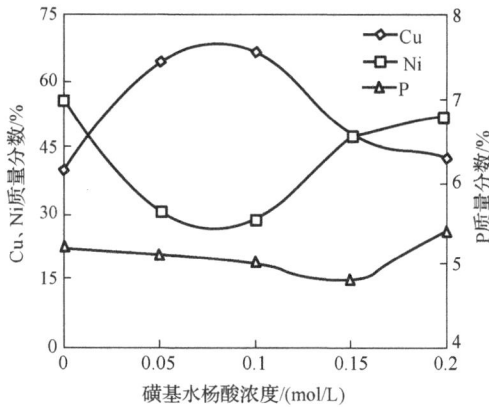

图 5-4　磺基水杨酸浓度对镀层成分的影响[10]

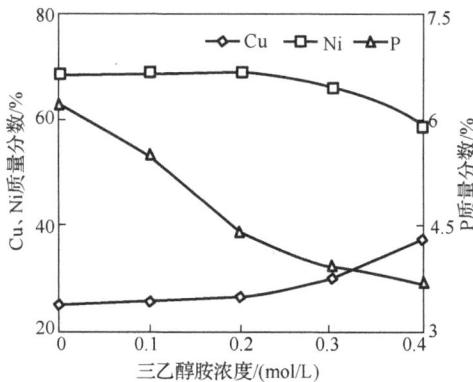

图 5-5　三乙醇胺浓度对镀层成分的影响[10]

5.1.4　镍铜磷镀层的性能

采用表 5-1 配方 3，研究温度和 pH 对镀层硬度的影响。图 5-6 为温度对镀层硬度的影响，在 75℃获得最大的硬度值。图 5-7 为溶液的 pH 对镀层硬度的影响。由图 5-7 可知，一开始随着溶液的 pH 增大，镀层硬度增大，在 pH 为 8.5 时获得最大硬度值[10]。

化学镀镍铜磷镀层的镀液中采用次磷酸盐作为还原剂，还含有磺基水杨酸、柠檬酸盐、三乙醇胺、氯化镍和氯化铜。其中磺基水杨酸作为配位剂对镀层中铜的沉积影响较大，通过调节磺基水杨酸的浓度，可以沉积具有不同铜含量的镍铜磷镀层。通过调节其他镀液成分的浓度、pH 和温度也可以控制镀层的成分。化学镀镍铜磷镀层的显微硬度几乎与电镀镍铜镀层相同，化学镀镍铜磷镀层的沉积速率也与电镀镍铜镀层相近[10]。

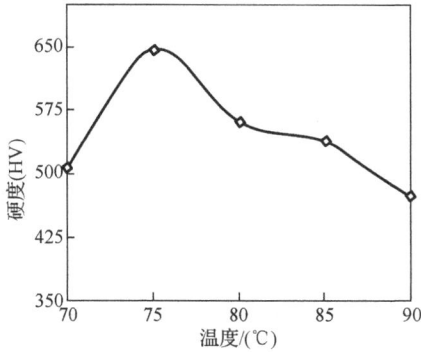

图 5-6　温度对镀层硬度的影响[10]

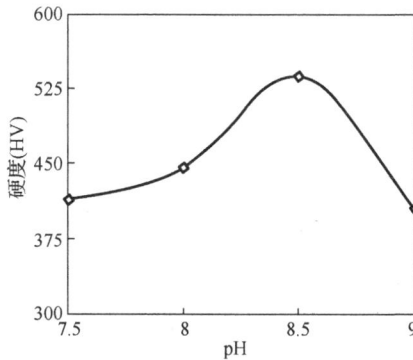

图 5-7　溶液的 pH 对镀层硬度的影响[10]

5.2　化学镀镍锡磷三元合金

镍锡磷镀层具有良好的可焊性、耐蚀性、耐磨性，有望成为功能镀层材料[11-19]。

5.2.1　镍锡磷镀液组成和工艺条件

本书作者科研小组[20]采用的化学镀镍锡磷镀液组成和工艺条件见表 5-2。由表 5-2 可知，镍锡磷镀液主要是在镍磷镀液中加入四氯化锡。

表 5-2　镍锡磷镀液组成和工艺条件

项目	参数值
硫酸镍/(g/L)	20
次磷酸钠/(g/L)	40
四氯化锡/(g/L)	40
柠檬酸钠/(g/L)	15
乳酸/(mL/L)	40
酒石酸钾钠/(g/L)	20
无水乙酸钠/(g/L)	13
硫脲/(mg/L)	1
温度/℃	85
pH	4.8

5.2.2　镀液的稳定性

四氯化锡容易水解生成沉淀，镀液不稳定，所以必须添加合适的配位剂。配位剂的种类和浓度对稳定性影响较大。配制镀液时，加入四氯化锡要迅速，溶解完成立刻加入配位剂，防止水解[12]。实验研究中按照以下步骤配制，可以保证镀液的稳定性。

（1）按照配方比例分别称取药品，分别置于对应小烧杯中，分别用少量水溶解完全。

（2）将硫酸镍溶液在不断搅拌下倒入柠檬酸钠、乳酸、酒石酸钾钠混合后的溶液中。

（3）用少量蒸馏水溶解四氯化锡，将所得溶液在不断搅拌下倒入步骤（2）获得的溶液中。

（4）将乙酸钠溶液在不断搅拌下加入步骤（3）的溶液中。

（5）用移液管移取硫脲溶液加入步骤（4）的溶液中，搅拌均匀。

（6）将次磷酸钠溶液加入步骤（5）的溶液中。

（7）用 pH 试纸测步骤（6）获得的溶液 pH，用稀氢氧化钠溶液调节 pH，逐滴加入，并不断搅拌，最后用酸度计调整到预定值。

（8）用蒸馏水将溶液定容到指定体积。

5.2.3　镀液组成和工艺条件对镀层成分的影响

由图 5-8 可知，四氯化锡浓度小于 30g/L 前随着浓度的增大镀层沉积速率逐渐增大，在四氯化锡浓度大于 30g/L 后沉积速率略有降低。

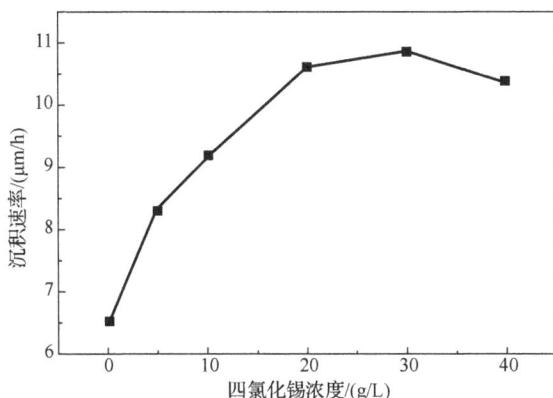

图 5-8　四氯化锡浓度对镀层沉积速率的影响

图 5-9 为 pH 对镀层沉积速率的影响。在 pH 小于 4 时，还原能力不够，无法施镀，且在 pH 为 2 时，镀液不稳定，瞬间分解产生白色浑浊物。从 pH 为 4 开始，随着 pH 的增大，沉积速率逐渐增大，当 pH 为 5.5 时，镀层沉积速率达到最大值，当 pH 继续增大时，镀液稳定性降低，镀液部分分解，沉积速率降低。

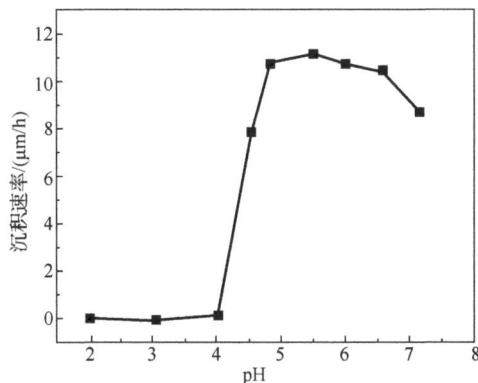

图 5-9　pH 对镀层沉积速率的影响

图 5-10 为温度对镀层沉积速率的影响。温度作为影响化学反应的重要因素，对镍锡磷镀层制备有很大影响。温度的严格控制对于提高沉积速率、改善镀层性能有着重要的作用。温度升高，根据阿伦尼乌斯方程，反应速度加快。如图 5-10 所示，随着温度的升高，沉积速率逐渐增大。当温度达到 95℃时，镀液不稳定并分解。

图 5-11 为柠檬酸钠浓度对镀层沉积速率的影响。由图 5-11 可知，随着柠檬酸钠浓度的增大，沉积速率先增大后减小，出现一个峰值。峰值之后，随着柠檬酸钠浓度的继续增大，沉积速率大幅度降低。在柠檬酸钠浓度较低的情况下，随着柠檬酸钠浓度的增大，镀层沉积速率增大。随着柠檬酸钠浓度的继续增大，总配

位剂含量不断增高，过多的配位剂吸附在碳钢表面，对镍离子的还原起到阻碍作用，导致镀层沉积速率降低。

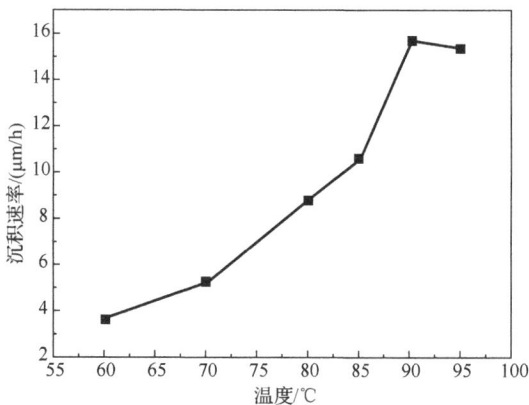

图 5-10　温度对镀层沉积速率的影响

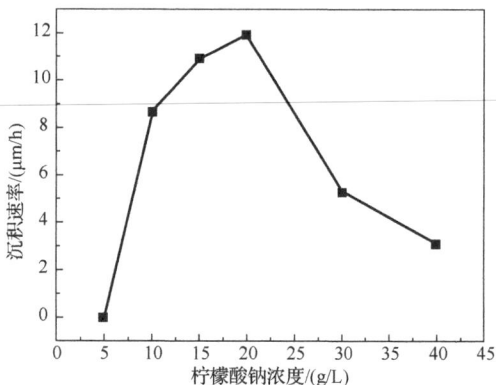

图 5-11　柠檬酸钠浓度对镀层沉积速率的影响

　　图 5-12 为乳酸浓度对镀层沉积速率的影响。由图 5-12 可知，乳酸浓度对镀层沉积速率的影响不大，乳酸在镀液中起辅助配位剂的作用。当柠檬酸钠和酒石酸钾钠浓度一定时，随着乳酸浓度的增大，镀层沉积速率变化不大。

　　图 5-13 为酒石酸钾钠浓度对镀层沉积速率的影响。由图 5-13 可知，随着酒石酸钾钠浓度的增大，镀层沉积速率先升高再降低，酒石酸钾钠浓度为 15g/L 时，其镀层沉积速率最大。酒石酸钾钠在复合配位剂中作为一种辅助配位剂存在。通过实验发现，单一配位剂很难使四氯化锡稳定地存在镀液中，需要加入多种配位剂。

　　图 5-14 为四氯化锡浓度 30g/L 时镀层的能谱图。图 5-15 为四氯化锡浓度对镀层 Sn 元素质量分数的影响。由图 5-15 可知，在一定范围内，随着四氯化锡浓度的增大，镀层中 Sn 元素的质量分数逐渐增大。

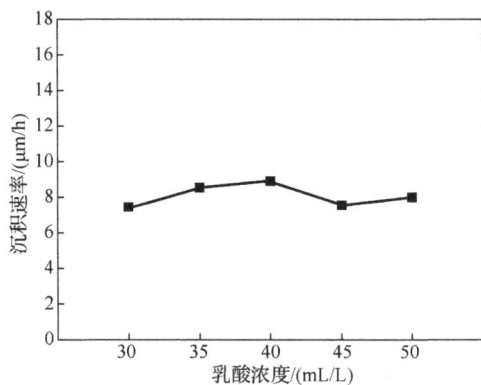

图 5-12　乳酸浓度对镀层沉积速率的影响

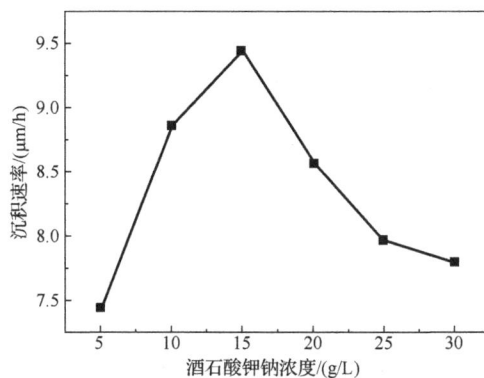

图 5-13　酒石酸钾钠浓度对镀层沉积速率的影响

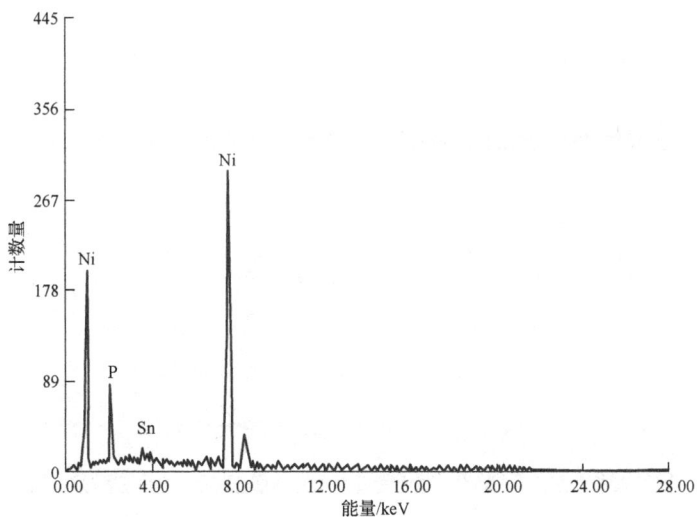

图 5-14　四氯化锡浓度 30g/L 时镀层的能谱图

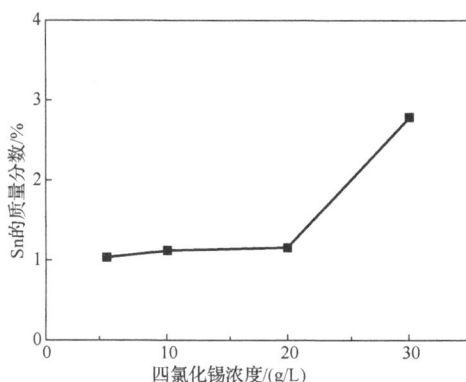

图 5-15　四氯化锡浓度对镀层 Sn 元素质量分数的影响

5.2.4　镍锡磷镀层的性能

图 5-16 为次磷酸钠浓度对镀层表面形貌的影响。表 5-3 为次磷酸钠浓度对镀层锡质量分数的影响。图 5-17 为不同次磷酸钠浓度下镀层在 0.5mol/L 硫酸溶液中的极化曲线。表 5-4 为不同次磷酸钠浓度下镀层的腐蚀参数。由表 5-3 和表 5-4 可知，随着次磷酸钠浓度的增大镀层锡质量分数先减小后增大，在次磷酸钠为 40g/L 时，锡的质量分数为 5.20%，此时镀层的腐蚀电势较正，极化电阻较大，腐蚀电流较小，镀层耐蚀性较好。

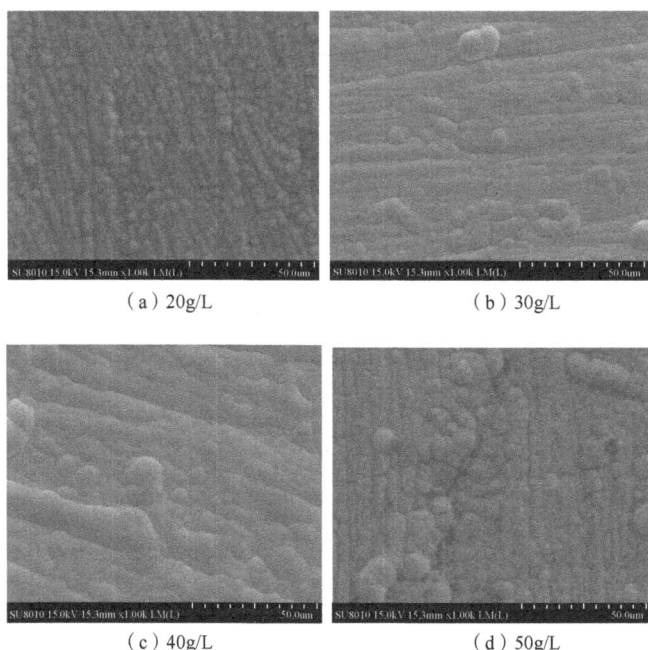

（a）20g/L

（b）30g/L

（c）40g/L

（d）50g/L

图 5-16　次磷酸钠浓度对镀层表面形貌的影响

表 5-3　次磷酸钠浓度对镀层锡质量分数的影响

次磷酸钠浓度/(g/L)	锡质量分数/%
20	7.96
30	6.2
40	5.2
50	6.04

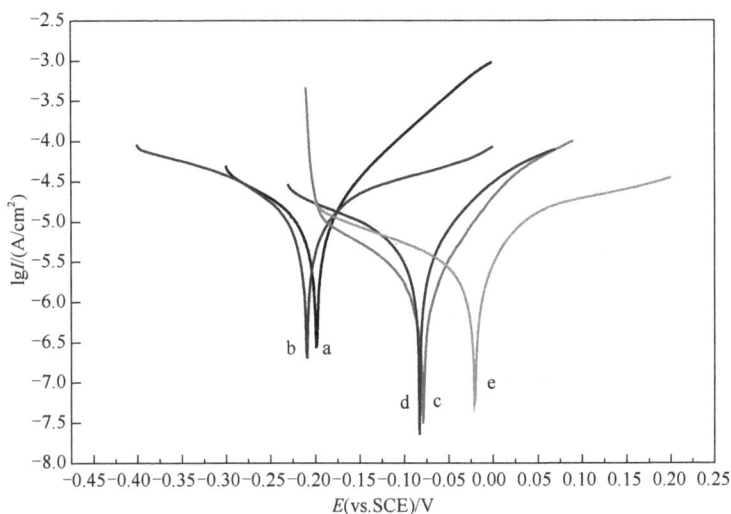

图 5-17　不同次磷酸钠浓度下镀层在 0.5mol/L 硫酸溶液中的极化曲线
a-20g/L，b-30g/L，c-40g/L，d-50g/L，e-60g/L

表 5-4　不同次磷酸钠浓度下镀层的腐蚀参数

次磷酸钠浓度/(g/L)	E_{corr}/V	R_P/(Ω·cm²)	I_{corr}/(×10⁻⁶A/cm²)
20	-0.199	2029	12.7
30	-0.209	2336	22.37
40	-0.079	11654	1.912
50	-0.083	5115	6.751
60	-0.021	8669	6.075

　　孔隙率测试采用贴滤纸法，用显微硬度计分别测定镍磷镀层和镍锡磷镀层的硬度，每个样品上取 5 个不同的位置进行硬度测试，然后取平均值，结果见表 5-5。从表中数据可以看出，镍锡磷镀层的孔隙率低于镍磷镀层，硬度明显高于镍磷镀层。

表 5-5　镍磷镀层和镍锡磷镀层孔隙率和硬度

性能	镍磷	镍锡磷
孔隙率/(个/cm²)	30	8
硬度(HV)	487.7	730.1

参 考 文 献

[1] ARMYANOV S, GEORGIEVA J, TACHEV D, et al. Electroless deposition of Ni-Cu-P alloys in acidic solutions[J]. Electrochemical and Solid-State Letters, 1999, 2(7): 323-325.

[2] AFZALI A, MOTTAGHITALAB V, MOTLAGH M S, et al. The electroless plating of Cu-Ni-P alloy onto cotton fabrics[J]. Korean Journal of Chemical Engineering, 2010, 27(4): 1145-1149.

[3] ZHU L, LUO L M, LUO J, et al. Effect of electroless plating Ni-Cu-P layer on the wettability between cemented carbides and soldering tins[J]. International Journal of Refractory Metals and Hard Materials, 2012, 31: 192-195.

[4] HUI B, LI J, WANG L J. Electromagnetic shielding wood-based composite from electroless plating corrosion-resistant Ni-Cu-P coatings on Fraxinus mandshurica veneer[J]. Wood Science and Technology, 2014, 48(5): 961-979.

[5] CHENG Y H, CHEN S S, JEN T C, et al. Effect of copper addition on the properties of electroless Ni-Cu-P coating on heat transfer surface[J]. International Journal of Advanced Manufacturing Technology, 2015, 76: 2209-2215.

[6] CHEN J, ZOU Y, MATSUDA K, et al. Effect of Cu addition on the microstructure, thermal stability, and corrosion resistance of Ni-P amorphous coating[J]. Materials Letters, 2017, 191(15): 214-217.

[7] ZHANG B W. Amorphous and nano alloys electroless depositions: Technology, composition, structure and theory[M]. Netherlands Amsterdam: Elsevier Inc., 2016: 31-32.

[8] 吴丰, 褚松竹. 化学镀 Ni-Cu-P 合金的工艺和耐蚀性[J]. 电镀与精饰, 1994, 16(5): 36-38.

[9] 聂书红, 刘佑铭, 蔡珣, 等. CrCl₃ 对酸性化学镀 Ni-Cu-P 镀液镀层性能的影响[J]. 上海交通大学学报, 2003, 37(10): 1540-1543.

[10] ASHASSI-SORKHABI H, DOLATI H, PARVINI-AHMADI N, et al. Electroless deposition of Ni-Cu-P alloy and study of the influences of some parameters on the properties of deposits[J]. Applied Surface Science, 2002, 185: 155-160.

[11] SHIMAUCHI H, OZAWA S, TAMURA K, et al. Preparation of Ni-Sn alloys by an electroless-deposition method[J]. The Electrochemical Society, 1994, 141(6): 1471-1476.

[12] XIE H W, ZHANG B W, YANG Q Q. Preparation, structure and corrosion properties of electroless amorphous Ni-Sn-P alloys[J]. Surface Engineering and Coatings, 1999, 77(3): 99-102.

[13] GEORGIEVA J, KAWASHIMA S, ARMYANOV S, et al. Electroless deposition of Ni-Sn-P and Ni-Sn-Cu-P coatings[J]. The Electrochemical Society, 2005, 152(11): C783-C788.

[14] HSIAO L Y, FANG T, DUH J G. Electrochemical properties of nanosize Ni-Sn-P coated on MCMB anode for lithium secondary batteries[J]. Electrochemical and Solid-State Letters, 2006, 9(5): A232-A236.

[15] GEORGIEVA J, ARMYANOV S. Electroless deposition and some properties of Ni-Cu-P and Ni-Sn-P coatings[J]. Journal of Solid State Electrochem, 2007, 11(7): 869-876.

[16] BALARAJU J N, JAHAN S M, JAIN A, et al. Structure and phase transformation behavior of electroless Ni-P alloys containing tin and tungsten[J]. Journal of Alloys and Compounds, 2007, 436(1-2): 319-327.

[17] ZHANG W X, JIANG Z H, LI G Y, et al. Electroless Ni-Sn-P coating on AZ91D magnesium alloy and its corrosion resistance[J]. Surface & Coatings Technology, 2008, 202(12): 2570-2576.

[18] YU J K, JING T F, YANG J, et al. Determination of activation energy for crystallizations in Ni-Sn-P amorphous alloys[J]. Journal of Materials Processing Technology, 2009, 209(1): 14-17.

[19] LIU W, XU D D, DUAN X Y, et al. Structure and effects of electroless Ni-Sn-P transition layer during acid electroless plating on magnesium alloys[J]. Transactions of Nonferrous Metals Society of China, 2015, 25(5): 1506-1516.

[20] 王晓宇. Ni-Sn-P 合金镀层的制备[D]. 沈阳: 沈阳工业大学, 2016.

第6章　铝基化学镀镍基多元合金镀层

6.1　铝基化学镀镍前处理工艺

6.1.1　铝基化学镀镍前处理的研究进展

铝表面获得结合力好的镀层，关键在于前处理工艺的选择。浸锌法是目前研究较多、效果较好的前处理方法，但仍存在一些不足，而浸镍法可以避免这些问题。浸镍法分为一次浸镍（活化浸镍、碱性预化学镀镍）和二次浸镍。活化浸镍液中一般不含还原剂，主要通过置换反应生成一层具有催化作用的镍。碱性预化学镀镍则是通过含有还原剂的镍盐溶液，在铝表面预化学镀上一薄层镍，其原理与化学镀镍相同。

铝及其合金具有密度小、延展性好、比强度高、易于压力加工等特点，被广泛应用于诸多领域，但其易产生晶间腐蚀、表面硬度低、不耐磨损等缺点又限制了其应用范围[1-4]。铝基化学镀镍磷合金是一种较好的表面处理工艺，所得镀层具有抗腐蚀、表面硬度高、耐磨损等优点，兼有装饰性，可延长铝的使用寿命，扩大其应用范围[5-9]。

铝属于难镀金属[10]，其主要原因是：①铝属于活泼金属，电极电势约为-1.67V，具有很强的亲氧性，所以在自然状态下，其表面往往会自动生成一层极薄的氧化膜，而这层氧化膜疏松、多孔，导致结合力不好；②铝具有较强的电负性，在化学镀镍液中与镍离子发生置换反应，生成的置换镍比较粗糙、不均匀，与化学镀镍层结合力不好；③由于置换反应的发生，铝将以离子形式进入镀液，成为杂质离子，影响镀液的稳定性。所以，在铝基化学镀镍之前必须进行前处理[11,12]，国内外在此领域已经做了大量的研究工作。

1. 浸镀前的预处理

浸镀前的预处理一般包括除油、碱蚀、酸洗、活化工艺，在表面进行浸镀处理后可以获得良好的活性表面。碱蚀一般采用氢氧化钠溶液，目的是除去铝基表面残余的油污和氧化膜。因为氧化膜生成速度极快，所以后续几道工艺也需进一步除去新生成的氧化膜。酸洗采用的是硝酸和硫脲的混合溶液[13]。

浸镀前的预处理对于浸镀层的结合力具有很重要的影响，已有学者专门研究了浸镀前的预处理对后续工艺的影响[14,15]。

2. 浸锌法

浸锌法又叫锌酸盐处理法，其原理是在除油、酸洗、活化后的铝基体上，通过铝和锌离子发生置换反应，生成一薄层锌，阻止氧化膜的再生，从而使化学镀镍过程中能够生成均匀、致密的镍层。该法具有耗时短、成本低、工艺和成分简单等优点。传统的浸锌液主要成分是氧化锌和氢氧化钠，随着浸锌工艺的发展，人们在浸锌液中加入配位剂或重金属盐，形成了改良浸锌法。无论是传统还是改良的浸锌处理都是进行一次浸锌处理，在铝铁合金、铝锰合金和高纯铝表面一次浸锌不能获得结合力好的镀层。为了进一步提高镀层和基体的结合力，人们开发了进行两次浸锌处理的二次浸锌法，与一次浸锌法相比二次浸锌法处理效果更好。Murakami 等[16,17]通过一次浸锌制得了 $1\sim2\mu m$ 厚的浸锌层，二次浸锌后得到的浸锌层厚为 $30\sim40nm$，浸锌层不仅薄而且更均匀，提高了镀层和基体的结合力。此外，随着铝合金中合金元素的不同，浸锌工艺的处理效果也存在较大差异。

Hino 等[18-20]分别进行了一次、二次、三次浸锌前处理，结果显示，二次浸锌后化学镀获得的镀层结合力最好。他们还发现在不同的铝合金上一次浸锌后所得镀层的结合力比未经浸锌时有所提高，但提高程度与铝合金中的合金元素有关，而二次浸锌后所得镀层的结合力更好，且结合力提高程度与铝合金中的合金元素无关。二次浸锌比一次浸锌所得镀层结合力好的原因是，二次浸锌后的浸锌层与基体形成了冶金结合。Egoshi 等[21]则发现，铝铜合金、铝硅合金及纯铝经过二次浸锌后，所得浸锌层的厚度和均匀性不同。Yazdi 等[22]研究发现，浸锌层的形貌将直接影响化学镀层的颗粒结构。Chen 等[23]通过浸锌法在铝上制得了性能优良的镍铜磷镀层。Robertson 等[24]分析了在浸锌液中加入三价铁离子的作用，结果表明，三价铁离子的加入可以使锌颗粒以更小的尺寸沉积在铝表面，即成核尺寸变小，同时可以使铝表面形成锌铁合金层，这也正是改良浸锌法的优势。Murakami 等[25]也证明了加入三价铁离子确实能够提高二次浸锌的处理效果，提高镀层的结合强度。Saito 等[26]针对浸锌过程对化学镀镍磷合金的影响进行了电化学分析。Chang 等[27]先进行了二次浸锌，之后在铝上制得了化学镀镍磷合金层，并研究了热处理对镀层性能的影响。

3. 浸镍法

研究表明，浸锌处理后不宜直接进行化学镀镍。其原因是浸锌层将会部分溶解在酸性镀液中，污染镀液，缩短镀液寿命。同时，未被溶解的锌将成为基体与镀层间的夹层，这样一来，在潮湿的环境中易形成腐蚀电池，锌因电极电势比镍更负而作为阳极，优先被腐蚀，最终会导致镀层剥落。不少研究显示，浸镍法可以避免这些问题。目前关于浸镍法的定义暂未明确，可以将化学镀镍前经过含镍溶液处理的方法均视为浸镍法。文献中提及的浸镍方法主要包括：活化浸镍、碱性预化学镀镍及二次浸镍[28,29]。

1）活化浸镍

活化浸镍是指在传统的除油、碱洗、酸洗后的活化步骤中，用含镍盐溶液进行处理，从而使基体表面生成一层具有一定活性的镍层。该法往往不含还原剂，主要成分为镍盐和配位剂，有些还含有 H^+ 活性抑制剂和铝缓蚀剂。其原理是，通过含镍的配合物的溶液与铝基发生置换反应，在基体表面形成具有镀层金属生长活性的微薄镍[30-32]，提高后续镍磷合金沉积的晶体生长活性，进而提高镀层的结合强度、沉积速率等性能。表 6-1 中给出了几种典型的活化浸镍液配方。

表 6-1　几种典型的活化浸镍液配方

编号	配方
1[33]	硫酸镍 28g/L，氢氟酸 90g/L，硼酸 40g/L
2[34]	乙酸镍 2g/L，柠檬酸钠 6g/L，乳酸 10mL/L，三乙醇胺 10mL/L
3[35]	硫酸镍 30g/L，柠檬酸钠 20g/L，氟化钠 0.5g/L，氯化铵 7g/L
4[36]	硫酸镍 28g/L，氢氟酸 90g/L，硼酸 40g/L

研究表明，活化浸镍时间对后续镀层性能的影响较大[37]。活化时间过短，活化不充分，会使基体表面浸镀层较薄，从而使沉积速率降低。随着活化时间的延长，活化镍层颜色从灰色逐渐变为黑色，并伴有浮灰产生。因此，活化应控制在出现灰黑色时为止，否则随着颜色的加深，浮灰增多，结合力变差，镀层质量会下降。活化时间为 5min 时[38]，基体活化较充分，镍磷合金沉积速率较快，可得到致密、均匀的镀层。此外，活化液的组成也会影响后续镀层的性能，应控制活化液中配位剂与镍离子的摩尔比，摩尔比在 10 及以上时，活化效果较好[39]。

Sudagar 等[36]采用活化浸镍法处理，其活化液主要成分为氢氟酸、镍盐和硼酸，制得了干摩擦磨损性能很好的化学镀镍磷层。实验结果显示，与浸锌法和次磷酸盐处理法相比，活化浸镍法处理后制备的镀层干摩擦磨损性能更好。Kumar 等[40]也采用相同的活化浸镍法处理，制备出了化学镀镍层。结果表明，化学镀镍层明显改善了基体的断裂行为，并且镀层与基体结合牢固。Beygi 等[35]采用含 30g/L 硫酸镍、20g/L 柠檬酸钠、7g/L 氯化铵、0.5g/L 氟化钠的浸镍处理液，在铝纳米颗粒上沉积出均匀且仅 30nm 厚的 Ni 层，并优化了镀液成分和工艺条件。赵婉惠[41]介绍了一种微酸性的浸镍液，该浸镍液组分包括镍盐、配位剂、缓冲剂、H^+ 活性抑制剂和铝缓蚀剂，适用于多种铝合金化学镀镍前处理。欧昌亚[42-44]研制了一种浸镍液配方，获得了专利，其组成为：硫酸镍 30～50g/L，酒石酸钠 20～30g/L，醋酸铵 20～30g/L，乙二胺 5mL/L，氢氟酸 1～5mL/L。该浸镍液适用于多种铝合金，并且与二次浸锌法相比，该浸镍法处理后所得镀层的各项性能都更好。活化浸镍法进行活化处理的溶液中通常含有氢氟酸，而氢氟酸对环境和健康都有危害，Jia 等[45]采用不含氢氟酸的化学转化溶液的活化浸镍工艺代替含氢氟酸的活化浸镍工艺，制得了与基体结合力较好的镍磷镀层。

2）碱性预化学镀镍

碱性预镀镍即碱性预化学镀镍，处理液中往往含有还原剂，其沉积镍的方式含有化学镀镍的沉积方式，即以还原剂（如次磷酸钠）使镍离子还原在基体表面。能谱分析也证明，预化学镀镍层中确实含有磷元素[46]，而置换反应则不会在铝表面生成磷。几种典型的碱性预化学镀镍配方见表 6-2。

表 6-2　几种典型的碱性预化学镀镍配方

编号	配方
1[47]	硫酸镍 25g/L，次磷酸钠 25g/L，柠檬酸钠 30g/L，焦磷酸钠 10g/L，氯化铵 30g/L，三乙醇胺 10～15mL/L
2[34]	硫酸镍 13g/L，次磷酸钠 30g/L，柠檬酸钠 40g/L，氯化铵 30g/L
3[48]	硫酸镍 28g/L，次磷酸钠 90g/L，柠檬酸钠 40g/L，氯化铵 50g/L
4[49]	硫酸镍 28g/L，次磷酸钠 34g/L，焦磷酸钠 50g/L，乙酸铅 0.3mg/L

研究表明，预化学镀镍层的外观和活化浸镍层相似，通常为均匀、光滑的浅灰色，金相显微镜下显示分布有较多球形胞状物。预化学镀时间对预化学镀层的表面状态有很大影响。预化学镀时间短，则预化学镀不充分，镍沉积层太薄，均匀性较差，在化学镀镍过程中易产生漏镀现象。预化学镀镍时间大于 7min 后，镀层的结合力又会下降。这可能与预化学镀镍层的含磷量较高有关。经测定，预化学镀镍层中磷的质量分数为 13.7%。因为含磷量高，所以镀层变脆，与基体的结合力降低。由于各工艺的条件不同，处理液浓度也有差别，因此最佳预化学镀时间可能会有误差。此外，经分析预化学镀镍层的厚度在 0.4～0.8μm 时，所得镀层性能较好[50]。肖鑫等[47]对各种预处理工艺进行筛选，确定了适用于铝合金化学镀镍磷合金的预处理工艺。

Vijayanand 等[48]分析了活化浸镍和碱性预化学镀镍对镀层耐磨性的影响，结果显示，碱性预化学镀镍的处理效果要好于活化浸镍。其中活化浸镍液为硫酸镍、氢氟酸、硼酸混合溶液，碱性预化学镀镍液主要成分包括硫酸镍、次磷酸钠、柠檬酸钠和氯化铵。王勇等[51]对碱性预化学镀镍工艺进行优化，得到预化学镀镀液配方：硫酸镍 25g/L，次磷酸钠 25g/L，柠檬酸钠 30g/L，焦磷酸钠 10g/L，三乙醇胺 10mL/L，氯化铵 30g/L。弯曲试验表明，镀镍层与铝基体结合强度很高。扫描电镜照片显示，镀镍层晶粒大小均匀，各晶粒间结合紧密，孔隙率低，耐蚀能力强。Huang[52]也优化了预化学镀镍工艺，采用该预化学镀镍工艺进行处理，在铸造铝合金上制得了化学镀镍层，镀层硬度可达 730HV，结合力和耐蚀性都很好[53]。

3）二次浸镍

二次浸镍主要可以分为两种：一种是活化浸镍后进行碱性预化学镀镍；另一种是两次预化学镀镍。较多研究显示，在活化浸镍处理后，由于置换反应速率过快，生成的镍层较为粗糙且不均匀，用浓硝酸退镍后再碱性预化学镀镍，可以生成致密且具有催化作用的镍层，从而提高镀层的结合强度及耐蚀性。其原理是，粗糙的活化浸镍层经过浓硝酸退镍后，结合力不好的镍层溶解在浓硝酸中，同时颗粒大的镍粒子变得更小，有利于下一步预化学镀镍过程中生成更均匀、致密的预化学镀镍层。

孙华等[49]采用活化浸镍、碱性预化学镀镍作为铝化学镀镍前处理工艺，确定了最佳配方及工艺条件。所得镀层与基体的结合强度较高，组织致密均匀，硬度较高，耐蚀性优良。

尹国光[50]也研究了活化浸镍、碱性预化学镀镍的方法，在该工艺条件下进行前处理，所得镀层的结合强度好。

杨丽坤等[34]利用开路电势-时间曲线研究了铝表面化学镀镍、浸镍及化学沉积镍的初期行为，结果显示，未经及经过前处理的铝表面，化学沉积镍的初期行为都经历去氧化膜、活化、化学沉积过程。他们分析了前处理的初期行为，结果表明，经过浸镍、预化学镀镍前处理后的铝表面附着了细小的镍颗粒。他们还在含有配位剂和还原剂的碱性预化学镀镍液中，经二次预化学镀镍前处理，成功实现了铝基底弱酸性化学镀镍。所获得的化学镀镍层与铝基底结合牢固。

陈明辉等[54]比较了一次预化学镀镍和二次预化学镀镍的处理效果，结果显示，二次预化学镀镍可以改善预化学镀层的覆盖率。经碱性预化学镀镍后再进行化学镀镍，镍沉积速率适中，形成的镀层为均匀、致密的镍磷非晶镀层，结合力好。

Yin 等[55]采用活化浸镍、碱性预化学镀镍及二者组合的方法，在铝表面制得化学镀镍层。其中，活化浸镍液含柠檬酸钠、乙酸镍、乳酸和三乙醇胺。碱性预化学镀镍液含硫酸镍、次磷酸钠、柠檬酸钠和氯化铵。结果表明，所有经浸镍法处理的样品，耐蚀性都比没有处理过的要好，先经活化浸镍再经碱性预化学镀镍的样品表现出了最好的耐蚀性。经分析，镀层耐蚀性好主要归因于镀层的高含磷量和低孔隙率。

铝基化学镀镍前处理工艺研究已经取得了不错的成果，各类方法也在不断更新和完善[56,57]。浸锌法研究较多，应用较广，但存在一定不足。浸镍法作为一种有望代替浸锌法的前处理方法，很有研究价值。目前浸镍法存在的问题主要是浸镍液复杂，且处理效果好的浸镍液往往含有氟化物，这对人体和环境都有较大的危害。所以，铝基浸镍前处理未来的发展方向应为：①研究出合适的含配位剂的镍盐处理液，既能去除铝氧化膜，又能使镍离子很好地沉积在基体上，从而得到良好的活性表面；②研究出特殊条件处理液，可以直接活化铝表面，又能够得到结合力优良的镀层。总而言之，工艺简单、环保、低成本、高性能、应用广泛是未来浸镍前处理方法发展的主要趋势。

6.1.2 预化学镀镍时间对铝基化学镀镍层性能的影响

针对浸镍工艺溶液成分复杂且含有氟离子、不易维护等问题，采用一种直接预化学镀镍工艺，在铝表面制备结合力好、耐蚀性较好的化学镀镍层。该工艺简化了浸镍法的工艺流程，具有较好的应用前景。

1. 镀液组成及工艺条件

基体为纯铝片，其成分（以质量分数计）为：Si（0.15%），Fe（0.015%），Cu（0.015%），N（0.005%），余量为 Al。

将纯铝片切割为 20mm×12.5mm×0.1mm 的薄片，化学镀镍步骤为：除油→碱蚀→水洗→中和→水洗→预化学镀镍→水洗→化学镀镍→水洗→烘干。

室温下，采用含有无水乙醇的棉球擦拭除油。在 50℃、20g/L 的氢氧化钠溶液中碱蚀处理 15s。中和处理是在室温下，在 20%（体积分数）的硝酸溶液中处理 3min。

预化学镀镍液组成为：13g/L 硫酸镍，30g/L 次磷酸钠，40g/L 柠檬酸钠，30g/L 氯化铵。预化学镀条件是：镀液温度 50℃，处理时间 5～10min。

化学镀镍液组成为：27g/L 硫酸镍，30g/L 次磷酸钠，1.2g/L 柠檬酸钠，20g/L 乙酸钠，31mL/L 乳酸，3.7mL/L 丙酸，5mg/L 硫酸铜，5mg/L 硫代硫酸钠，镀液温度(91±1)℃，处理时间 60min。

2. 预化学镀镍时间对镀层表面形貌的影响

图 6-1 为碱蚀、中和后不同预化学镀镍时间处理后样品的扫描电镜图，由图 6-1 可知，碱蚀、中和后，除去了铝表面的氧化膜，使基体裸露了出来。预化学镀镍 1min 后样品表面有细小颗粒生成，这是因为基体表面的氧化膜溶解之后，预化学镀镍液中的镍离子将和裸露出来的铝发生置换反应，生成一层镍转化层。随着预化学镀镍时间的增加，这些置换镍层将作为化学镀过程中的活性中心，催化预化学镀镍反应的发生[58]。当预化学镀镍 5min 时，基体表面形成了较均匀的预化学镀镍层。预化学镀镍 10min 以上时，预化学镀镍层几乎全部覆盖基体表面，而且镍颗粒尺寸也在不断增大。研究表明，预化学镀镍在反应初期，镍核的横向生长速度大于或等于纵向生长速度时，镍磷镀层主要以胞状形式生长，随着反应的进行，镍的横向生长速度远大于纵向生长速度时，镀层以叠层形式生长[59]。

图 6-2 是不同预化学镀镍时间处理后的样品经化学镀镍后的扫描电镜图。可以看出，没有经过预化学镀镍处理的样品在化学镀过程中形成了粗糙的镍层，原

因是其化学镀镍过程是直接在铝表面上进行的，铝基体直接在酸性化学镀镍液中发生快速的置换反应，基体表面生成粗糙的置换层而导致后面的化学镀镍表面粗糙。经过预化学镀镍处理 1min 的样品，其表面相对平整。随着预化学镀镍时间的增加，化学镀镍层的表面形貌逐渐变得更加平整。在预化学镀镍 5min 左右时，化学镀镍层最为平整，颗粒大小也相对均匀。在预化学镀镍 10min 以上时，镀层又变得凹凸不平，且颗粒尺寸相差较大，这可能与之前的预化学镀镍层颗粒又逐渐变大有关。由此可见，预化学镀镍时间对于预化学镀层和化学镀层的表面形貌都有较大的影响。

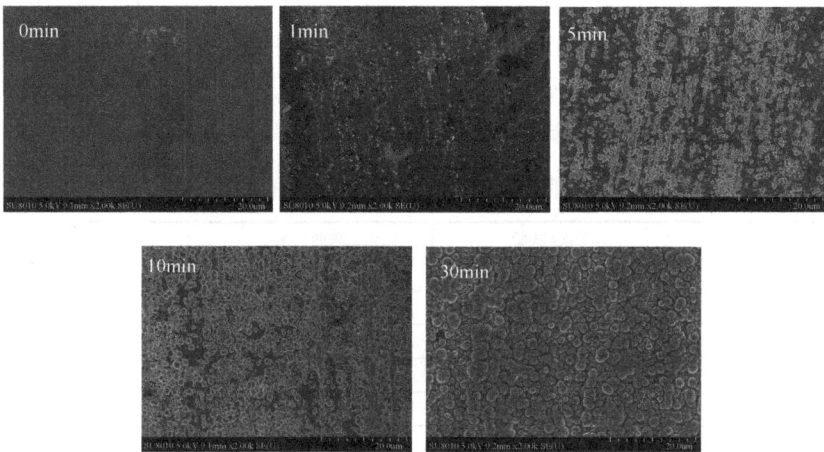

图 6-1　不同预化学镀镍时间处理后样品的扫描电镜图

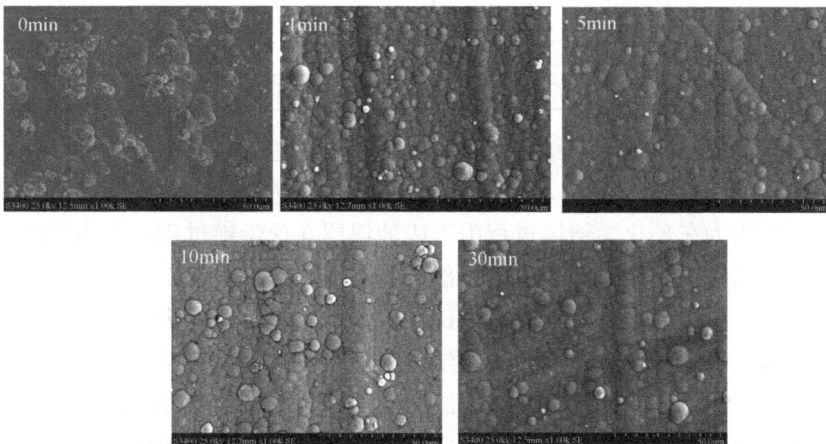

图 6-2　不同预化学镀镍时间处理后的样品经化学镀镍后的扫描电镜图

预化学镀镍时间为 5min 时，一方面预化学镀层与基体结合力好，另一方面基体催化也比较充分，镍磷合金沉积速率较快，可得到致密、均匀的镀层。这可能是因为在预化学镀镍处理过程中，将发生铝与镍配位离子的置换反应，同时溶液中还含有次磷酸盐，还将发生次磷酸根氧化、镍配位离子还原及析氢反应。反应过程中，置换及化学还原的镍原子附着于铝表面并逐渐增多和团聚，预处理时间增加将导致预化学镀镍颗粒部分脱落[34]。

3. 预化学镀镍时间对镀层结合力的影响

表 6-3 为不同预化学镀镍时间对镀层结合力的影响。由表 6-3 可知，在没有预化学镀镍的条件下直接化学镀镍，所得到的镀层与基体的结合力不好。这是因为碱蚀、中和之后，铝基体裸露在外，由于铝的活性较强，在化学镀镍过程中容易快速和溶液中的镍发生置换反应，生成一层粗糙多孔的镍层。同时，化学镀镍过程中产生的氢气来不及从基体表面脱附而有部分残留在镍层中，导致镀镍层疏松、多孔，从而降低镀层与基体的结合力[60]。

表 6-3 不同预化学镀镍时间对镀层结合力的影响

预化学镀时间/min	热震试验	弯曲试验	划格试验
0	鼓泡	起皮	脱落
0.5	鼓泡	起皮	脱落
1	鼓小泡	轻起皮	网格交界处脱落
2	鼓小泡	轻起皮	网格交界处脱落
3	不鼓泡	不起皮	无脱落
4	不鼓泡	不鼓泡	无脱落
5	不鼓泡	不起皮	无脱落
10	不鼓泡	不起皮	无脱落
20	鼓小泡	轻起皮	网格交界处脱落
30	鼓泡	起皮	脱落
60	镀层脱落	镀层脱落	脱落

预化学镀镍时间对镀层结合力的影响可以结合图 6-1 和图 6-2 进行分析，由表 6-3 结合力测试结果可知，预化学镀镍 1min 后再进行化学镀镍可以适当提高结合力。这是因为在预化学镀镍过程中生成的镍层在化学镀过程中作为活性中心，催化化学镀反应的发生，从而避免了部分金属铝和镍离子发生置换反应，使镍颗粒较缓慢地在基体表面均匀致密地成长[61]。预化学镀镍时间少于 5min 时，预化学镀镍产生的镍层相对较薄，酸性化学镀镍液有可能侵蚀铝基体，使镀层出现起泡等瑕疵[62]。预化学镀镍 5min 时，表面出现比预化学镀镍 1min 时更多的薄镍层，此时的表面避免了置换反应的发生，使自催化反应较缓慢有序地进行，生成的化学镀镍层也更加致密。当预化学镀镍时间超过 20min 时，镀层与基体的结合力开始下降。这或许是由于预化学镀层变厚，颗粒尺寸变大，在化学镀镍过程中作为催化活性中心的成核尺寸就会变大[63]，其形成的镀层较为粗糙，颗粒较大，排列

不够紧密，结合力变差，所以预化学镀层不宜太厚。有文献研究表明，预化学镀镍层的厚度最佳范围应为 0.4～0.8μm。在预化学镀镍时间为 5min 时，化学镀镍层与基体的结合强度最好，原因可能是此时的预化学镀层可以阻止铝氧化膜的再生成，另外其表面较少和薄的膜层既为后续化学镀提供了较好的催化活性，又防止了过厚夹杂对结合力的不利影响[50]。

4. 预化学镀镍时间对镀层耐蚀性的影响

模拟质子交换膜燃料电池双极板所处的环境，考察其在 0.5mol/L 硫酸溶液中的耐蚀性。图 6-3 是不同预化学镀镍时间处理后再化学镀所得化学镀镍层在 0.5mol/L 硫酸溶液中的动电势极化曲线，图 6-4 和图 6-5 分别是腐蚀电势和腐蚀电流与预化学镀镍时间的关系曲线。由图 6-4 和图 6-5 可知，随着预化学镀镍时间的增加，腐蚀电势逐渐变正，尤其在 3～5min 增加较大。预化学镀镍时间超过 5min 后，腐蚀电势开始下降。腐蚀电势越正，表明其腐蚀倾向越小，这与图 6-5 的腐蚀电流数据相符，即腐蚀电势越正的样品，其腐蚀电流越小。预化学镀镍 5min 时腐蚀电势最正，其腐蚀电流值最小。这也说明了，预化学镀镍 5min 后进行化学镀镍，所得镀层的耐蚀性最好。镀层的耐蚀性在预化学镀镍 5min 时最好，由图 6-2 可知，这可能是由于在预化学镀镍 5min 后，再化学镀镍时生长的镀层结构致密，减小了镀层的孔隙率，从而提高了耐蚀性。

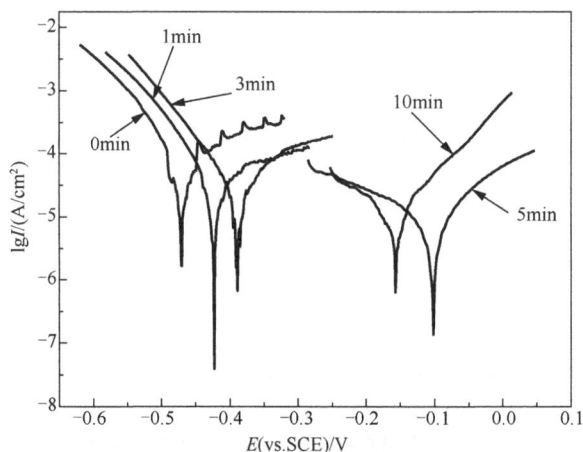

图 6-3　不同预化学镀镍时间的镀层在 0.5mol/L 硫酸溶液中的动电势极化曲线

预化学镀镍时间对镀层和基体的结合力影响很大，具体影响规律如下：①预化学镀镍时间对预化学镀层和化学镀镍层的表面形貌都有较大的影响，随着时间的增长，预化学镀层越来越致密、平整，化学镀镍层呈现出从粗糙到平整又到粗糙的趋势，所以，要得到表面平整的化学镀镍层，预化学镀镍时间应在 5min 左右；

②在预化学镀镍 5min 时，化学镀镍层与基体的结合强度最好，原因可能是此时的预化学镀层可以阻止铝氧化膜的再生成，另外其表面膜层较少、较薄，既为后续化学镀提供了较好的催化活性，又防止了过厚夹杂对结合力的不利影响；③镀层的耐蚀性在预化学镀镍 5min 时最好，这是由于在此预化学镀层表面上再生长的化学镀镍层结构致密，减小了镀层的孔隙率，从而提高了耐蚀性。

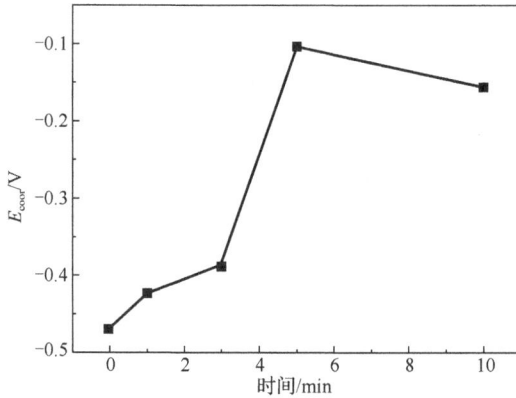

图 6-4　预化学镀镍时间对腐蚀电势的影响

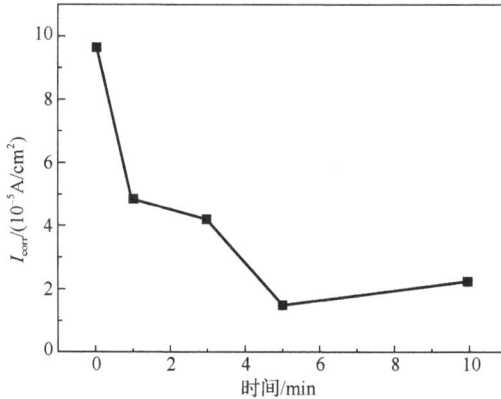

图 6-5　预化学镀镍时间对腐蚀电流的影响

6.2　铝基化学镀镍钼磷合金

本书作者科研小组[64-72]研究了铝基化学镀镍基多元合金。其中，化学镀镍钼磷镀液的性能与主配位剂的选择关系密切。常用的主配位剂有柠檬酸钠、乳酸和焦磷酸钠。表 6-4 为三种主配位剂的镍钼磷合金镀液组成和工艺条件，其中配方 1 主配位剂为柠檬酸钠，配方 2 主配位剂为乳酸，配方 3 主配位剂为焦磷酸钠。

表 6-4　镍钼磷镀液组成和工艺条件

项目	配方 1	配方 2	配方 3
硫酸镍/(g/L)	30	30	30
次磷酸钠/(g/L)	31	31	31
钼酸钠/(g/L)	0.6	0.8	0.8
柠檬酸钠/(g/L)	30		
乙酸钠/(g/L)	15	15	
硫脲/(mg/L)	1	1	
乳酸/(mL/L)		30	
焦磷酸钠/(g/L)			20
硫酸铵/(g/L)			40
三乙醇胺/(mL/L)			20
糖精钠/(g/L)			0.3
碘酸钾/(mg/L)			10
温度/℃	90	90	60
pH	9.0	5.0	9.0

6.2.1　柠檬酸钠为主配位剂时沉积速率的影响因素与镀层表征

在化学镀镍液中加入钼酸钠，可以制备出三元镍钼磷合金，镀液组成和工艺条件对钼与镍磷的共沉积影响很大，其中钼酸钠浓度和 pH 对沉积影响较大。

1. 钼酸钠浓度对镍钼磷镀层沉积速率的影响

柠檬酸钠体系中钼酸钠浓度对镀层沉积速率的影响如图 6-6 所示。由图 6-6 可知，在 0.6～1.2g/L 范围内，钼酸钠浓度与沉积速率呈现出明显的负相关性。这是由于：① MoO_4^{2-} 的浓度太高，会与 $H_2PO_2^-$ 发生反应，致使 $H_2PO_2^-$ 中 P—H 键的强度增加，吸附的 MoO_4^{2-} 改变了催化表面的双电层结构，增强了表面吸附程度而影响到氧化还原反应的动力学过程，从而影响沉积速率；② MoO_4^{2-} 及 Ni^{2+} 的还原都会消耗大量的 H^+，因此，钼酸钠浓度的升高便会使得 Ni^{2+} 难以被还原，从而导致沉积速率明显下降。

2. 柠檬酸钠浓度对镍钼磷镀层沉积速率的影响

柠檬酸钠浓度对镀层沉积速率的影响如图 6-7 所示。由图 6-7 可知，柠檬酸钠浓度在 20～50g/L 范围内变化时，镀层的沉积速率随柠檬酸钠浓度的增大而降低。这是因为随着配位剂浓度的增大，游离的 Ni^{2+} 浓度减小，对反应的进行起到了阻碍的作用。当柠檬酸钠浓度过高时，致使溶液稳定而不能获得更大的沉积速率。

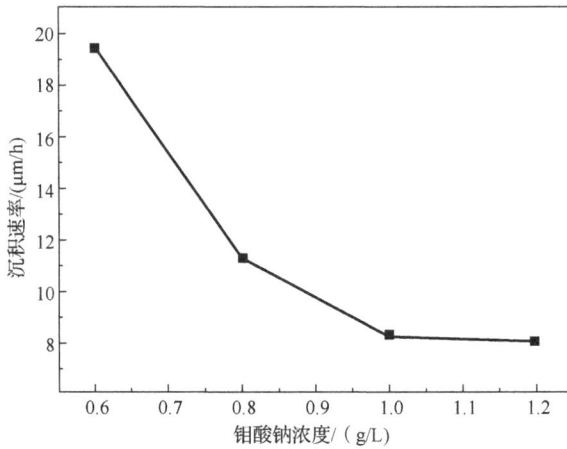

图 6-6　钼酸钠浓度对镀层沉积速率的影响

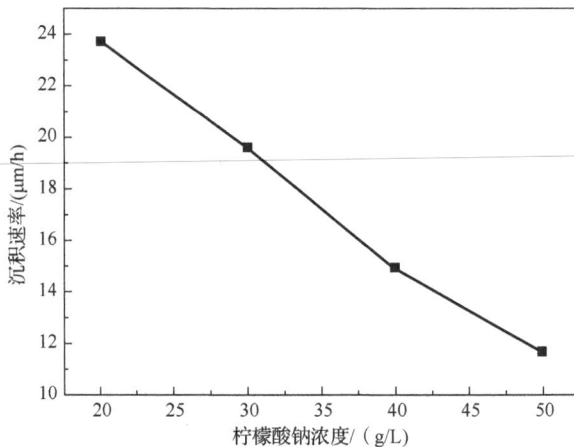

图 6-7　柠檬酸钠浓度对镀层沉积速率的影响

3. pH 对镍钼磷镀层沉积速率的影响

pH 对镀层沉积速率的影响如图 6-8 所示。由图 6-8 可知，一开始镀层沉积速率随着 pH 的增大而增大，这是由于 $H_2PO_2^-$ 的氧化在碱性条件下更容易进行，当 pH 为 10 时，镀层沉积速率达到最大，当 pH 继续增大时，镀液稳定性降低，沉积速率过快从而导致镀液部分分解，最终使得沉积速率降低。此配方的镍钼磷镀层的化学镀 pH 范围为 9～10，当 pH 在此范围内时，镀层沉积速率稳定，镀层厚度均匀且光亮，镀层性能相对较好。

4. 镀层的表面形貌

图 6-9 是钼酸钠浓度为 0.6g/L 所得镍钼磷镀层的扫描电镜图，镀层表面状态

良好，镀层致密。图 6-10 是钼酸钠浓度为 0.6g/L 所得镍钼磷镀层的能谱图，结果表明镀层中含有镍、钼、磷。

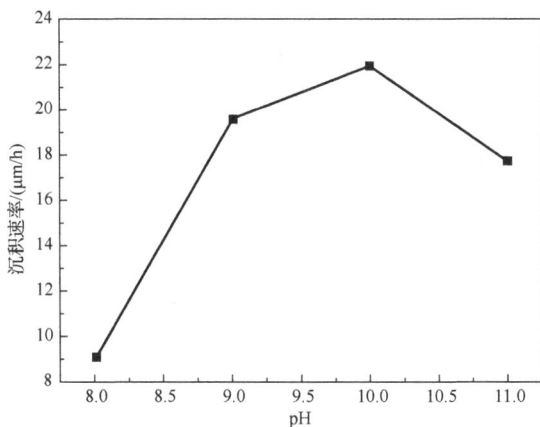

图 6-8　pH 对镀层沉积速率的影响

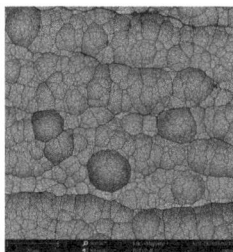

图 6-9　钼酸钠浓度为 0.6g/L 所得镍钼磷镀层的扫描电镜图

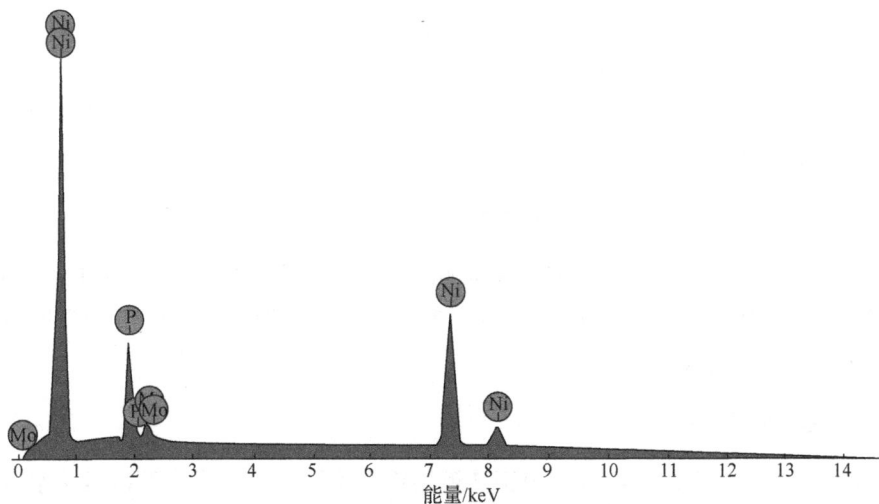

图 6-10　钼酸钠浓度为 0.6g/L 所得镍钼磷镀层的能谱图

6.2.2　乳酸为主配位剂时镀层沉积速率的影响因素与镀层表征

1. 钼酸钠浓度对镍钼磷镀层沉积速率的影响

图 6-11 为钼酸钠浓度对镀层沉积速率的影响。由图 6-11 可知,在乳酸体系中,钼酸钠浓度在 0.6~1.8g/L 范围内时,镀层沉积速率的变化不大,这是因为乳酸具有良好的配位作用,可以防止氢氧化物等物质的沉淀。当钼酸钠浓度超过 1.8g/L 时,沉积速率急剧下降。这是由于钼酸钠浓度过高时,会使铝表面钝化,从而降低反应速度。

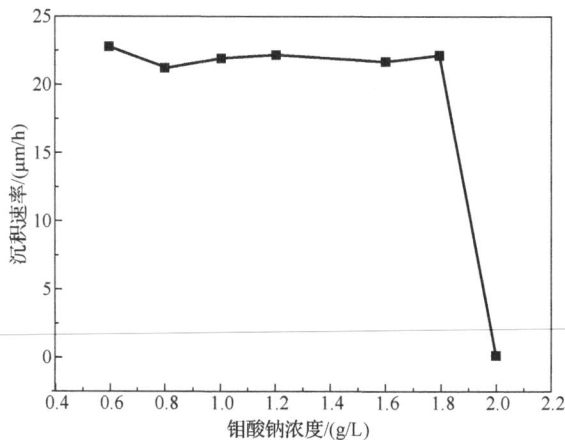

图 6-11　钼酸钠浓度对镀层沉积速率的影响

2. 乳酸浓度对镍钼磷镀层沉积速率的影响

图 6-12 为乳酸浓度对镀层沉积速率的影响。由图 6-12 可知,乳酸浓度在 10~40mL/L 的范围内,沉积速率出现先增大后平缓的趋势。当化学镀镀液中含有少量乳酸时,乳酸浓度增大会使其在催化表面的吸附量增加,促使沉积速率加快。乳酸浓度在 20~40mL/L 的范围内时,沉积速率较快。

3. pH 对镍钼磷镀层沉积速率的影响

图 6-13 为 pH 对镀层沉积速率的影响。由图 6-13 可知,镀液的 pH 从 4.0 增加到 5.5 时,镍钼磷镀层的沉积速率由 12.13μm/h 增大到 25.01μm/h,所以 pH 对沉积速率的影响较大。

4. 镀层性能表征

表 6-5 为不同钼酸钠浓度下镍钼磷镀层钼、磷的质量分数。图 6-14 为乳酸体系不同钼酸钠浓度制备镍钼磷镀层的扫描电镜图。由图 6-14 可知,加入钼酸钠制

备的样品的表面形貌均为菜花状，表面比较平整致密。由表 6-5 可知，钼酸钠浓度为 1.8g/L 时，钼的质量分数最高，同时磷的质量分数也较高。

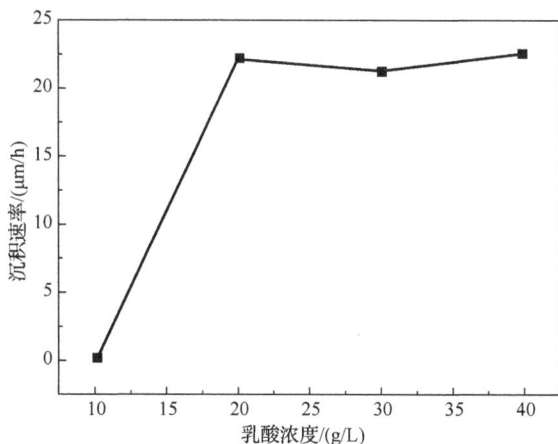

图 6-12　乳酸浓度对镀层沉积速率的影响

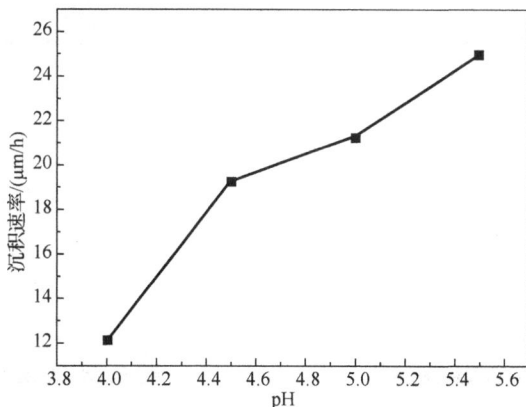

图 6-13　pH 对镀层沉积速率的影响

表 6-5　不同钼酸钠浓度下镍钼磷镀层钼、磷的质量分数

钼酸钠浓度/(g/L)	钼的质量分数/%	磷的质量分数/%
0	0	8.69
0.6	1.57	1.96
0.8	1.86	11.71
1.0	1.34	13.05
1.2	1.35	8.86
1.6	2.21	8.35
1.8	2.65	8.50

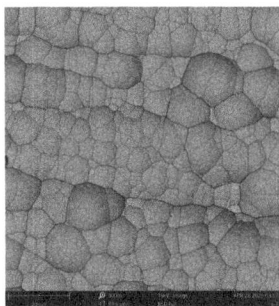

（a）0g/L

（b）0.6g/L

（c）0.8g/L

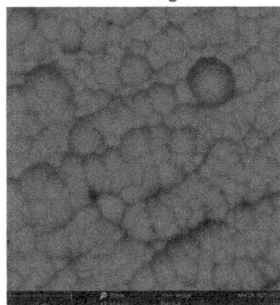

（d）1.0g/L

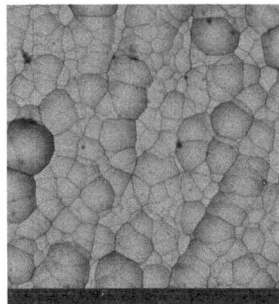

（e）1.2g/L

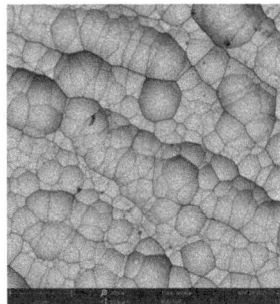

（f）1.6g/L

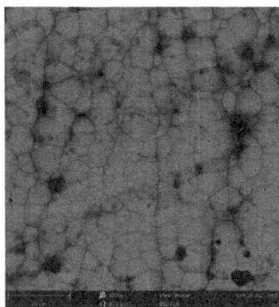

（g）1.8g/L

图6-14　不同钼酸钠浓度下镍钼磷镀层的扫描电镜图

　　图 6-15 为不同钼酸钠浓度下镍钼磷镀层在质量分数 3.5%氯化钠溶液中的极化曲线。表 6-6 为不同钼酸钠浓度下镍钼磷镀层腐蚀参数。由图 6-15、表 6-6 可知，钼酸钠浓度为 1.8g/L 时，镀层的腐蚀电势较正，腐蚀电流较小。

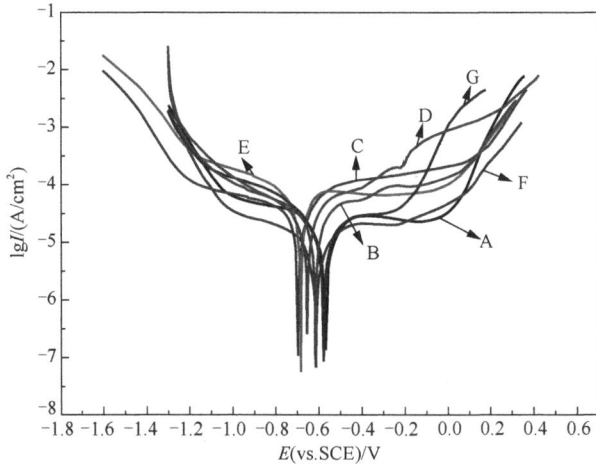

图 6-15　不同钼酸钠浓度下镍钼磷镀层在质量分数 3.5%氯化钠溶液中的极化曲线
A-0 g/L，B-0.6 g/L，C-0.8 g/L，D-1.0 g/L，E-1.2 g/L，F-1.6 g/L，G-1.8 g/L

表 6-6　不同钼酸钠浓度下镍钼磷镀层腐蚀参数

钼酸钠浓度/(g/L)	腐蚀电势/V	腐蚀电流/($\times10^{-5}$A/cm²)
0	−0.570	1.439
0.6	−0.617	3.344
0.8	−0.697	3.472
1.0	−0.656	2.962
1.2	−0.684	7.494
1.6	−0.615	9.987
1.8	−0.579	1.497

　　图 6-16 为不同乳酸浓度下镍钼磷镀层在质量分数 3.5%氯化钠溶液中的极化曲线。表 6-7 为不同乳酸浓度下镍钼磷镀层腐蚀参数。由图 6-16、表 6-7 可知，乳酸浓度为 10 mL/L 时，腐蚀电势最负，腐蚀电流相比是最大的，说明该工艺条件所获得的镀层的耐蚀性能较差；当乳酸浓度为 20 mL/L 时，腐蚀电势最正，腐蚀电流是最小的，耐蚀性最好。

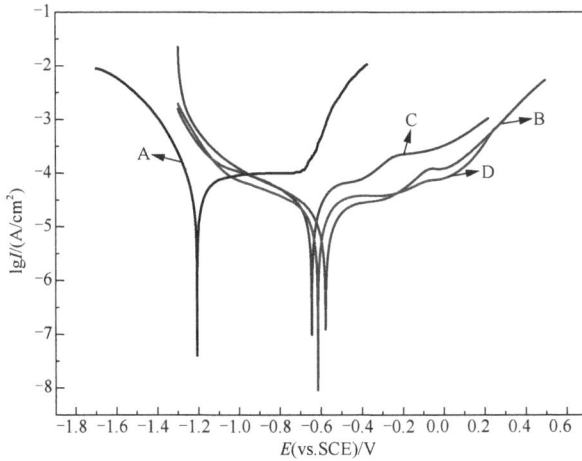

图 6-16　不同乳酸浓度下镍钼磷镀层在质量分数 3.5%氯化钠溶液中的极化曲线
A-10mL/L，B-20mL/L，C-30mL/L，D-40mL/L

表 6-7　不同乳酸浓度下镍钼磷镀层腐蚀参数

乳酸浓度/(mL/L)	腐蚀电势/V	腐蚀电流/($\times 10^{-5}$A/cm^2)
10	-1.208	5.245
20	-0.578	1.419
30	-0.645	2.868
40	-0.615	1.762

　　图 6-17 为不同 pH 下镍钼磷镀层在质量分数 3.5%氯化钠溶液中的极化曲线。表 6-8 为不同 pH 下镍钼磷镀层的腐蚀参数。pH 为 4.0 时，镀层沉积速率较慢，该条件下所得镀层的腐蚀电流较大，说明镀层的耐蚀性较差，而 pH 为 4.5 时，沉积速率相对较快，腐蚀电流是最小的，说明该镀层的耐蚀性能较好。

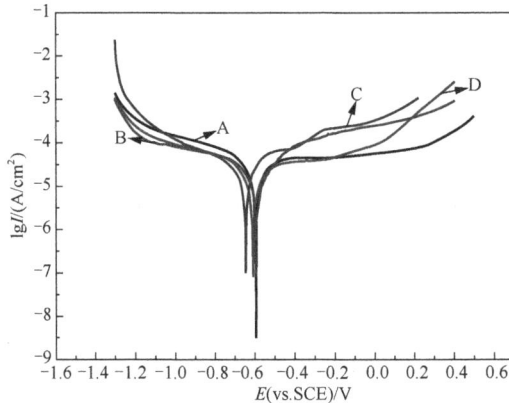

图 6-17　不同 pH 下镍钼磷镀层在质量分数 3.5%氯化钠溶液中极化曲线
A-pH 为 4.0，B-pH 为 4.5，C-pH 为 5.0，D-pH 为 5.5

表 6-8　不同 pH 下镍钼磷镀层的腐蚀参数

pH	腐蚀电势/V	腐蚀电流/($\times 10^{-5}$A/cm^2)
4.0	−0.594	3.028
4.5	−0.593	1.717
5.0	−0.645	2.868
5.5	−0.608	1.771

6.2.3　焦磷酸钠为主配位剂时沉积速率的影响因素与镀层表征

1. 钼酸钠浓度对镍钼磷镀层沉积速率的影响

图 6-18 为钼酸钠浓度对镀层沉积速率的影响。由图 6-18 可知，钼酸钠的浓度变化范围为 0~1.2g/L 时，随着钼酸钠浓度的增大，镀层的沉积速率下降。钼酸钠的加入，对于合金的沉积有钝化的作用，因此，加入钼酸钠，沉积速率下降。当钼酸钠浓度为 0g/L 时，沉积速率虽然相对较快，但所得二元合金镀层起皮较为严重；而钼酸钠浓度为 0.6g/L 时，镀层略有起皮；钼酸钠浓度为 0.8g/L 时，镀层表面状态良好。

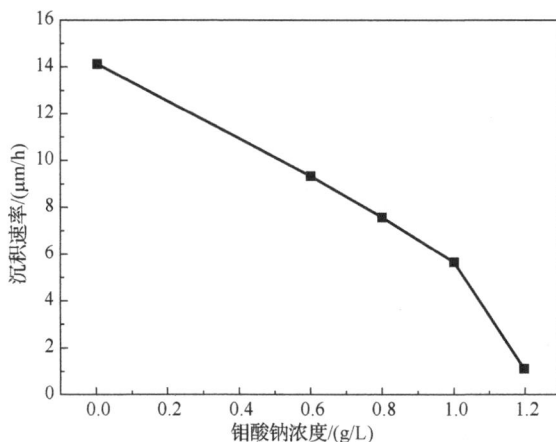

图 6-18　钼酸钠浓度对镀层沉积速率的影响

2. 焦磷酸钠浓度对镍钼磷镀层沉积速率的影响

图 6-19 为焦磷酸钠浓度对镀层沉积速率的影响。由图 6-19 可知，焦磷酸钠的浓度在 15~40g/L 范围内时，随着焦磷酸钠浓度的增大，镀层沉积速率先增大后减小，出现一个峰值，即在焦磷酸钠浓度为 20g/L 时，沉积速率最大，镀液未见分解，镀层状态良好。在焦磷酸钠浓度较低的情况下，随着焦磷酸钠浓度的增大，沉积速率增大得不明显。焦磷酸钠浓度较大时，对于镀层沉积速率的影响较为明显。

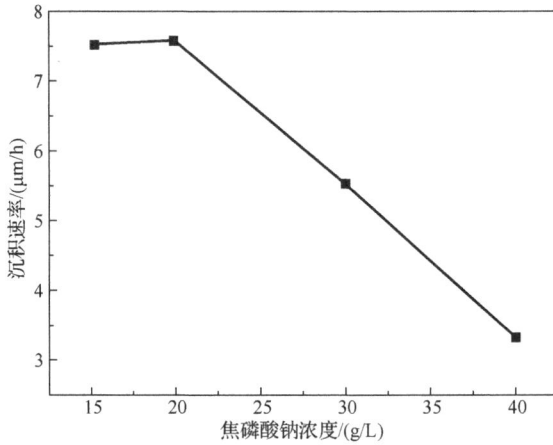

图 6-19　焦磷酸钠浓度对镀层沉积速率的影响

3. pH 对镍钼磷镀层沉积速率的影响

图 6-20 为 pH 对镀层沉积速率的影响。由图 6-20 可知，一开始镀层的沉积速率随着 pH 的增大而增大，在 pH 为 10.0 时出现峰值，pH 继续增大，镀液分解，导致镀层的沉积速率下降。

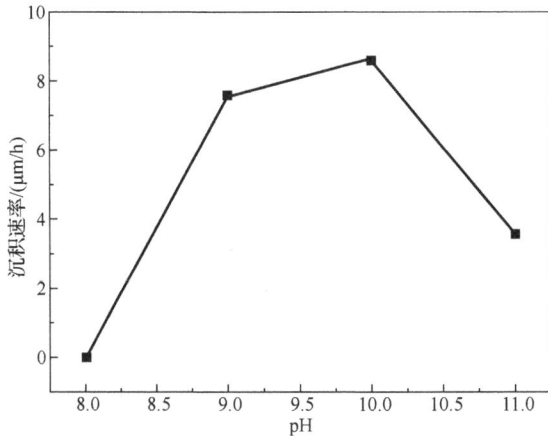

图 6-20　pH 对镀层沉积速率的影响

4. 镀层的耐蚀性能

图 6-21 为焦磷酸钠体系不同钼酸钠浓度下镍钼磷镀层在 3.5%氯化钠溶液中的极化曲线，表 6-9 为不同钼酸钠浓度下镍钼磷镀层的腐蚀参数。由图 6-21、表 6-9可知，钼酸钠浓度为 1.2g/L 时，腐蚀电势最负，该镀层的耐蚀性能较差。钼酸钠

浓度为 0.8g/L 时，镀层的腐蚀电流是最小的，说明镀层在质量分数 3.5%氯化钠溶液中的耐蚀性能较好，另外，该工艺条件下的沉积速率较快，镀层表面状态良好。

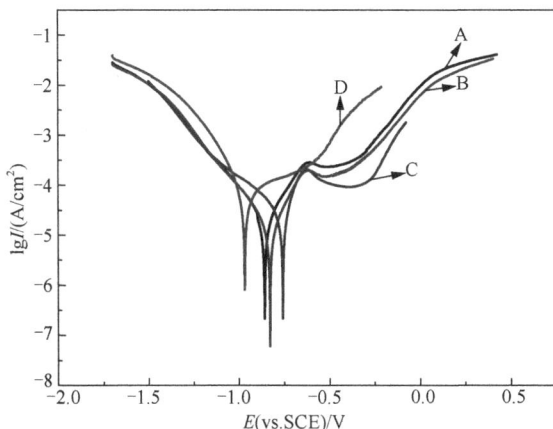

图 6-21　不同钼酸钠浓度下镍钼磷镀层在质量分数 3.5%氯化钠溶液中的极化曲线
A-0.6g/L，B-0.8g/L，C-1.0g/L，D-1.2g/L

表 6-9　不同钼酸钠浓度下镍钼磷镀层的腐蚀参数

钼酸钠浓度/(g/L)	腐蚀电势/V	腐蚀电流/(×10^{-5}A/cm²)
0.6	−0.859	2.272
0.8	−0.830	1.463
1.0	−0.759	3.231
1.2	−0.970	6.947

6.2.4　配位剂对镍钼磷镀层沉积速率的影响

1. 配位剂结构对镍钼磷镀层沉积速率的影响

表 6-10 为配位剂种类对铝基化学镀镍钼磷镀层的影响。由表 6-10 可知，使用 D-葡萄糖酸钠作为配位剂的镀液不稳定。

在配制溶液调 pH 时，含乳酸、DL-苹果酸、L(+)-酒石酸的溶液初始时都显酸性，需加入氢氧化钠调整 pH。刚加入氢氧化钠时，含乳酸的溶液会产生白色絮状沉淀，但经过搅动后溶解，含 DL-苹果酸的溶液也出现同样的现象。含 L(+)-酒石酸的溶液无上述现象产生。乳酸的稳定常数 $\lg K_1$ 为 2.5，DL-苹果酸的稳定常数 $\lg K_1$ 为 3.4，L(+)-酒石酸的稳定常数 $\lg K_1$ 为 4.6。经比较发现乳酸和 DL-苹果酸的稳定常数 $\lg K_1$ 均小于 L(+)-酒石酸，表明乳酸和 DL-苹果酸的配位效果比 L(+)-酒石酸弱。

表6-10　配位剂种类对铝基化学镀镍钼磷镀层的影响

配位剂种类	沉积速率/(μm/h)	镀液的稳定性
乳酸	24.14	稳定
L(+)-酒石酸	14.00	稳定
柠檬酸钠	无	稳定
DL-苹果酸	14.35	稳定
乙醇酸钠	25.14	稳定
D-葡萄糖酸钠	16.79	分解

图6-22为各种配位剂的结构式。在酸性体系中，化学镀镍钼磷是在化学镀镍磷的镀液中加入钼酸钠，使 MoO_4^{2-} 在 Ni^{2+} 的诱导下还原，得到 Mo 原子，Mo 原子再与 Ni、P 共沉积得到镍钼磷镀层。由于钼酸钠对于化学镀镍磷合金有毒化作用，因而在钼酸钠浓度为 0.8g/L 时，柠檬酸钠体系不发生反应。而能发生化学镀镍钼磷的配位剂有乳酸、乙醇酸钠、DL-苹果酸、L(+)-酒石酸、D-葡萄糖酸钠，通过它们的结构简式可以看出，这些配位剂在其 α 位上均有羟基存在，而柠檬酸钠的羟基则在 β 位上。判断在酸性体系中，能使化学镀镍钼磷反应发生的配位剂存在一定的特殊结构，这些配位剂一般为 α-羟基酸或其相对应的盐。

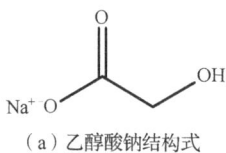

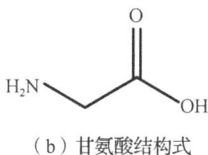

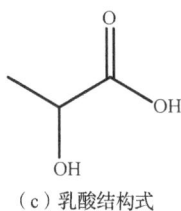

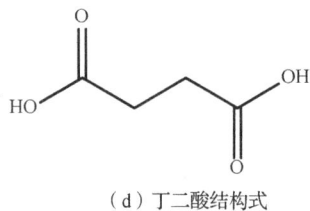

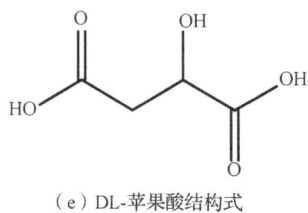

（a）乙醇酸钠结构式　　　　　　　　（b）甘氨酸结构式

（c）乳酸结构式　　　　　　　　（d）丁二酸结构式

（e）DL-苹果酸结构式　　　　　　　（f）L(+)-酒石酸结构式

（g）D-葡萄糖酸钠结构式　　　　　　　　　　（h）柠檬酸钠结构式

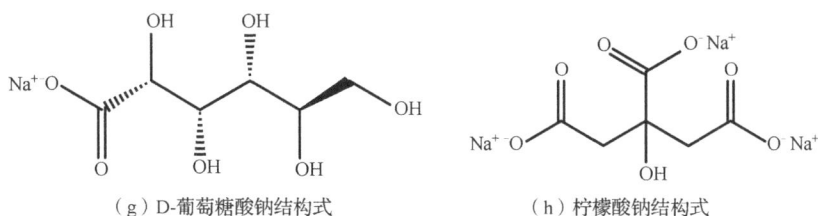

图 6-22　配位剂的结构式

2. 配位剂浓度对化学镀镍钼磷镀层沉积速率的影响

表 6-11 为乳酸与其他配位剂复配后镀液的沉积速率，其中乳酸浓度为 0.15mol/L。只有 0.15mol/L 乳酸的镀液在相同条件下不发生沉积反应。由表 6-11 可知，在含有乳酸的溶液中加入 DL-苹果酸、乙醇酸钠、L(+)-酒石酸、D-葡萄糖酸钠后发生沉积反应，和单一乳酸增加浓度的效果相同。但需要超过到一定浓度之后，反应才能发生。以 DL-苹果酸为例，向 0.15mol/L 乳酸的体系中加入 0.05mol/L 的 DL-苹果酸，此条件时没有发生沉积反应，当 DL-苹果酸增加到 0.10mol/L 时反应发生[65]。

表 6-11　乳酸与其他配位剂复配后镀液的沉积速率

配位剂种类及浓度	沉积速率/(μm/h)
DL-苹果酸 0.10mol/L	20.89
乙醇酸钠 0.275mol/L	20.18
L(+)-酒石酸 0.2mol/L	19.34
D-葡萄糖酸钠 0.2mol/L	21.60

1）乳酸浓度对化学镀镍钼磷镀层沉积速率的影响

乳酸浓度对沉积速率的影响如图 6-23 所示。由图 6-23 可知，乳酸浓度在 0.20～0.34mol/L 的范围内，随着乳酸浓度的增加，沉积速率逐渐减小。乳酸浓度在 0.20～0.34 mol/L 的范围内，沉积速率较快。当乳酸浓度为 0.15mol/L 时，没有镀层沉积。说明乳酸体系下，要使化学镀镍钼磷反应发生，乳酸浓度一般要大于 0.2mol/L。

2）乙醇酸钠浓度对化学镀镍钼磷镀层沉积速率的影响

图 6-24 为乙醇酸钠浓度对镀层沉积速率的影响。由图 6-24 可知，乙醇酸钠浓度在 0.275～0.40mol/L 的范围内，随着乙醇酸钠浓度的增大，沉积速率明显增大。但乙醇酸钠浓度在 0.275mol/L 以下时，没有反应发生。说明乙醇酸钠体系下，要使化学镀镍钼磷反应发生，乙醇酸钠浓度要大于 0.275mol/L。

3）DL-苹果酸浓度对化学镀镍钼磷镀层沉积速率的影响

图 6-25 为 DL-苹果酸浓度对镀层沉积速率的影响。由图 6-25 可知，DL-苹果酸浓度在 0.30～0.45mol/L 的范围内，随着 DL-苹果酸浓度的增大，沉积速率逐渐降低。DL-苹果酸浓度小于 0.25mol/L 时，没有沉积反应发生。DL-苹果酸浓度大于 0.25mol/L 时，化学镀镍钼磷反应发生。

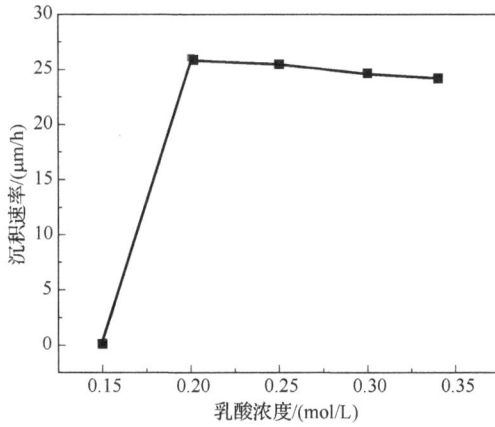

图 6-23 乳酸浓度对镀层沉积速率的影响

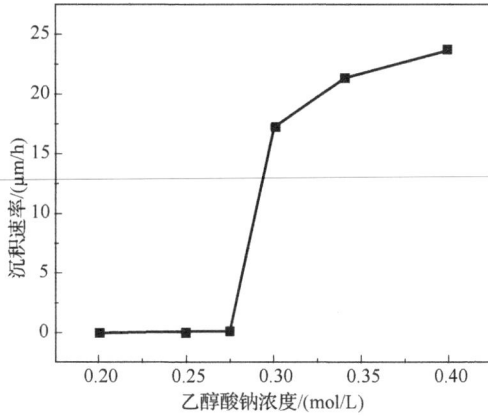

图 6-24 乙醇酸钠浓度对镀层沉积速率的影响

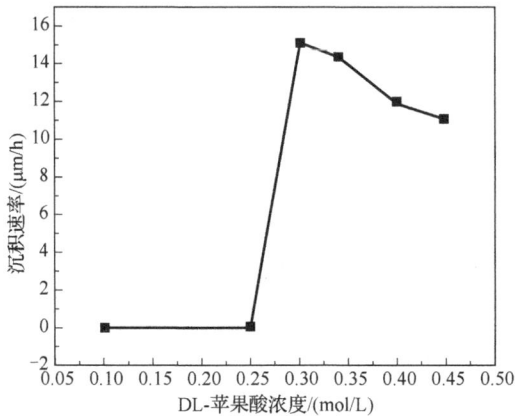

图 6-25 DL-苹果酸浓度对镀层沉积速率的影响

4）酒石酸浓度对化学镀镍钼磷镀层沉积速率的影响

图 6-26 为 L(+)-酒石酸浓度对镀层沉积速率的影响，由图 6-26 可知，当 L(+)-酒石酸浓度低于 0.50mol/L 时，沉积速率先下降后升高。当浓度大于 0.50mol/L 时，镀层沉积速率下降。沉积速率下降的原因与 L(+)-酒石酸浓度增大后，镀液不稳定发生分解有关，即实际沉积到样品表面的镀层质量减少。镀液不稳定的原因和镀液中只含有 L(+)-酒石酸一种配位剂有关，为了保证镀液稳定，L(+)-酒石酸不宜单独使用，可以作为辅助配位剂和其他配位剂进行复配来保证镀液的稳定。

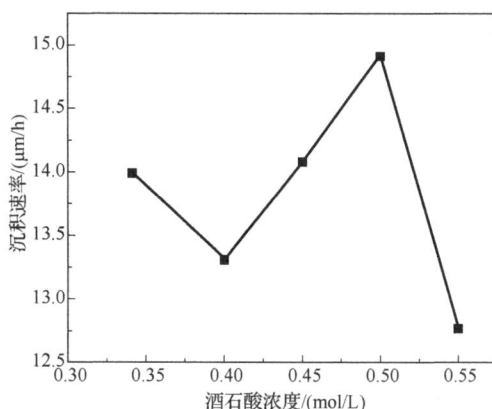

图 6-26　L(+)-酒石酸浓度对镀层沉积速率的影响

5）乳酸体系下柠檬酸钠浓度对化学镀镍钼磷镀层沉积速率的影响

图 6-27 为乳酸体系下柠檬酸钠浓度对镀层沉积速率的影响。由图 6-27 可知，柠檬酸钠浓度大于 0.025mol/L 时，随着柠檬酸钠浓度的增大，沉积速率明显下降。

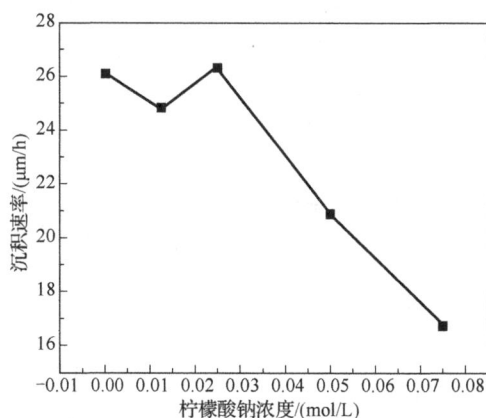

图 6-27　柠檬酸钠浓度对镀层沉积速率的影响

在配制溶液时，柠檬酸钠浓度在 0.025mol/L 以下时，调节 pH 会产生白色絮状沉淀，搅动后溶解。而 0.025mol/L 以上时，镀液澄清，说明配位能力良好。

6）配位剂复配浓度对化学镀镍钼磷镀层沉积速率的影响

表 6-12 为乳酸、L(+)-酒石酸复配时乳酸和 L(+)-酒石酸浓度对沉积速率的影响。由表 6-12 可知，控制配位剂总浓度为 0.35mol/L，随着乳酸浓度的增大，沉积速率逐渐增大。随着 L(+)-酒石酸浓度的增大，沉积速率逐渐减小。为使镀液稳定、沉积速率较高，在进行复配时，可以选择乳酸浓度较高、L(+)-酒石酸浓度较低的情况。如果镀液中只有 L(+)-酒石酸，镀液不稳定。如果镀液中只有乳酸，其配位能力弱，在配制溶液时容易产生白色絮状沉淀。乳酸、L(+)-酒石酸复合体系在配制溶液时无白色絮状沉淀产生，而且在进行化学镀时，镀液稳定，无分解现象产生。

为了提高或保持一定的沉积速率，同时保证镀液的稳定性，可以加入第二种配位剂，此时在镀液中会形成混合配体配合物，混合配体配合物比单独乳酸的配合物更加稳定，稳定常数更大，因而镀液会更稳定。

表 6-12　乳酸、L(+)-酒石酸复配时乳酸和 L(+)-酒石酸浓度对沉积速率的影响

乳酸浓度/(mol/L)	L(+)-酒石酸浓度/(mol/L)	沉积速率/(μm/h)
0.30	0.05	22.16
0.25	0.10	20.93
0.20	0.15	20.45
0.15	0.20	19.34
0.10	0.25	17.55

7）乳酸体系中钼酸钠浓度对化学镀镍钼磷镀层沉积速率的影响

图 6-28 为钼酸钠浓度对镀层沉积速率的影响。由图 6-28 可知，在乳酸体系中，钼酸钠浓度在 0～2.8g/L 范围内，随着钼酸钠浓度的增大，沉积速率变化不大。当钼酸钠浓度超过 2.8g/L 时，镀层的沉积速率下降很多。这是因为钼酸钠浓度过高时，会使铝表面钝化，从而降低反应速度。

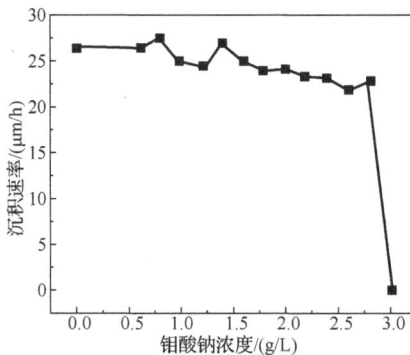

图 6-28　乳酸体系中钼酸钠浓度对镀层沉积速率的影响

8）乳酸和 DL-苹果酸复配体系中钼酸钠浓度对化学镀镍钼磷镀层沉积速率的影响

图 6-29 为钼酸钠浓度对镀层沉积速率的影响。由图 6-29 可知，随着钼酸钠浓度的增大，沉积速率开始降低，钼酸钠浓度在 1.2g/L 之后，随着钼酸钠浓度增大沉积速率出现小幅度波动。

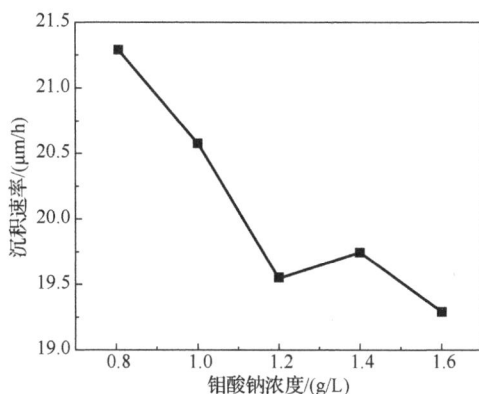

图 6-29　乳酸和 DL-苹果酸复配体系中钼酸钠浓度对镀层沉积速率的影响

6.2.5　铝基化学镀镍磷/镍钼磷组合镀层

本书作者科研小组和武汉大学潘春旭小组合作，采用化学镀的方法在铝基体上制备了一种新型的镍磷/镍钼磷组合镀层[66-68]，即以镍磷镀层为过渡层，以镍钼磷镀层为表面镀层。发现该复合镀层具有高硬度、大弹性模量、低孔隙率和优异的耐蚀性。此外，实验结果表明，总镀层厚度为 20μm、镍钼磷镀层厚度为 7μm 的组合镀层在 0.5mol/L 硫酸溶液中表现出最佳的耐蚀性，这归因于其致密的结构和低孔隙率。这种镍磷/镍钼磷组合镀层有望解决镍钼磷镀层沉积速率低的问题，从而扩大铝及其合金在机械制造和防腐蚀领域的应用。

1. 工艺条件与测试方法

使用尺寸为 25mm×10mm×0.1mm 的纯铝片作为基体。表 6-13 为商用纯铝基体的化学成分及质量分数。表 6-14 为化学镀工艺步骤及参数。

表 6-13　商用纯铝基体的化学成分及质量分数[67]

化学成分	质量分数/%
Si	0.15
Fe	0.015
Cu	0.015
N	0.005
Al	余量

表 6-14　化学镀工艺步骤及参数[67]

工艺	溶液成分	pH	温度/℃	时间/min
有机溶剂除油	无水乙醇		25	1
碱性除油	20%（质量分数）氢氧化钠溶液		40	0.3
中和	20%（体积分数）硝酸		25	3
预化学镀镍	13g/L 硫酸镍 30g/L 次磷酸钠 40g/L 柠檬酸钠 30g/L 氯化铵	9~10	50	5
化学镀镍磷	27g/L 硫酸镍 30g/L 次磷酸钠 20g/L 乙酸钠 1.2g/L 柠檬酸钠 31mL/L 乳酸 3.7mL/L 丙酸 5mg/L 硫酸铜 5mg/L 硫代硫酸钠	5	91±1	60
化学镀镍钼磷	31g/L 硫酸镍 31g/L 次磷酸钠 20g/L 焦磷酸钠 40g/L 硫酸铵 0.8g/L 钼酸钠 10mL/L 三乙醇胺 1mg/L 硫脲 0.05g/L 十二烷基硫酸钠 1g/L 糖精	9	70±1	60

样品的形貌、结构、组成等分别采用扫描电镜及配备的能量色散谱仪、XRD、X 射线光电子能量色散谱仪进行表征。样品的硬度和弹性模量使用纳米压头进行测量。

镀层的孔隙率根据中国轻工业标准《金属覆盖层 化学镀镍-磷合金镀层规范和试验方法》（GB/T 13913—2008/ISO 4527：2003）测量，即贴滤纸法。溶液由 3.5g/L 铝试剂和 150g/L 氯化钠组成。每个样品的浸泡时间为 10min。测量按照以下过程进行：①将带有正方形网格（每个正方形网格的面积是 1cm²）的玻璃板放在带有斑点的滤纸上；②统计正方形网格内斑点的数量，并根据斑点的大小确定对应的孔数，具体规则参考下面的说明；③计算孔隙率数据（孔数/cm²）。

斑点对应孔数的规则：①当斑点直径小于 1mm 时，一个点视为一个孔；②当斑点直径在 1~3mm 范围内时，一个斑点被视为三个孔；③当斑点直径在 3~5mm 范围内时，一个斑点被视为十个孔。

在室温下，使用电化学工作站（CHI604D）在 0.5mol/L H_2SO_4 溶液中进行镀层的耐蚀性能测试。使用传统的三电极装置，样品作为工作电极，饱和甘汞电极作为参比电极，铂片作为辅助电极。每个样品测试前浸泡半小时。极化曲线是在 0.5mV/s 的恒定扫描速率下获得的，极化曲线扫描电势范围为腐蚀电势±150mV。

2. 结果和讨论

为了在铝基体上获得理想的化学镀镍磷或镍钼磷镀层，本书作者科研小组在工作中引入了一种新的环境友好的化学镀镍预化学镀溶液配方[68]。

图 6-30 显示了镍磷镀层和镍磷/镍钼磷组合镀层的扫描电镜图。可以看到镍磷镀层上有许多孔，组合镀层上没有孔。镍磷镀层的颗粒尺寸小于组合镀层。

（a）镍磷镀层　　　　　　　　　　　　　　（b）组合镀层

图 6-30　镍磷镀层、镍磷/镍钼磷组合镀层的扫描电镜图[67]

图 6-31 为镍磷镀层、镍磷/镍钼磷组合镀层的能谱分析。镍磷镀层磷的质量分数为 3.63%，属于低磷镀层。组合镀层表面钼和磷的质量分数分别为 1.03% 和 2.05%。图 6-32 为镍磷/镍钼磷组合镀层的能量色散谱元素图谱。如图 6-32 所示，组合镀层的元素面扫描分析证实表面含有镍、钼、磷三种组分。

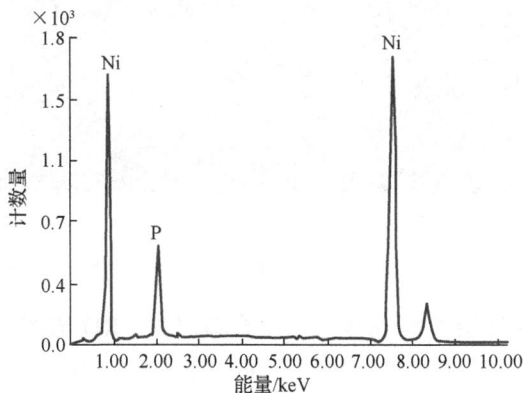

（a）镍磷镀层

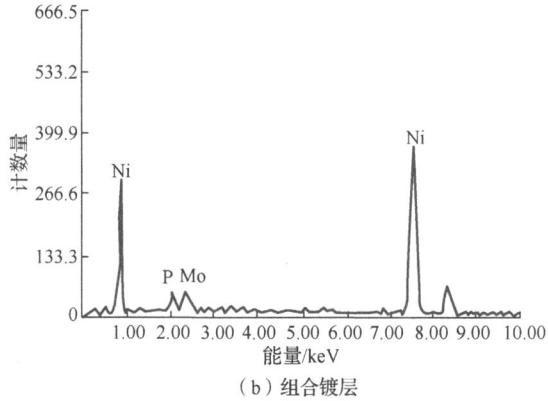

（b）组合镀层

图 6-31　镍磷镀层、镍磷/镍钼磷组合镀层的能谱分析[67]

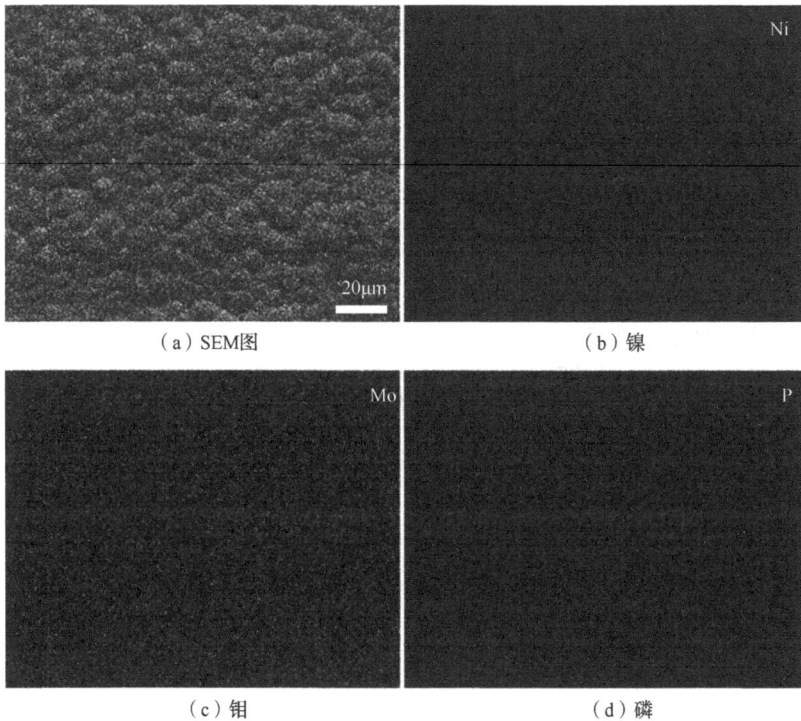

（a）SEM图　　　　　　　　　　　　（b）镍

（c）钼　　　　　　　　　　　　（d）磷

图 6-32　镍磷/镍钼磷组合镀层的能量色散谱元素图谱[67]

　　图 6-33 为镍磷镀层和镍磷/镍钼磷组合镀层的 XRD 谱图。由图 6-33 可知，镍磷镀层具有非晶结构，组合镀层具有更高的结晶度。一般来说，镀层中磷的含量决定了化学镀镍磷镀层的晶态结构。也就是说，镀层中高磷含量导致非晶结构，而低磷含量为晶态结构。因此，如果在组合层中加入第三种元素（如钼），它将影

响磷的含量并引起镀层微观结构的变化。许多研究表明钼含量与镀层中磷含量负相关。在目前的工作中，镍钼磷镀层含低磷（质量分数约 1.03%），由结晶和微晶镍组成，这表明磷原子的数量不足以使镍晶格畸变到形成非晶镍。衍射峰对应镍的面心立方相的(111)面。

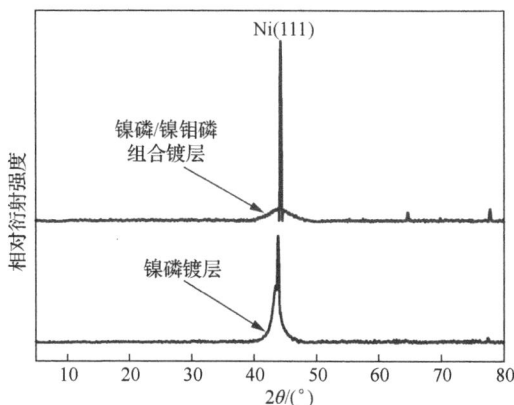

图 6-33　镍磷镀层和镍磷/镍钼磷组合镀层的 XRD 谱图[67]

图 6-34 为镍磷镀层和镍磷/镍钼磷组合镀层的 XPS 光谱。结果显示，镍磷/镍钼磷组合镀层的表面含有镍、钼、磷、氧、碳元素。检测到氧、碳元素可能与镀层在环境中发生大气腐蚀有关。图 6-34（b）中的 Ni 2p 光谱表明镍以镍元素和氢氧化镍的形式存在，分别对应于结合能为 852.6eV 和 855.8eV 的峰。图 6-34（c）中的 227.7eV 和 230.8eV 的峰值均对应于钼元素。如图 6-34（d）所示，磷元素的峰出现在 129.3eV，133.5eV 的峰值是由于 PO_x 的存在。

图 6-35 为不同厚度镍钼磷镀层表面形貌和截面形貌。结果表明，随着镍钼磷镀层厚度的增加，镀层的表面形貌发生了显著的变化。当镍钼磷镀层厚度小于 7μm 时，表面多孔。当镀层厚度达到 7μm 时，表面比较致密。镀层厚度为 10～13μm 时，表面不均匀，形成大的胞状结构。当镀层厚度达到 17μm 时，在镀层中观察到裂缝。从截面形貌来看，由图 6-35（f）可知，在铝基体和镍磷镀层之间以及镍磷镀层和镍钼磷镀层之间的界面处显示出良好的结合强度。众所周知，在化学镀过程中，多孔镀层的形成与氢气的析出有关。此外，当镀层太薄时，没有足够的镀层覆盖在表面上，使表面形成间隙。一旦腐蚀介质通过孔隙和间隙渗入镀层，就会产生腐蚀原电池，加速腐蚀过程。镀层中孔隙的大小和数量严重影响镀层的耐蚀性。

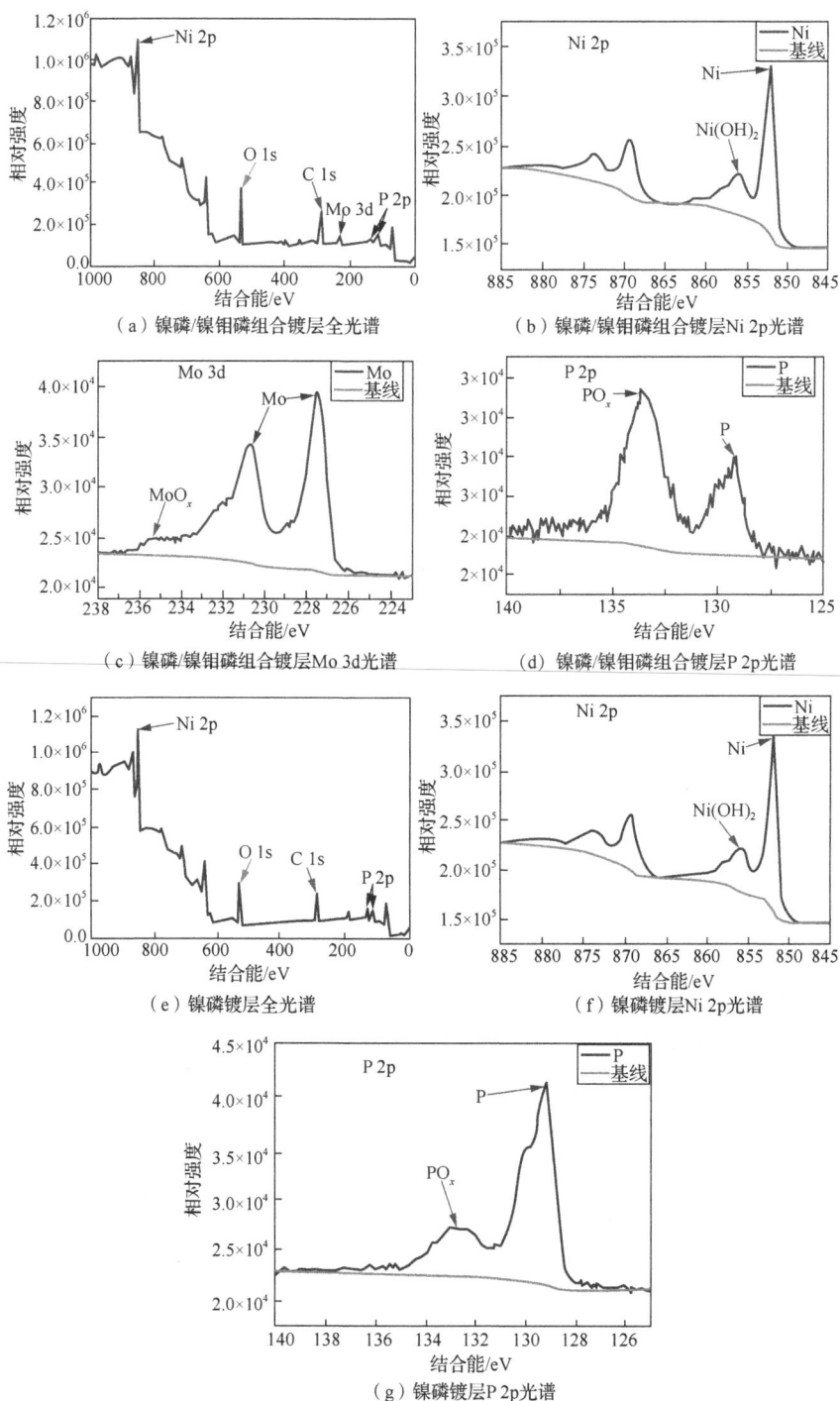

（a）镍磷/镍钼磷组合镀层全光谱

（b）镍磷/镍钼磷组合镀层Ni 2p光谱

（c）镍磷/镍钼磷组合镀层Mo 3d光谱

（d）镍磷/镍钼磷组合镀层P 2p光谱

（e）镍磷镀层全光谱

（f）镍磷镀层Ni 2p光谱

（g）镍磷镀层P 2p光谱

图 6-34　镍磷/镍钼磷组合镀层和镍磷镀层的 XPS 光谱[67]

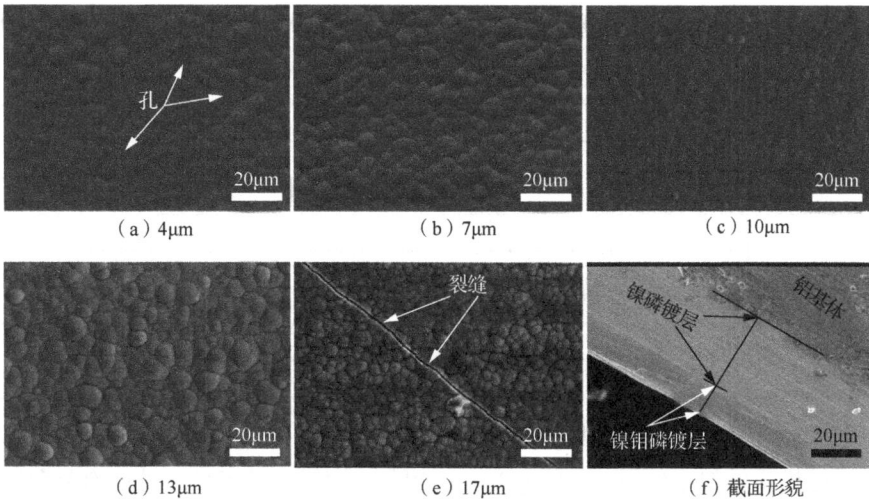

（a）4μm　　　　　　（b）7μm　　　　　　（c）10μm

（d）13μm　　　　　　（e）17μm　　　　　　（f）截面形貌

图 6-35　不同厚度镍钼磷镀层表面形貌和截面形貌[67]

图 6-36（a）为镍磷镀层和镍磷/镍钼磷组合镀层在不同镍钼磷镀层厚度下的孔隙率变化。由图 6-36（a）可知，当镍钼磷镀层厚度小于 7μm 时，在组合镀层中观察到许多孔。然而，对于 7～10μm 范围内的厚度，没有观察到孔隙，这归因于组合镀层的致密结构。对于镍磷镀层，厚度达到 20μm 时，在表面上观察到很少的孔。

图 6-36（b）为铝基体、镍磷镀层和不同镍钼磷厚度的组合镀层在 0.5mol/L H$_2$SO$_4$ 溶液中的动电势极化曲线，表 6-15 为铝基体、镍磷镀层和不同镍钼磷厚度的组合镀层在 0.5mol/L H$_2$SO$_4$ 溶液中的动电势极化曲线的腐蚀参数（E_{corr} 为腐蚀电势，I_{corr} 为腐蚀电流）。结果表明，当不同镍钼磷厚度的组合镀层中镍钼磷镀层厚度在 7μm 时，镀层表面只有很少的孔隙，腐蚀电势最正，对应的腐蚀电流最小，表明此条件的组合镀层耐蚀性最好。因此，采用组合镀层可以提高耐蚀性。

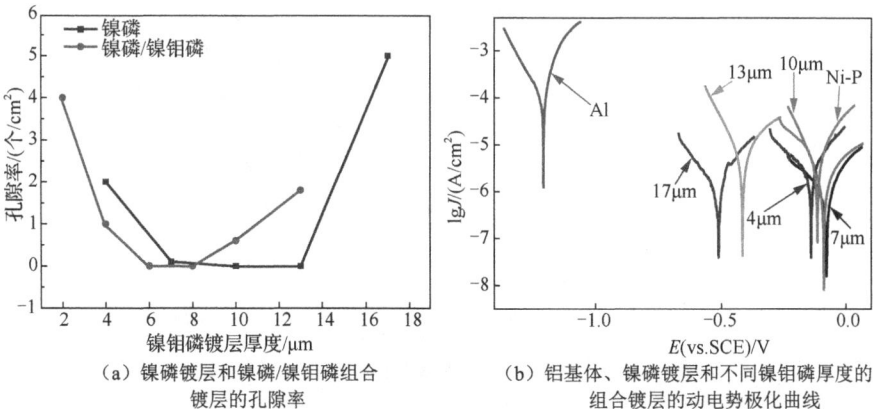

（a）镍钼磷镀层和镍磷/镍钼磷组合
镀层的孔隙率

（b）铝基体、镍磷镀层和不同镍钼磷厚度的
组合镀层的动电势极化曲线

图 6-36　镀层的耐蚀性评价[67]

表 6-15　铝基体、镍磷镀层和不同镍钼磷厚度的组合镀层在 0.5mol/L H₂SO₄
溶液中的动电势极化曲线的腐蚀参数[67]

		E_{corr}/ V	I_{corr}/(A/cm^2)
铝基体		−1.205	5.624×10^{-4}
镍磷镀层		−0.113	7.385×10^{-6}
镍钼磷镀层厚度/μm	4	−0.126	3.285×10^{-6}
	7	−0.086	1.526×10^{-6}
	10	−0.098	2.332×10^{-6}
	13	−0.430	2.929×10^{-6}
	17	−0.478	8.560×10^{-5}

图 6-37 为铝基体、镍磷镀层和镍磷/镍钼磷组合镀层载荷-位移曲线，以及硬度和弹性模量的拟合结果。由图 6-37（a）可知，镀层对纳米压痕性能有显著影响，即对于相同的 2000nm 穿透深度，铝基体的最大载荷为 39mN，而镍磷和镍磷/镍钼磷镀层的最大载荷分别增加到 400mN 和 491mN。由图 6-37（b）可知，镍磷镀层和镍磷/镍钼磷组合镀层的硬度分别是铝基体的 5.6 倍和 8.5 倍，弹性模量也分别增加了 94% 和 167%。显然，由于钼元素与镍磷的共沉积和致密的微观结构，镍磷/镍钼磷组合镀层显示出最高的硬度值和弹性模量[67]。

图 6-38 为镍磷镀层与镍磷/镍钼磷组合镀层之间界面跳跃点的荷载-位移曲线。由图 6-38 可知，镍磷/镍钼磷镀层在 900 nm 穿透深度处有一个跳跃点，即曲线斜率在该点处突然减小，这表明该点是镍磷镀层和镍钼磷镀层之间的界面。显然，曲线的前一部分属于硬度值较高和弹性模量较大的外层镍钼磷镀层，后者是中间的镍磷镀层[67]。

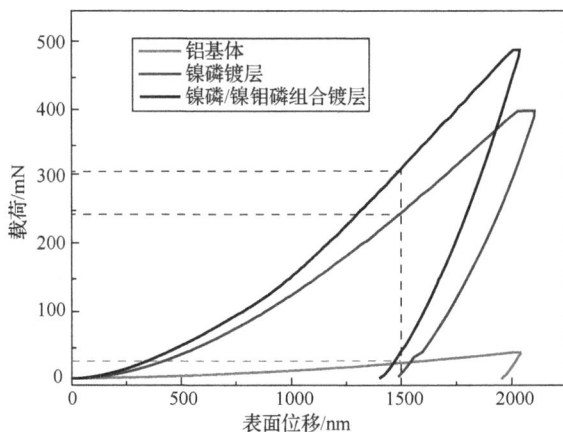

（a）载荷-位移曲线

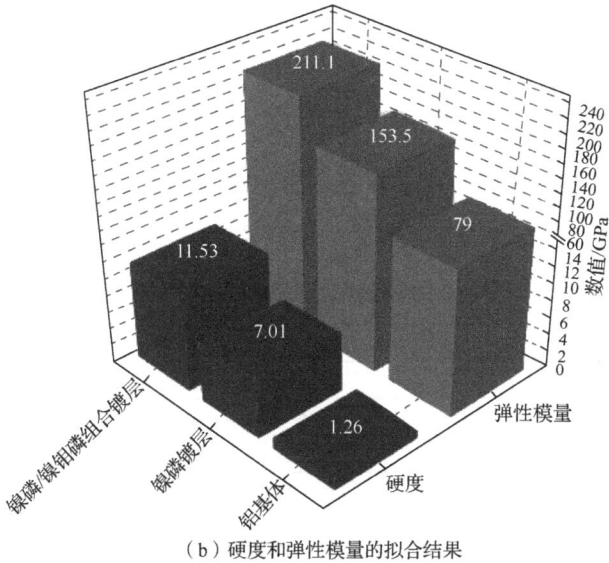

（b）硬度和弹性模量的拟合结果

图 6-37 铝基体、镍磷镀层和镍磷/镍钼磷组合镀层载荷-位移曲线，
以及硬度和弹性模量的拟合结果[67]

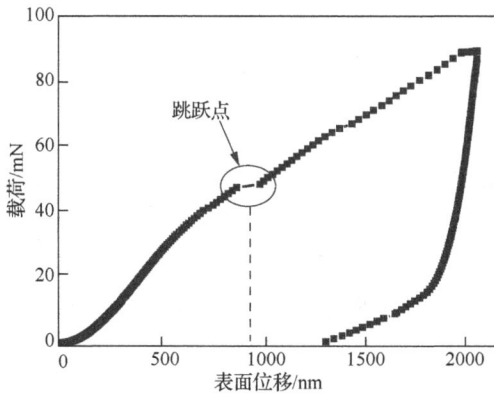

图 6-38 镍磷镀层与镍磷/镍钼磷组合镀层之间界面跳跃点的荷载-位移曲线[67]

采用化学镀法在铝基体上制备镍磷/镍钼磷组合镀层，得出以下结论：①组合镀层表面致密，厚度均匀性好；②当镍磷镀层作为中间层时，获得了相对较薄无孔的镍钼磷镀层；③对于总厚度为 20μm 的镀层，当最外层镍钼磷镀层的厚度为 7μm 时，结构致密、孔隙率低，在 0.5mol/L 硫酸溶液中表现出最佳的耐蚀性；④由于钼元素与镍磷的共沉积，镍磷镀层和组合镀层的硬度分别是铝基体的 5.6 倍和 8.5 倍，弹性模量也分别提高了 94% 和 167%；⑤该组合镀层的制备工艺简单、成本低、环境友好、可控性和重复性好，适合工业化生产，拓展了铝及其合金在机械制造和腐蚀环境领域的应用[67]。

6.3 铝基化学镀镍钨磷合金

6.3.1 镀液组成和工艺条件

本书作者科研小组[69]研究的化学镀镍钨磷合金主要是在化学镀镍磷镀液中加入钨酸钠，具体镀液组成和工艺条件参见表6-16。

表 6-16 化学镀镍钨磷镀液组成和工艺条件

项目	配方 1	配方 2
硫酸镍/(g/L)	20	20
次磷酸钠/(g/L)	20	20
钨酸钠/(g/L)	0~25	0~25
柠檬酸钠/(g/L)	10~30	30
乙酸钠/(g/L)	15	15
硫脲/(mg/L)	1	1
pH	4~6	9
温度/℃	90	90

6.3.2 结果与讨论

1. 钨酸钠浓度对镀层沉积速率的影响

图 6-39 为钨酸钠浓度对镀层沉积速率的影响。由图 6-39 可知，当镀液中钨酸钠浓度在0~2.5g/L和15~25g/L时，镀层沉积速率随钨酸钠浓度的升高而减小，而在 2.5~15g/L 时，沉积速率则是呈递增趋势。当钨酸钠浓度大于 15g/L，镀液开始变得不稳定，容易发生分解而导致镀层沉积速率下降。

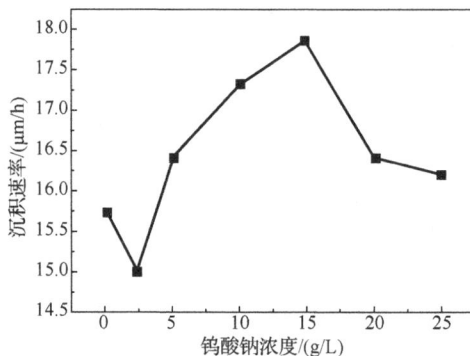

图 6-39 钨酸钠浓度对镀层沉积速率的影响

2. 柠檬酸钠浓度对镀层沉积速率的影响

图 6-40 为柠檬酸钠浓度对沉积速率的影响。从图 6-40 可知，镀液中柠檬酸钠浓度在 10～15g/L 时沉积速率随柠檬酸钠浓度的增大而增大，当柠檬酸钠浓度在 15～30g/L 时，沉积速率降低。

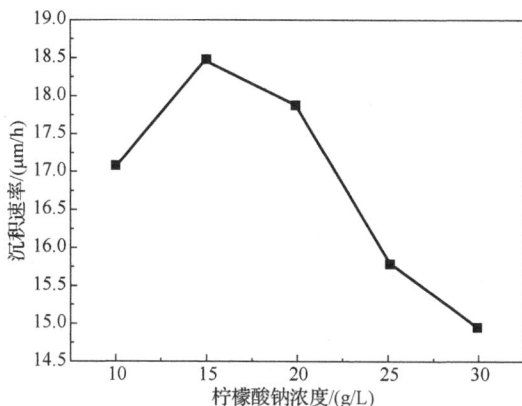

图 6-40　柠檬酸钠浓度对镀层沉积速率的影响

3. 镀液 pH 对镀层沉积速率的影响

图 6-41 为镀液 pH 对镀层沉积速率的影响。从图 6-41 中可以看出，pH 在 4.0 到 6.0 的范围内，镀层沉积速率随 pH 的增大而增大。

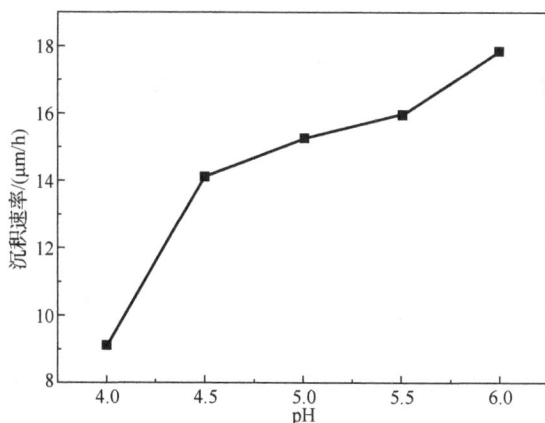

图 6-41　镀液 pH 对镀层沉积速率的影响

4. 镀层的表面形貌分析

图 6-42 为柠檬酸钠体系中钨酸钠浓度为 5g/L、10g/L、15g/L、20g/L、25g/L 时的镀层形貌。从图 6-42 中可以看出镀层的表面形貌呈胞状结构，大部分镀层表

面平整、均匀、致密，将基体表面完全覆盖。当钨酸钠浓度为 15g/L 时，所得镀层的表面最平整、致密。

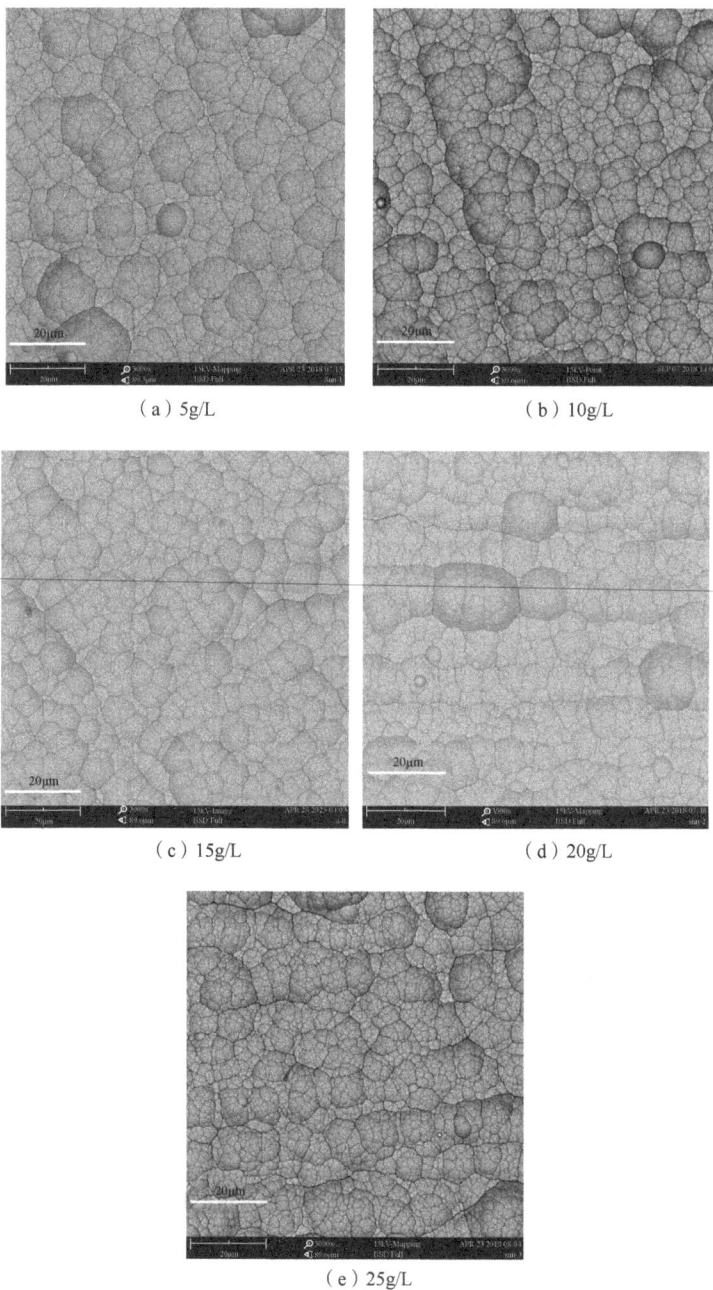

（a）5g/L

（b）10g/L

（c）15g/L

（d）20g/L

（e）25g/L

图 6-42　柠檬酸钠体系中钨酸钠浓度为 5g/L、10g/L、15g/L、20g/L、25g/L 时的镀层形貌

表 6-17 为钨酸钠浓度对镀层组成各元素质量分数的影响。随着钨酸钠浓度的增大，镀层中镍、磷、钨的质量分数出现上下波动，当钨酸钠浓度为 5g/L 时，镀层中钨和磷的质量分数都最高。

表 6-17　钨酸钠浓度对镀层组成各元素质量分数的影响

钨酸钠浓度/(g/L)	Ni 质量分数/%	P 质量分数/%	W 质量分数/%
5	74.03	16.17	9.80
15	85.14	10.65	4.21
20	80.54	11.57	7.90
25	86.41	8.24	5.35

5. 镀层的耐蚀性能

图 6-43 为柠檬酸钠体系中不同钨酸钠浓度下制备的镍钨磷镀层在质量分数 3.5%氯化钠溶液中的极化曲线。表 6-18 为不同钨酸钠浓度下制备的镍钨磷镀层在氯化钠溶液中的腐蚀参数。由图 6-43 和表 6-18 可知，在质量分数 3.5%的氯化钠溶液中，钨酸钠浓度对腐蚀电势的影响不大，当钨酸钠浓度为 15g/L 时镀层的耐蚀性最好，其极化电阻最大，为 $19027\Omega\cdot cm^2$，而在钨酸钠浓度为 5g/L 时耐蚀性最差，其腐蚀电流为 $3.361\times10^{-5}A/cm^2$。

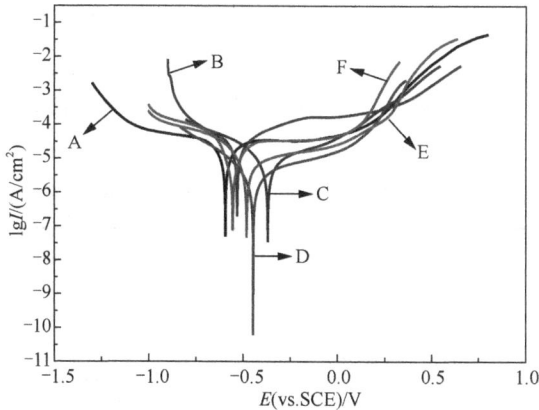

图 6-43　不同钨酸钠浓度下镍钨磷镀层在质量分数 3.5%氯化钠溶液中的极化曲线
A-0g/L，B-5g/L，C-10g/L，D-15g/L，E-20g/L，F-25g/L

图 6-44 为柠檬酸钠体系中不同钨酸钠浓度下制备的镍钨磷镀层在 0.5mol/L 硫酸溶液中的极化曲线，表 6-19 为镀层在硫酸溶液中的腐蚀参数。由图 6-44 和表 6-19 可知，钨酸钠浓度对镀层在硫酸溶液的耐蚀性影响较小，在硫酸溶液中的耐蚀性低于在氯化钠溶液中的耐蚀性。

表 6-18　不同钨酸钠浓度下制备的镍钨磷镀层在氯化钠溶液中的腐蚀参数

镀层序号	钨酸钠浓度/(g/L)	E_{corr}/V	I_{corr}/($\times 10^{-5}$A/cm^2)	R_p/($\Omega\cdot$cm^2)
A	0	−0.594	20.62	2911
B	5	−0.532	33.61	1680
C	10	−0.370	6.598	7020
D	15	−0.447	2.192	19027
E	20	−0.482	6.802	6879
F	25	−0.556	8.523	4584

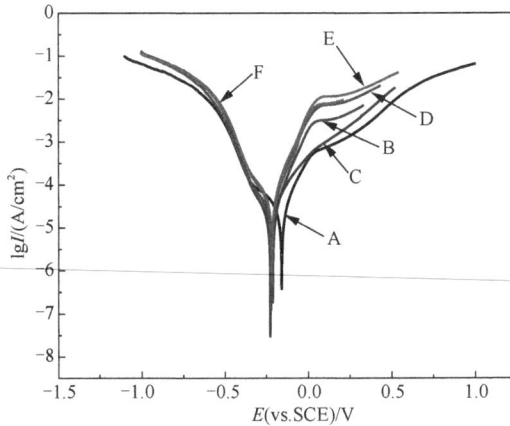

图 6-44　不同钨酸钠浓度下镍钨磷镀层在 0.5mol/L 硫酸溶液中的极化曲线
A-0g/L，B-5g/L，C-10g/L，D-15g/L，E-20g/L，F-25g/L

表 6-19　不同钨酸钠浓度下制备的镍钨磷镀层在硫酸溶液中的腐蚀参数

镀层序号	钨酸钠浓度/(g/L)	E_{corr}/V	I_{corr}/($\times 10^{-5}$A/cm^2)	R_p/($\Omega\cdot$cm^2)
A	0	−0.159	3.264	1141
B	5	−0.212	2.789	1053
C	10	−0.227	2.280	1732
D	15	−0.222	3.132	915
E	20	−0.217	5.554	549
F	25	−0.218	4.614	678

　　综上得出以下结论：①镀液组成和工艺条件对沉积速率有较大的影响，钨酸钠在一定浓度范围内可以提高沉积速率；②钨酸钠浓度为 15g/L 时，镀层致密，在 3.5%氯化钠溶液中的耐蚀性能明显优于镍磷镀层。

6.4 铝基化学镀镍铁磷和镍钴磷合金

本书作者科研小组[70]以铝为基底，用化学镀的方法制备和研究镍铁磷和镍钴磷三元合金镀层，镀液组成和工艺条件参见表 6-20。

表 6-20 镍铁磷和镍钴磷合金镀液组成和工艺条件

项目	镍铁磷	镍钴磷
硫酸镍/(g/L)	26.29	26.29
次磷酸钠/(g/L)	31.80	31.80
柠檬酸钠/(g/L)	44.11	29.41
硫酸亚铁铵/(g/L)	19.60	
硫酸钴/(g/L)		14.06
乙酸钠/(g/L)	16.40	16.40
硫脲/(mg/L)	1	1
pH	5.00	5.00
温度/℃	90	90

6.4.1 铝基化学镀镍铁磷三元合金

1. 硫酸亚铁铵浓度对镀层沉积速率的影响

图 6-45 为硫酸亚铁铵浓度对镀层沉积速率的影响。由图 6-45 可知，在硫酸亚铁铵浓度为 0.01～0.05mol/L 范围内，沉积速率随着硫酸亚铁铵浓度升高而升高，浓度为 0.05mol/L 时沉积速率最大。超过 0.05mol/L 后，沉积速率降低，浓度

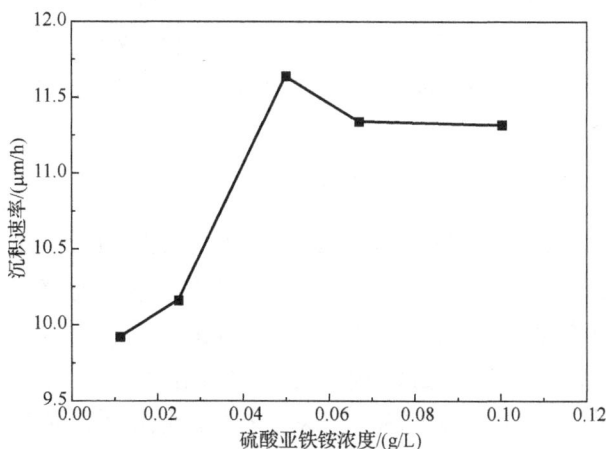

图 6-45 硫酸亚铁铵浓度对镀层沉积速率的影响

再增大，沉积速率变化缓慢。用硫酸亚铁代替硫酸亚铁铵，发现镀液颜色明显变绿，稳定性不如硫酸亚铁铵体系。在柠檬酸钠浓度较低时，铵离子对镀液稳定性起到一定作用。用硫酸亚铁铵代替硫酸亚铁，能在一定程度上提高镀液稳定性。

2. 柠檬酸钠浓度对镀层沉积速率的影响

图 6-46 为柠檬酸钠浓度对镀层沉积速率的影响。由图 6-46 可知，在柠檬酸钠浓度为 0.05～0.25mol/L 范围内，沉积速率随着柠檬酸钠浓度的增大而降低。柠檬酸钠浓度越低，绿色越深，镀液越不稳定。

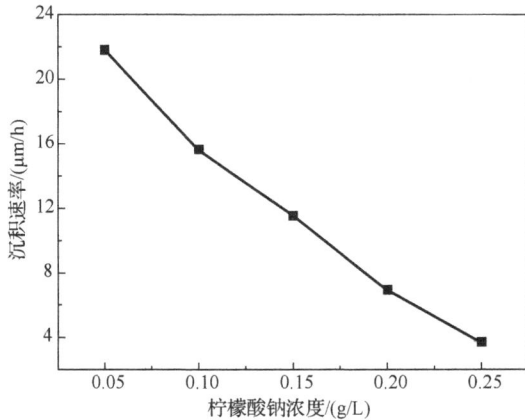

图 6-46　柠檬酸钠浓度对镀层沉积速率的影响

3. pH 对镀层沉积速率的影响

图 6-47 为镀液 pH 与沉积速率关系曲线。由图 6-47 可知，pH 在 4.0～6.0 范围内，沉积速率随着 pH 的增大而增大。二价铁在 pH 较低的范围内稳定，pH 大于 5.0 时，二价铁离子更容易被氧化而使沉积速率增速减缓。pH 升高，镀液颜色加深。pH 小于 5.0 时，二价铁离子比较稳定。

4. 乳酸浓度对镀层沉积速率的影响

图 6-48 为乳酸浓度对镀层沉积速率的影响。由图 6-48 可知，在乳酸浓度为 0.13～0.34mol/L 范围内，沉积速率随着乳酸浓度增大而降低。乳酸浓度为 0.13mol/L 时，镀液发生了分解，产生了红色氢氧化铁沉淀。乳酸浓度为 0.16mol/L 时，体系镀液轻微分解，其余镀液均未发生分解。因此乳酸浓度的临界值在 0.16～0.22mol/L 范围内。乳酸作为配位剂，相对于柠檬酸钠体系，沉积速率提高，稳定性低于柠檬酸钠，可以考虑柠檬酸钠和乳酸复配使用。

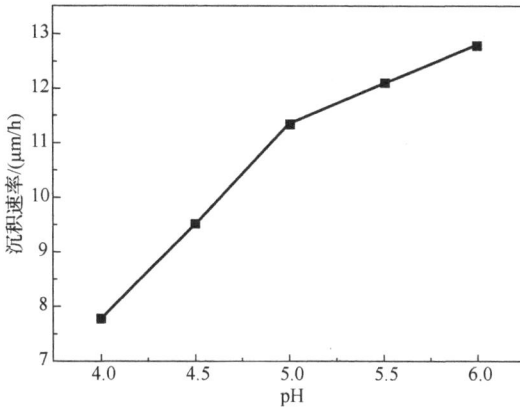

图 6-47　镀液 pH 对镀层沉积速率的影响

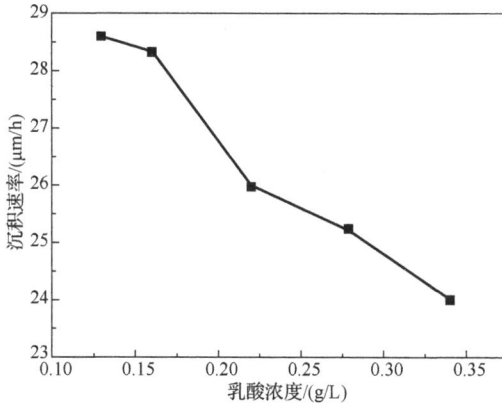

图 6-48　乳酸浓度对镀层沉积速率的影响

6.4.2　铝基化学镀镍钴磷三元合金

1. 硫酸钴浓度对镀液稳定性的影响

图 6-49 为硫酸钴浓度对镀层沉积速率的影响。由图 6-49 可知，在所选浓度范围内，硫酸钴浓度变化对沉积速率影响不大。

2. 柠檬酸钠浓度对镀层沉积速率的影响

图 6-50 为柠檬酸钠浓度对镀层沉积速率的影响。由图 6-50 可知，在柠檬酸钠浓度为 0.05～0.25mol/L 区间内，沉积速率随柠檬酸钠浓度的增大而降低，这与镍铁磷镀层的结果一致。

3. pH 对镀层沉积速率的影响

图 6-51 为镍钴磷镀液 pH 对镀层沉积速率的影响。由图 6-51 可知，随着 pH

升高，沉积速率呈现增大的趋势，在 pH 为 5.5 时，沉积速率出现上下波动。

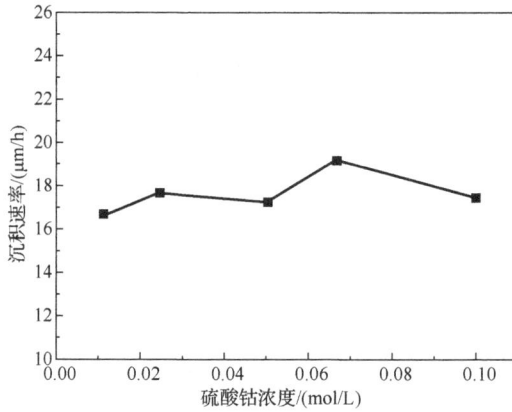

图 6-49　硫酸钴浓度对镀层沉积速率的影响

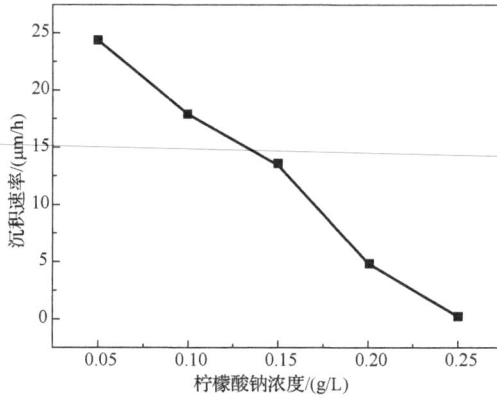

图 6-50　柠檬酸钠浓度对镀层沉积速率的影响

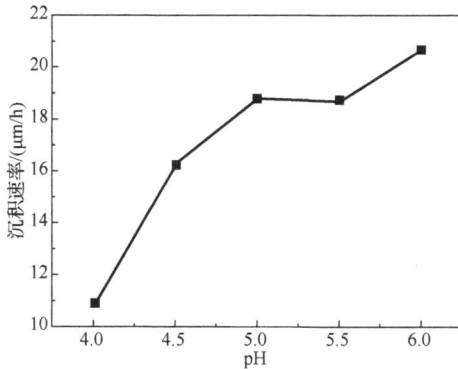

图 6-51　镍钴磷镀液 pH 对镀层沉积速率的影响

4. 乳酸浓度对镀层沉积速率的影响

图 6-52 为乳酸浓度对镀层沉积速率的影响。由图 6-52 可知，随着乳酸浓度增大，沉积速率呈下降的趋势，在乳酸浓度为 0.33mol/L 时沉积速率出现上下波动。

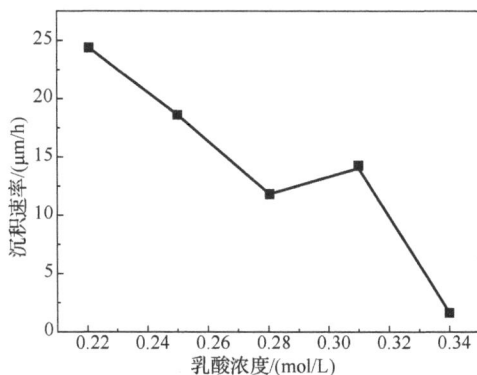

图 6-52 乳酸浓度对镀层沉积速率的影响

5. 镍铁磷镀层和镍钴磷镀层的表征

图 6-53 为镍铁磷镀层和镍钴磷镀层的扫描电镜图，从图 6-53 中可以观察到镍钴磷镀层相比于镍铁磷镀层较致密。

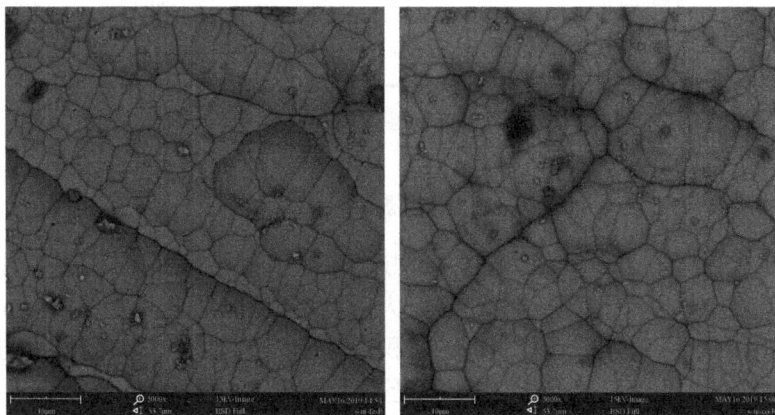

（a）镍铁磷镀层　　　　　　　　　　（b）镍钴磷镀层

图 6-53 镍铁磷镀层和镍钴磷镀层的扫描电镜图

表 6-21 为镍铁磷镀层和镍钴磷镀层浸泡实验数据。从浸泡实验的结果来看，镍铁磷镀层的失重和镍钴磷镀层的失重均较少。从浸泡实验结束后样品的表面形态来看，镍钴磷镀层样品表面变化不大，而镍铁磷镀层表面轻微腐蚀，出现了少量裂纹。结果表明，镍钴磷镀层和镍铁磷镀层均较好。

表 6-21　镍铁磷镀层和镍钴磷镀层浸泡实验数据　　　　单位：g

样品	浸泡前重量	浸泡 24h 重量	浸泡 51h 重量
镍铁磷镀层	0.6896	0.6879	0.6859
镍钴磷镀层	0.7353	0.7353	0.7350

6.5　铝基化学镀镍铜磷合金

6.5.1　镀液组成和工艺条件

本书作者科研小组[71]以铝为基底，在化学镀镍磷镀液中加入硫酸铜制备化学镀镍铜磷，表 6-22 为化学镀镍铜磷镀液组成和工艺条件。此外，分别加入氯化铬、钼酸钠、碘酸钾和硫脲作为稳定剂。

表 6-22　化学镀镍铜磷镀液组成和工艺条件

项目	参数值
硫酸镍/(g/L)	26
次磷酸钠/(g/L)	31.80
柠檬酸钠/(g/L)	14.70
硫酸铜/(g/L)	0.30
乙酸钠/(g/L)	16
乳酸/(mL/L)	30
pH	5.0
温度/℃	90

6.5.2　结果与讨论

1. 柠檬酸钠浓度对镀层沉积速率的影响

图 6-54 为柠檬酸钠浓度对镀层沉积速率的影响。由图 6-54 可知，柠檬酸钠浓度为 7.35g/L 时，镀液的沉积速率最大，但是配位能力不足导致镀液分解。当柠檬酸钠浓度为 44.11g/L 时，镀液的沉积速率最低。制备的镍铜磷镀层均无起皮以及起泡现象，镀层表面光亮，镀层的光亮程度随着柠檬酸钠浓度的升高而下降，柠檬酸钠浓度越高，镀层光亮性越差。

2. 乳酸浓度对镀层沉积速率的影响

图 6-55 为乳酸浓度对镀层沉积速率的影响。由图 6-55 可知，随着乳酸浓度的增大，沉积速率先增大，然后逐渐降低。乳酸浓度较低时，乳酸吸附在基体表面会降低反应的活化能，乳酸浓度超过 20ml/L 之后，镀液中游离的镍离子减少，导致沉积速率减慢。

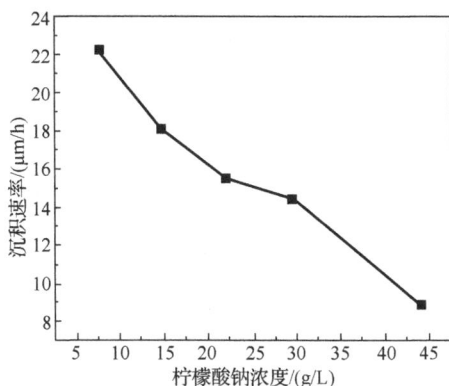

图 6-54　柠檬酸钠浓度对镀层沉积速率的影响

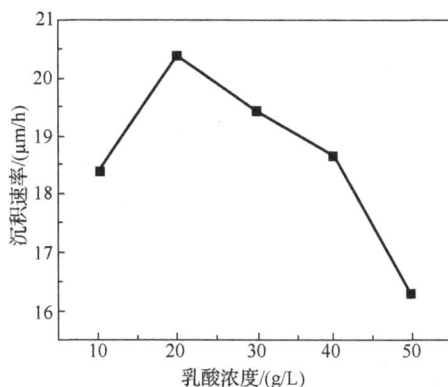

图 6-55　乳酸浓度对镀层沉积速率的影响

3. 氯化铬浓度对镀层沉积速率及稳定性的影响

表 6-23 为氯化铬浓度对镀层沉积速率的影响。由表 6-23 可知，在保持镀液稳定的前提下，镀液的沉积速率受氯化铬的浓度影响较小，无氯化铬时镀液的沉积速率较大，但是镀液稳定性较差。氯化铬在溶液中用作稳定剂，氯化铬能很好地抑制镍铜磷镀液的分解，以及铜和基体的置换反应，得到更高铜含量的光亮镀层。氯化铬属于重金属盐稳定剂。

表 6-23　氯化铬浓度对沉积速率的影响

氯化铬浓度/(g/L)	沉积速率/(μm/h)
0.00	20.14
0.50	17.14
0.75	16.63
1.00	19.46
1.50	20.88

　　当硫酸铜浓度为 0.3g/L、氯化铬浓度低于 0.1g/L 时，不能保持镀液的稳定，镀液会有红色沉淀并产生浑浊，在烧杯底部的红色沉淀可以被冲掉，镀液发黑。氯化铬浓度高于 0.1g/L 后，上述的沉淀分解情况有所改善，一定浓度的氯化铬可以提高镀液的稳定性。

　　当不加入氯化铬时，镀层粗糙发黑，附着力不强，镀层质量较差。随着氯化铬浓度的升高，镀层的质量越来越好，镀层越来越光亮平整。较高浓度的氯化铬对硫酸铜起到较好的稳定作用。

4. 钼酸钠浓度对镀层沉积速率的影响

　　表 6-24 为钼酸钠浓度对沉积速率的影响。由表 6-24 可知，在钼酸钠浓度为 0.01g/L、0.10g/L、0.50g/L 时，随着钼酸钠浓度的增大沉积速率变化不大。钼酸钠浓度高于 1.0g/L 时，沉积几乎停止。钼酸钠浓度为 2.0g/L 时表面无镀层，样品被腐蚀，镀液有红色沉淀析出，证明铜析出，此时钼酸钠对铜没有稳定作用。

表 6-24　钼酸钠浓度对镀层沉积速率的影响

钼酸钠浓度/(g/L)	沉积速率/(μm/h)
0.01	18.60
0.10	18.66
0.50	16.63
1.00	0.18
2.00	减重

5. 碘酸钾浓度对镀层沉积速率及稳定性的影响

　　图 6-56 为碘酸钾浓度对镀层沉积速率的影响。由图 6-56 可知，镀液中碘酸钾的浓度越高，镀层的沉积速率越慢，碘酸钾的浓度对镀层沉积速率的影响较大。碘酸钾浓度为 0.1g/L 时沉积速率最大，为 17.05μm/h。碘酸钾浓度为 1.0g/L 时镀层无沉积速率，基体被腐蚀。与基础配方相比，加入碘酸钾的镀液沉积速率降低。

　　碘酸钾属于稳定剂中含氧酸根稳定剂。浓度为 0.1g/L 的碘酸钾作为稳定剂的镀液会产生黑色沉淀，难以清洗，镀液浑浊，镀液稳定性差。浓度为 0.2g/L 的碘酸钾作为稳定剂的镀液会轻微浑浊，浑浊程度小于 0.1g/L 的碘酸钾，在烧杯底部产生少量白色沉淀，易于清洗。0.3g/L 与 0.5g/L 碘酸钾对应的镀液澄清，烧杯底部都有少量白色沉淀，白色沉淀的数量随着碘酸钾浓度的上升不断减少，0.5g/L 碘酸钾的镀液烧杯底部的白色沉淀极少。当碘酸钾浓度升高到 1g/L 时，镀液澄清，且烧杯底部无沉淀。碘酸钾稳定作用强于钼酸钠，可以作为该体系的稳定剂。添加碘酸钾制备的镀层表面光滑平整，无起皮起泡及针孔现象，表面状态良好。

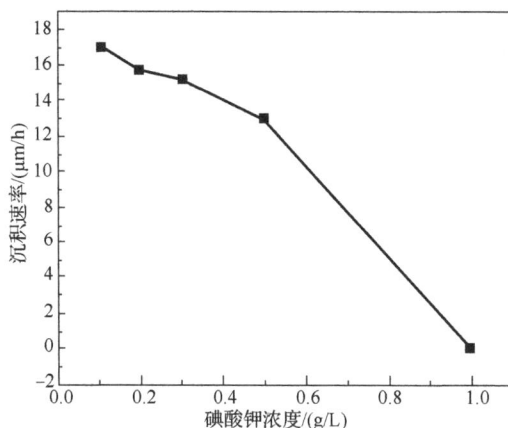

图 6-56　碘酸钾浓度对镀层沉积速率的影响

6. 硫脲浓度对镀层沉积速率及稳定性的影响

表 6-25 硫脲浓度对镀层沉积速率的影响。由表 6-25 可知，随着硫脲浓度的升高，镀层的沉积速率变化不大。镀液方面，所有浓度硫脲对应的镀液均有不同程度的分解，并且有红色沉淀生成，随着硫脲浓度的增大，镀液分解情况无明显改善。硫脲对酸性化学镀镍铜磷镀液无明显的稳定作用，铜会在镀液中析出，与钼酸钠情况类似。

表 6-25　硫脲浓度对镀层沉积速率的影响

硫脲浓度/(mg/L)	沉积速率/(μm/h)
1.0	19.06
2.0	21.39
5.0	19.28
7.0	22.55

6.6　铝基化学镀镍锡磷合金

6.6.1　镀液组成和工艺条件

本书作者科研小组[72]以铝为基底，在化学镀镍磷镀液中加入四氯化锡制备化学镀镍锡磷，具体镀液组成和工艺条件参见表 6-26。

表 6-26　化学镀镍锡磷镀液组成和工艺条件

项目	参数值
硫酸镍/(g/L)	26
结晶四氯化锡/(g/L)	21

续表

项目	参数值
柠檬酸钠/(g/L)	22
酒石酸钾钠/(g/L)	15
乳酸/(mL/L)	36
次磷酸钠/(g/L)	32
硫脲(mg/L)	1
乙酸钠/(g/L)	16
pH	5.0
温度/℃	90

6.6.2 结果与讨论

1. 四氯化锡浓度对镀层沉积速率的影响

图 6-57 为四氯化锡浓度对镀层沉积速率的影响。由图 6-57 可知，当四氯化锡浓度在 0~28g/L 时，其浓度对镀层沉积速率影响不大，沉积速率稳定在 15μm/h 左右，并且镀液不发生分解。当四氯化锡浓度达到 35g/L 时，可以看到镀层沉积速率急剧上升，镀液分解。由以上现象可知，镀液中锡含量过高时，会使镀液不稳定，发生分解。

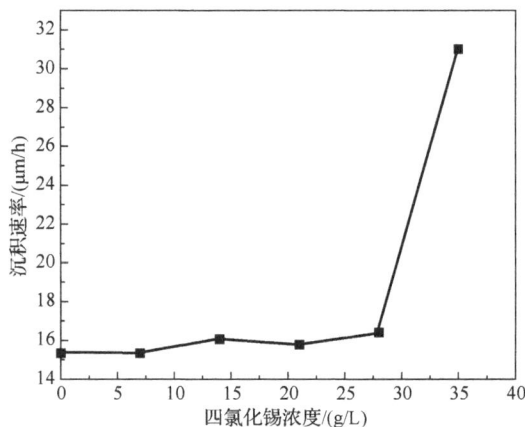

图 6-57 四氯化锡浓度对镀层沉积速率的影响

通过对样品表面状态的观察可知，当四氯化锡浓度在 0~21g/L 时，镀层表面状态良好，没有出现起泡现象。当四氯化锡浓度达到 28g/L 时，镀层整体完整，但表面出现起泡现象。当四氯化锡浓度达到 35g/L 时，镀层表面不完整，起泡现象严重，容易脱落。

2. 硫酸镍浓度对镀层沉积速率的影响

图 6-58 为硫酸镍浓度对镀层沉积速率的影响。由图 6-58 可知，在所选择的浓度范围内，镀层沉积速率随硫酸镍浓度的增大而增大。

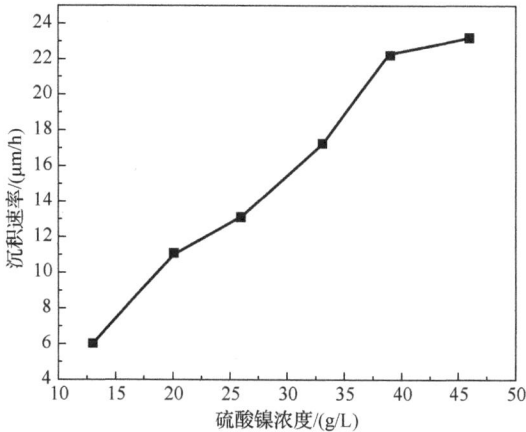

图 6-58　硫酸镍浓度对镀层沉积速率的影响

3. 柠檬酸钠浓度对镀层沉积速率的影响

图 6-59 为柠檬酸钠浓度对镀层沉积速率的影响。由图 6-59 可知，沉积速率随柠檬酸钠浓度增大有较明显的降低。当柠檬酸钠浓度低于 51.45g/L 时，镀液不稳定，分解程度随柠檬酸钠浓度升高而减轻。当柠檬酸钠浓度为 58.80g/L 时，镀液稳定。

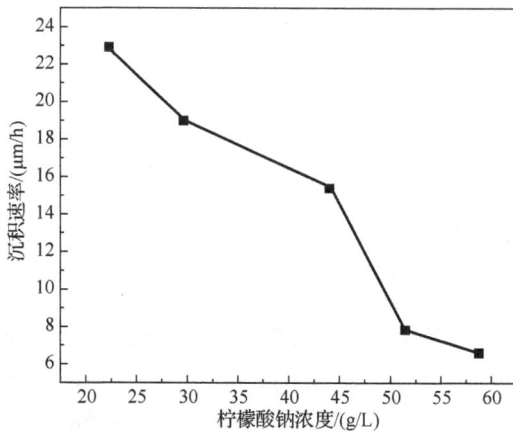

图 6-59　柠檬酸钠浓度对镀层沉积速率的影响

4. 酒石酸钾钠浓度对镀层沉积速率的影响

图 6-60 为酒石酸钾钠浓度对镀层沉积速率的影响。由图 6-60 可知，沉积速

率随酒石酸钾钠浓度升高而下降。当酒石酸钾钠浓度为 7.5g/L 时，镀液轻微分解，且样品表面起泡现象严重。当酒石酸钾钠浓度提高到 15g/L 时，镀液不分解，但镀层表面起泡现象仍较为严重。继续提高酒石酸钾钠浓度，镀液稳定，且镀层表面起泡现象随酒石酸钾钠浓度的提高而得到明显改善。当酒石酸钾钠浓度达到 56.44g/L 时，镀层表面没有起泡现象。酒石酸钾钠可以改善镀液稳定性及镀层表面状态，对沉积速率影响较大。

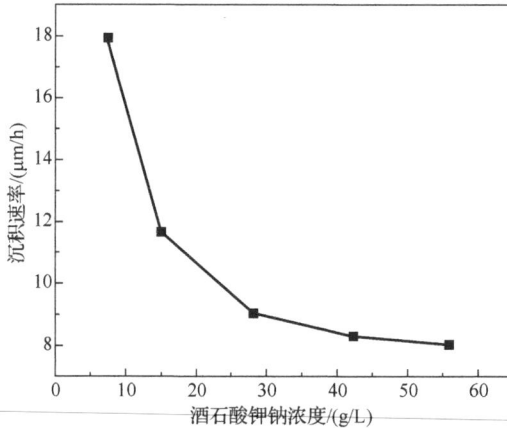

图 6-60　酒石酸钾钠浓度对镀层沉积速率的影响

5. 乳酸浓度对镀层沉积速率的影响

图 6-61 为乳酸浓度对镀层沉积速率的影响。由图 6-61 可知，乳酸浓度对镀层沉积速率影响不大，沉积速率在 14～18μm/h 之间。当乳酸浓度为 24g/L 时，镀层表面起泡现象较为明显，镀液轻微分解。当乳酸浓度达到 36g/L 和 48g/L 时，镀层表面起泡现象得到明显改善，镀液稳定。当乳酸浓度达到 60g/L 以上时，镀层表面起泡现象完全消除，镀层表面状态良好。乳酸可以起到稳定镀液的作用，有效改善镀层的表面状态。

6. 次磷酸钠浓度对镀层沉积速率的影响

图 6-62 为次磷酸钠浓度对镀层沉积速率的影响。由图 6-62 可知，当次磷酸钠浓度在 53g/L 以下时，增大次磷酸钠浓度，沉积速率随之增大。随着镀液中次磷酸钠浓度的升高，氧化还原反应加快。继续增大次磷酸钠的浓度，由于浓度过大，造成镀液不稳定发生分解，因此当次磷酸钠浓度为 63.59g/L 时，沉积速率下降。适量提高次磷酸钠浓度可以提高镀层沉积速率，但是过量的次磷酸钠会使镀液不稳定，发生分解。

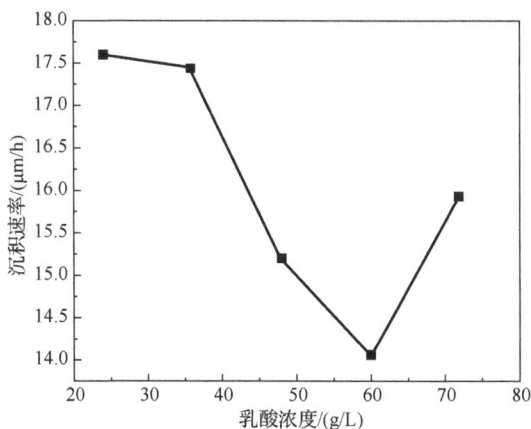

图 6-61　乳酸浓度对镀层沉积速率的影响

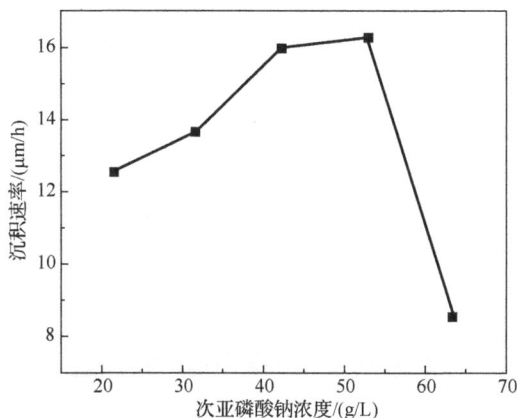

图 6-62　次磷酸钠浓度对镀层沉积速率的影响

7. 镀液 pH 对镀层沉积速率的影响

图 6-63 为镀液 pH 对镀层沉积速率的影响。由图 6-63 可知，当镀液 pH 在 4.0～6.0 范围内时，增大 pH，沉积速率会随之提高。通过观察镀层表面状态可以发现，当 pH 为 4.0 时，镀层表面有明显的起泡现象。pH 增大到 4.5 时，起泡现象明显减轻。当 pH 达到 5.0 以上时，起泡现象完全消失，镀层表面状态良好。在酸性条件下，适当增加 pH 有利于提高沉积速率，并明显改善镀层表面状态。

8. 镀层的表面形貌

图 6-64 为镍锡磷镀层的表面形貌。由图 6-64 可知，镍锡磷镀层表面由大小不均的胞状结构组成。沉积过程中成核率越高，尺寸越小，表面越光滑；成核率越低，尺寸越大，表面越粗糙。

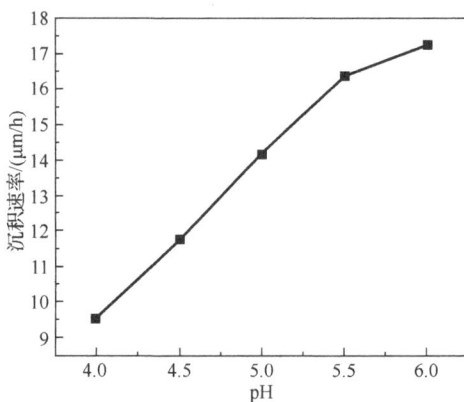

图 6-63　镀液 pH 对镀层沉积速率的影响

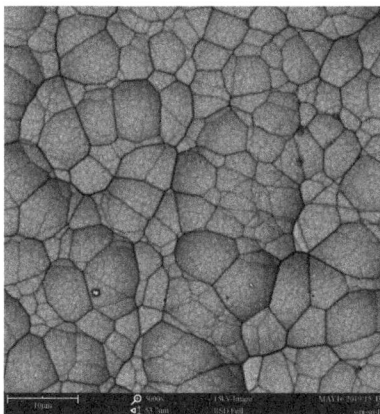

图 6-64　镍锡磷镀层的表面形貌

参 考 文 献

[1] HAMID Z A, ELKHAIR M T A. Development of electroless nickel-phosphorous composite deposits for wear resistance of 6061 aluminum alloy[J]. Materials Letters, 2002, 57(3): 720-726.

[2] FETOHI A E, HAMEED R M A, EI-KHATIB K M. Ni-P and Ni-Mo-P modified aluminium alloy 6061 as bipolar plate material for proton exchange membrane fuel cells[J]. Journal of Power Sources, 2013, 240: 589-597.

[3] BAI C Y, CHOU Y H, CHAO C L, et al. Surface modifications of aluminum alloy 5052 for bipolar plates using an electroless deposition process[J]. Journal of Power Sources , 2008, 183(1): 174-181.

[4] MILLER W S, ZHUANG L, BOTTEMA J, et al. Recent development in aluminium alloys for the automotive industry[J]. Materials Science & Engineering A, 2000, 280(1): 37-49.

[5] KRISHNAN K H, JOHN S, SRINIVASAN K N, et al. An overall aspect of electroless Ni-P depositions: A review article[J]. Metallurgical & Materials Transactions A, 2006, 37(6): 1917-1926.

[6] AGARWALA R C, AGARWALA V. Electroless alloy/composite coatings: A review[J]. Sādhanā, 2003, 28(3-4): 475-493.

[7]　WANG C Y, WEN G W, WU G H. Improving corrosion resistance of aluminium metal matrix composites using cerium sealed electroless Ni-P coatings[J]. Corrosion Engineering, Science and Technology, 2011, 46(4): 471-476.

[8]　HUTT D A, LIU C Q, CONWAY P P, et al. Electroless nickel bumping of aluminum bondpads-Part II: Electroless nickel plating[J]. IEEE Transactions on Components & Packaging Technologies, 2002, 25(1): 98-105.

[9]　HUTT D A, LIU C Q, CONWAY P P, et al. Electroless nickel bumping of aluminum bondpads-Part I: Surface pretreatment and activation[J]. IEEE Transactions on Components & Packaging Technologies, 2002, 25(1): 87-97.

[10]　李立明, 胡文彬, 罗守福, 等. 难镀基材化学镀镍[J]. 电镀与环保, 2002, 22(3): 13-17.

[11]　MONTEIRO F J, BARBOSA M A, ROSS D H, et al. Pretreatments of improve the adhesion of electrodeposits on aluminium[J]. Surface and Interface Analysis, 1991, 17: 519-528.

[12]　李酽, 刘刚, 刘红霞, 等. 化学镀层的性能及基体的镀前处理[J]. 航空制造技术, 2004(7): 86-88.

[13]　武剑, 陈阵, 司云森, 等. 1060 铝材两步化学浸锌工艺[J]. 材料保护, 2011, 44(5): 37-39.

[14]　罗扬, 崔景毅, 石高锋, 等. 浸锌工艺对铝/电镀镍结合强度的影响[J]. 中国有色金属学报, 2015, 25(3): 634-640.

[15]　解奕炯. 脱脂、除油、酸洗一步法热浸锌前处理工艺: CN 101423924[P]. 2009-05-06.

[16]　MURAKAMI K, HINO M, HIRAMATSU M, et al. Effect of zincate treatment on adhesion of electroless nickel-phosphorus coating for commercial pure aluminum[J]. Materials Transactions, 2006, 47(10): 2518-2523.

[17]　MURAKAMI K, HINO M, USHIO M, et al. Formation of zincate films on binary aluminum alloys and adhesion of electroless nickel-phosphorus plated films[J]. Materials Transactions, 2013, 54(2): 199-206.

[18]　HINO M, MURAKAMI K, HIRAMATSU M, et al. Effect of zincate treatment on adhesion of electroless Ni-P plated film for 2017 aluminum alloy[J]. Materials Transactions, 2005, 46(10): 2169-2175.

[19]　HINO M, MURAKAMI K, MITOOKA Y, et al. Effect of zincate treatment on adhesion of electroless Ni-P coating onto various aluminum alloys[J]. Materials Transactions, 2009, 50(9): 2235-2241.

[20]　HINO M, MURAKAMI K, MITOOKA Y, et al. Zincate treatment on 2017 aluminum alloy and evaluation of its adhesion[J]. Journal of the Surface Finishing Society of Japan, 2005, 56(5): 293-295.

[21]　EGOSHI S, AZUMI K, KONNO H, et al. Effects of minor elements in Al alloy on zincate pretreatment[J]. Applied Surface Science, 2012, 261: 567-573.

[22]　YAZDI S S, ASHRAFIZADEH F, HAKIMIZAD A. Improving the grain structure and adhesion of Ni-P coating to 3004 aluminum substrate by nanostructured anodic film interlayer[J]. Surface and Coatings Technology, 2013, 232: 561-566.

[23]　CHEN C J, LIN K L. The deposition and crystallization behaviors of electroless Ni-Cu-P deposits[J]. The Electrochemical Society, 1999, 146(1): 137-140.

[24]　ROBERTSON S G, RITCHIE I M. The role of iron(III) and tartrate in the zincate immersion process for plating aluminium[J]. Journal of Applied Electrochemistry, 1997, 27(7): 799-804.

[25]　MURAKAMI K, HINO M, FURUKAWA R, et al. Effects of alloying elements in aluminum alloys and activations on zincate treatment and electroless nickel-phosphorus plating[J]. Materials Transactions, 2010, 51(1): 78-84.

[26]　SAITO M, MAEGAWA T, HOMMA T. Electrochemical analysis of zincate treatments for Al and Al alloy films[J]. Electrochimica Acta, 2005, 51(5): 1017-1020.

[27]　CHANG X, ZHANG X B. Study on electroless nickel plating process and property of aluminum alloy[J]. Advanced Materials Research, 2013, 756-759: 60-63.

[28]　王玲. 铝合金化学镀 Ni-P 前处理工艺[J]. 电镀与涂饰, 1996, 15(12): 21-23.

[29]　范任凤, 曲济方, 刘森华, 等. 铝基直接化学镀镍的活化前处理工艺的研究[J]. 电镀与环保, 2010, 30(4): 26-28.

[30]　陈宇, 吕广庶, 蔡刚毅. 铝合金化学镀镍前处理工艺及镀液稳定性研究[J]. 电镀与涂饰, 2007, 26(6): 18-21.

[31]　YANG Y, WU H. Microstructure and microhardness of tempered Ni-Al alloyed layer[J]. Journal of Materials Science & Technology, 2012, 28(10): 937-940.

[32]　于光. 铝合金化学镀镍[J]. 材料保护, 1995, 28(9): 16-17.

[33] TAKÁCS D, SZIRÁKI L, TÖRÖK T I, et al. Effects of pre-treatments on the corrosion properties of electroless Ni-P layers deposited on AlMg$_2$ alloy[J]. Surface & Coatings Technology, 2007, 201(8): 4526-4535.

[34] 杨丽坤, 杨防祖, 田中群, 等. 铝表面前处理及化学沉积镍初期行为[J]. 物理化学学报, 2012, 28(2): 414-420.

[35] BEYGI H, VAFAEENEZHAD H, SAJJADI S A. Modeling the electroless nickel deposition on aluminum nanoparticles[J]. Applied Surface Science, 2012, 258(19): 7744-7750.

[36] SUDAGAR J, VENKATESWARLU K, LIAN J. Dry sliding wear properties of a 7075-T6 aluminum alloy coated with Ni-P (h) in different pretreatment conditions[J]. Journal of Materials Engineering and Performance, 2009, 19(6): 810-818.

[37] 尹国光, 潘小芳, 陈延民, 等. 铝合金化学镀镍工艺研究[J]. 材料保护, 2004, 37(1): 30-32.

[38] 孙华, 马洪芳, 刘科高, 等. 前处理工艺对铝基 Ni-P 化学镀层性能的影响[J]. 化工学报, 2010, 61(12): 3200-3204.

[39] 夏承钰. 铝表面预镀镍工艺的研究[J]. 热加工工艺, 1998(1): 32-34.

[40] KUMAR S M, PRAMOD R, KUMAR M E S, et al. Evaluation of fracture toughness and mechanical properties of aluminum alloy 7075, T6 with nickel coating[J]. Procedia Engineering, 2014, 97: 178-185.

[41] 赵婉惠. 铝件直接化学镀镍前处理新工艺[C]//2005(贵阳)表面工程技术创新研讨会论文集. 贵阳. 2005: 132-133.

[42] 欧昌亚. 铝材直接酸性化学镀镍(Ni-P)前处理生产工艺研究及实践[C]//2004 年全国电子电镀学术研讨会论文集. 重庆. 2004: 388-390.

[43] 欧昌亚. 一种铝及铝合金化学镀镍镀前浸镍液: CN 1435509A[P]. 2003-08-13.

[44] 欧昌亚. 铝材酸性化学镀镍(Ni-P)前处理工艺研究[J]. 涂装与电镀, 2005, 3(3): 10-13.

[45] JIA S Q, GUAN J X, QIU J D, et al. Electroless Ni-P plating on Mg-7Al alloy by chemical conversion pretreatment[J]. Advanced Materials Research, 2013, 652-654: 1908-1911.

[46] WEI X C, WANG J B, ZHANG X M, et al. Study on the development of pretreatment processes of electroless nickel plating on Al alloy surface[J]. Materials Science Forum, 2014, 809-810: 412-418.

[47] 肖鑫, 许律, 刘万民. 铝及铝合金全光亮化学镀镍磷合金工艺优选[J]. 材料保护, 2011, 44(3): 64-67.

[48] VIJAYANAND M, ELANSEZHIAN R. Effect of different pretreatments and heat treatment on wear properties of electroless Ni-B coatings on 7075-T6 aluminum alloy[J]. Procedia Engineering, 2014, 97: 1707-1717.

[49] 孙华, 马洪芳, 刘科高, 等. 铝合金化学镀 Ni-P 前处理工艺条件的优化[J]. 表面技术, 2010, 39(1): 67-70.

[50] 尹国光. 铝合金化学镀镍预处理新工艺[J]. 表面技术, 2004, 33(2): 43-45.

[51] 王勇, 万家瑰, 万德立, 等. 铝材表面化学镀镍技术[J]. 电镀与涂饰, 2005, 24(12): 46-49.

[52] HUANG Y S. Nickel-diamond compound electroless plating on cast aluminum alloys[J]. Advanced Materials Research, 2011, 189-193: 265-268.

[53] 高岩, 郑志军, 曹达华. 铝基化学镀 Ni-P 前处理工艺对镀层结合力的影响[J]. 电镀与环保, 2005, 25(2): 21-23.

[54] 陈明辉, 杨丽坤, 傅锴铭, 等. 铝表面化学镀镍工艺研究[C]//2013 年海峡两岸(上海)电子电镀及表面处理学术交流会. 上海. 2013: 236-241.

[55] YIN Z W, CHEN F Y. Effect of nickel immersion pretreatment on the corrosion performance of electroless deposited Ni-P alloys on aluminum[J]. Surface and Coatings Technology, 2013, 228: 34-40.

[56] 胡文彬. 难镀基材的化学镀镍技术[M]. 北京: 化学工业出版社, 2003.

[57] 胡光辉, 王斌, 崔子雅, 等. 活化工艺对铝合金化学镀镍的影响[J]. 电镀与涂饰, 2021, 40(19): 1477-1482.

[58] 金永中, 杨奎, 曾宪光, 等. 温度对化学镀 Ni-P 合金层形貌、硬度及耐蚀性的影响[J]. 表面技术, 2015, 44(4): 23-26.

[59] 王天旭, 蒙继龙, 李子全. 化学镀 Ni-P 镀层的生长机理研究[J]. 材料保护, 2007, 40(12): 4-6.

[60] 胡永俊, 熊玲, 蒙继龙, 等. 铝合金的前处理对 Ni-Co-P 化学镀层沉积特性和耐腐蚀性能的影响[J]. 腐蚀科学与防护技术, 2009, 21(2): 194-196.

[61] 刘丽红, 张子华, 闫杰, 等. 化学镀镍磷合金在海洋环境中的腐蚀行为[J]. 中国腐蚀与防护学报, 2010, 30(5): 369-373.

[62] 胡光辉, 吴辉煌, 杨防祖, 等. 镍磷化学镀层的耐蚀性及其与磷含量的关系[J]. 物理化学学报, 2005, 21(11): 1299-1302.

[63] 李国华, 郝建民, 陈永楠, 等. 温度对 AZ91D 镁合金化学镀镍层结构和耐蚀性能的影响[J]. 铸造技术, 2014, 35(2): 305-308.

[64] 张晶晶. 铝基表面化学镀 Ni-Mo-P 镀层的制备及性能研究[D]. 沈阳: 沈阳工业大学, 2018.

[65] 寇鹏. 配位剂对铝基表面化学 Ni-Mo-P 镀层制备的影响[D]. 沈阳: 沈阳工业大学, 2019.

[66] 宋贡生. 铝基表面化学镀 Ni-P/Ni-Mo-P 组合镀层的制备及性能研究[D]. 沈阳: 沈阳工业大学, 2017.

[67] SONG G S, SUN S, WANG Z C, et al. Synthesis and characterization of electroless Ni-P/Ni-Mo-P duplex coating with different thickness combinations[J]. Acta Metallurgica Sinica(English Letters), 2017, 30(10): 1008-1016.

[68] 孙硕, 宋贡生, 马正华. 预化学镀镍时间对铝基化学镀镍层性能的影响[J]. 表面技术, 2016, 45(1): 49-54.

[69] 吕爽. 铝基表面化学镀 Ni-W-P 镀层的制备及性能研究[D]. 沈阳: 沈阳工业大学, 2018.

[70] 何浩田. 铝基表面化学镀 Ni-Fe-P 和 Ni-Co-P 镀层制备研究[D]. 沈阳: 沈阳工业大学, 2019.

[71] 孙彦宇. 铝基表面化学镀 Ni-Cu-P 沉积速率研究[D]. 沈阳: 沈阳工业大学, 2019.

[72] 王新元. 铝基表面化学镀 Ni-Sn-P 镀层制备研究[D]. 沈阳: 沈阳工业大学, 2019.

第7章 化学镀镍基合金法制备金属陶瓷复合粉体

7.1 化学镀法制备金属陶瓷复合粉体的特点及应用

7.1.1 TiB$_2$陶瓷粉体的特点

金属陶瓷复合材料应用十分广泛，目前在宇航、电子、医药等领域均有应用。普通陶瓷材料受本身性能所限，在很多方面达不到使用要求，所以近年来，国内外研制和生产了一些难熔化合物陶瓷材料（硼、碳、氮、硅、氧等的化合物），用来制备高性能的复合材料[1]。

在硼化物陶瓷中，TiB$_2$陶瓷粉体是制备金属陶瓷复合材料的热点材料之一，被广泛应用于航空航天、武器装备和有色金属冶炼等领域[2]。TiB$_2$陶瓷粉体呈灰黑色粉末态，是硼和钛最稳定的化合物，属六方晶系的准金属化合物，其化学分子式为TiB$_2$。晶态结构中的硼原子面和钛原子面交替出现构成二维网状结构，其中的B与另外3个B以共价键相结合，多余的一个电子形成大π键。这种类似于石墨的B原子层状结构和Ti外层电子决定了TiB$_2$具有良好的导电性和金属光泽，而B原子面和Ti原子面之间Ti—B键决定了这种材料具有高硬度和脆性的特点[3]。此外，TiB$_2$还具有良好的导电性，因此可以通过放电加工等技术，加工成各种形状的构件。表7-1为TiB$_2$的基本性能。

表7-1 TiB$_2$的基本性能[1]

密度/(g/cm^3)	熔点/℃	硬度/GPa	弯曲强度/MPa	电阻率/(×10^{-8}Ω·m)	弹性模量/MPa
4.50	2799	34	134	15.2	660

在陶瓷粉体表面包覆金属，所得的复合粉体被称作金属陶瓷复合粉体，即在陶瓷颗粒表面包覆一层异相金属以形成陶瓷复合粉体，如图7-1所示，它兼有金属包覆层和陶瓷芯核。这种新技术可以控制粉体的团聚状态，改善其分散特性；实现颗粒表面改性，提高组成相与烧结添加剂的均匀分散程度，改善烧结工艺性能；降低界面的残余应力，改善复合陶瓷中异相结合状态。金属陶瓷用途极其广泛，可以说是遍及了现代技术的各个领域，对推动工业发展有着重要的作用，因此国内外众多学者将金属陶瓷作为材料领域里的重点课题展开了一系列研究[4]。

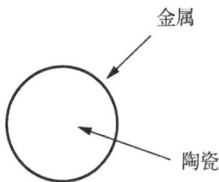

图7-1 金属陶瓷复合粉体的示意图[4]

TiB$_2$ 陶瓷拥有强共价键和离子键的特征，因此金属体系的选择必须要首先考虑金属与 TiB$_2$ 陶瓷之间的润湿性。作为黏结剂的金属或金属体系首先应当与 TiB$_2$ 陶瓷具有良好的润湿性，Hoke 等[5]系统地研究了一组熔点由低到高的金属（包括 Ni、Cr、Hf、Mo、Ta）与 TiB$_2$ 陶瓷的润湿性，致密化最好的是熔点较低的金属 Ni 和 Cr。经过众多研究发现，除了 Co、Fe、Ni、Mo、Cr 等金属，TiB$_2$ 陶瓷与大多数金属的润湿性都不好，这对 TiB$_2$ 基金属陶瓷复合材料的制备研究造成了一定困难。

由于金属 Ni 与 TiB$_2$ 陶瓷的润湿性较好，Ni 及其合金一直是 TiB$_2$ 基金属陶瓷黏结相的热点材料之一。研究发现金属 Ni 的加入有使材料更密实、增加韧性、改善烧结性能等优点，烧结时 Ni 黏结相在 TiB$_2$ 陶瓷颗粒周围均匀分布，能够很好地润湿 TiB$_2$ 陶瓷，降低了烧结温度，并且 Ni 在 1500℃时仍然能保持液相，同时还发现提高 Ni 的含量有利于致密化[6-9]。此外在加入 Ni 的同时加入一些其他金属（如 Mo、Cr、Fe 等）制备出的金属陶瓷复合材料性能更加优异。例如，通过对比 TiB$_2$、TiB$_2$-Ni 和 TiB$_2$-(Ni,Mo)三种体系，分析发现 Mo 的加入有助于提高材料的密度、硬度和抗弯强度[7-9]。

因此关于 Ni 基合金包覆 TiB$_2$ 复合粉体的制备研究具有很重要的意义，通过对制备工艺的考察，优化工艺条件，以获得改善金属与 TiB$_2$ 陶瓷之间的润湿性、提高结合力、加强复合粉体性能的效果，使其可以应用于更多领域[10-12]。

7.1.2 化学镀法制备金属陶瓷复合粉体的特点

目前制备金属 TiB$_2$ 陶瓷复合粉体的方法有很多，常用的有机械混合法、溶胶凝胶法、非均相沉淀法、化学镀法等。在众多制备方法中化学镀法弥补了很多其他制备方法中的缺陷，成为最常用的制备方法。化学镀法是一种较成熟的工艺，采用化学镀包覆（镀覆）工艺，可对陶瓷粉体的表面进行改性，获得性能优异的金属陶瓷粉体，满足陶瓷粉体的烧结和热喷涂工艺性能要求，工程上广泛应用于零件、粉末的表面处理。化学镀法不受基体形状的限制，可以在其表面制备出均匀、孔隙率低、厚度可控的金属镀层，且工艺易于控制、设备简单。用化学镀法制备金属 TiB$_2$ 陶瓷复合粉体可以控制粉体的团聚状态，改善其分散特性，实现颗粒表面改性，提高组成相与烧结添加剂的均匀分散程度，改善烧结工艺性能，改善复合陶瓷中异相结合状态，降低界面的残余应力。目前已利用化学镀法制备出了多种复合粉体，在电气材料方面，用化学镀法在 SnO$_2$ 表面镀银，得到的复合材料的电学性能优于其他方法得到的同类材料。根据位错塞积理论，通过化学镀法制备得到的复合粉体可以提高陶瓷材料断裂韧性。这是由于化学镀法使每个粉体颗粒均匀地包覆上一层韧性的金属相，同时在烧结过程中能形成连续的金属相，金属相连结成网状使金属陶瓷韧性增大。可以说化学镀法是制备金属陶瓷复合粉体的较有发展潜力的方法之一[13-20]。

　　程汉池等[21]采用化学镀法在 TiB$_2$ 陶瓷粉体表面包覆 Ni-B 镀层，制备出的复合粉体热喷涂时松装密度较大，粉体的流动性增加。他们的研究有效地改善了传统采用自蔓延高温合成（self-propagating high temperature synthesis, SHS）法制备 TiB$_2$ 及其陶瓷复合粉体时送粉困难、易吹偏、粉末沉积效率低、涂层疏松等缺陷。此外，张中宝等[22]利用化学镀法在 TiB$_2$ 陶瓷粉体表面包覆铜镀层，增加了 TiB$_2$ 陶瓷粉体与铜基体的界面结合力，所得的复合粉体具有较高的强度和导电性。

　　化学镀是由还原剂提供镍离子还原所需的电子，通过氧化还原反应在镀件表面沉积镀层，生成无定形均匀镀层，因此在任何形状的镀件上均可施镀[23-26]。通过化学镀法可以获得厚度均匀、镀层致密、孔隙率低的镀层，适用于复杂零件的镀覆，且不受基体材质的限制，使材料具有优异的化学、机械、电磁性能等，通过改变镀液的组成和工艺条件，可以控制镀层性能，以得到满足不同使用需求的镀层[27-29]。反应式（7-1）为一般化学镀镍的总反应式：

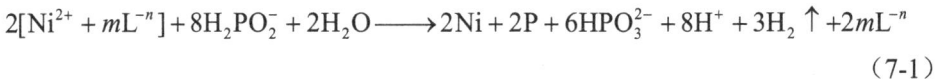

$$2[Ni^{2+} + mL^{-n}] + 8H_2PO_2^- + 2H_2O \longrightarrow 2Ni + 2P + 6HPO_3^{2-} + 8H^+ + 3H_2 \uparrow + 2mL^{-n}$$

$$(7-1)$$

式中，$[Ni^{2+} + mL^{-n}]$ 表示镍离子的配合物，Ni 和 P 析出的同时，都会有氢的析出[30-36]。

　　化学镀技术最早应用于块体的表面改性，但随着科学技术的发展，材料的形态已由传统的三维块体向低维方向发展，即二维的膜材料、一维的线材料、纳米颗粒材料等。在众多形态的材料中，粉体材料日益占据主导地位，对粉体材料的改性也是制备高性能新材料必不可少的前期工作。目前在各行业中常用的高熔点金属及金属间化合物、陶瓷材料、高分子材料有大部来源于粉体材料。粉体材料表面改性的常用方法有化学镀法、化学及物理气相沉积法、溶胶-凝胶法、电镀法、化学氧化法等，其中化学镀法操作简便、设备简单、包覆均匀、性价比高，被重点推广[37]。

　　化学镀法适用于金属或非金属粉体，如铝粉、碳粉、硅粉、金刚石粉等[38]。现已有很多在粉体表面施镀、提升材料性能的实际应用。用化学镀法在金刚石微粉表面沉积镀层能够提高其热稳定性、增强其对金属的润湿性和改善表面物理性能，对金刚石微粉的性能提高具有重要意义[39]。经过化学镀镍的碳纳米材料，其分散性、导电性、电导率均有一定提高[40]。化学镀应用在半导体表面改性近年来也被广泛研究。如在硅表面沉积镍基镀层，复合材料具有更好的电学性能；在硅表面进行化学镀金属薄膜，该复合材料可应用于超大尺寸的集成电路、电子封装材料等[41,42]。此外，一些经过化学镀技术处理的粉体具有良好的导电性，作为填料混入塑料中能获得较好的防带电性能及电磁屏蔽性能，并大大增强塑料的机械强度。粉体化学镀对于提高塑料、涂层的性能，开发新的塑料、涂料品种也有重要意义[43,44]。关于粉体化学镀的研究日益增多，粉体表面沉积镍镀层、铜镀层、银镀层[45]等都是研究的重点。

粉体化学镀技术与块体化学镀技术既有相同之处，又有很多的不同。其相同之处为反应机理、镀液组成、镀覆工艺基本相同。不同之处为粉体较块体具有更大的表面积，使装载量这一参数难以控制，易造成镀液分解，目前粉体化学镀通常存在镀液的自分解现象。同时，化学镀过程中需进行机械或空气搅拌，防止粉体团聚现象严重，保证粉体在镀覆过程中具有良好的分散性，这有助于得到均匀的镀层。除了搅拌外，还可在镀液中添加分散剂使包覆均匀[46,47]。

粉体化学镀技术中影响粉体化学镀的因素较多，包括：

（1）化学镀前处理的影响。前处理主要包括敏化、活化。部分粉体不经过前处理，很难在其表面沉积镀层[48]。

（2）镀液浓度的影响。镀液中金属离子浓度的增大会提高氧化还原的电势，使反应的自由能向负值方向增大，加快反应速度。但金属离子浓度不宜过高，高浓度下镀液易浑浊，在反应过程中，甚至预热过程中就有沉淀析出，无法得到预期的镀层。提高配位剂的含量有助于镀液的稳定，配位剂会与金属离子形成较稳定的配合物，在提高镀液稳定性的同时还可提高金属盐的沉淀点，影响沉积速率。

（3）装载量的影响。装载量是指每升镀液内粉体的表面积。装载量过小浪费镀液，镀层过厚，粉体易团聚。装载量过大影响粉体的分散性，导致包覆不均匀。

（4）镀液 pH 的影响。镀液 pH 对金属离子的配合物形态有明显的影响，配合物形态的改变决定了它还原的难易程度。pH 过高易于形成金属的氢氧化物沉淀[14]，同时 pH 也影响颗粒的表面状态和沉积速率[15]。

（5）温度的影响。适当升高反应温度可以提高沉积速率，但温度过高时会促使镀液分解。

7.1.3　金属陶瓷复合粉体的优点及应用

近些年来，有关化学镀金属陶瓷复合粉体的研究报道较多，例如 Ni、Cu、Co、Ag 等金属包覆 TiO_2、TiC、SiC、Al_2O_3、ZrO_2、SnO_2 等陶瓷粉体。其中关于化学镀法制备金属陶瓷复合粉体的工艺作为基础性研究具有很重要的意义，探讨镀液稳定性、沉积速率和镀覆量等主要因素，有助于进一步分析金属陶瓷复合粉体的应用研究现状与发展方向[48,49]。

自 20 世纪 70 年代发现受辐射的 TiO_2 在光照下能分解水后，TiO_2 陶瓷粉体备受关注，其在半导体光催化剂领域及环境污染治理方面有众多应用。普通 TiO_2 带隙较宽，仅能吸收波长小于 380nm 的紫外光，限制了它在可见光条件下的催化应用。为了提高 TiO_2 在可见光区的催化效率，常用化学镀法在 TiO_2 表面沉积贵金属，以此对 TiO_2 进行改性。李晶等[50]采用化学镀法在 TiO_2 表面包覆银镀层，探讨最佳制备条件,对制备出的复合粉体进行性能表征,发现复合粉体对可见光具有较强的吸收,以此证明在 TiO_2 表面包覆银镀层有效增加了对可见光的吸收强度,具有可见光化学活性。沈岳军等[51]则以纳米 TiO_2 为基体、柠檬酸为主配位剂,探讨了硫酸镍、还原剂次磷酸钠、稳定剂 A、表面活性剂十二烷基苯磺酸钠对镀层、镀液的影响,优化配方后制备出的复合粉体表面镀层平整、耐蚀性好、显微硬度高。

金属 TiC 陶瓷复合粉体的研究和应用首先在轻金属上展开,用来提高材料的强度和耐磨性。经研究发现金属 TiC 陶瓷复合粉体在有色金属和非金属材料的机械加工行业也表现出优异的潜质,目前该复合材料已经在精密机电、核能发电、国防军工等领域有着较广泛的应用。朱流等[52]对化学镀 Ni 包覆 TiC 陶瓷粉体的前处理进行了研究,采用非贵金属活化预处理后通过常温超声波辅助化学镀法成功制备化学镀 Ni 包覆 TiC 陶瓷粉体,同时分析了复合粉体的表面形貌及生长机理。郭鹏等[53]重点研究了 TiC 颗粒表面化学镀工艺,发现在碱性镀液中镀层含磷量降低,有利于降低磷对烧结体性能的影响。于鹏超等[54,55]也对化学镀法制备 Ni 包覆 TiC 陶瓷复合粉体工艺进行了研究,优化了工艺参数。同时他们对较佳工艺条件下制备出的复合粉体进行了镀层生长机制的分析,发现在优化的工艺参数下,TiC 表面预处理后形成的台阶状区域成为 Ni 非均匀形核的活化区域。胞状 Ni 颗粒长大并彼此接壤后,形成均匀致密的 Ni 层。在各工艺条件下,温度的变化强烈地影响着镀层的形貌,当温度从 70℃升高至 95℃时,镀层从致密的胞状结构转变为疏松多孔的海绵状结构。化学镀后得到的 Ni 层为晶态和非晶的混合体,经 500℃保温 1h 后,结晶完全。他们的研究使该复合材料在热作模具钢领域的应用发展打下了坚实的基础。目前对于镀覆 TiC 陶瓷粉体的研究主要停留在二元化学镀上,第二种金属的引入会使镀层的性能更加优异[56]。

SiC 陶瓷粉体可以说是目前被研究较多的陶瓷粉体,其表面主要覆镀 Ni 镀层或 Cu 镀层。对于镀覆 SiC 陶瓷粉体工艺,镀前活化工艺直接影响着粉体的包覆效果,邹忠利等[57]采用有机镍的醇溶液对 SiC 陶瓷粉体进行活化,以实现 SiC 陶瓷粉体化学镀镍前的无钯活化。通过单因素实验研究了活化液中乙酸镍浓度、硼氢化钠浓度、活化温度、时间等参数对 SiC 陶瓷粉体表面镍包覆率的影响,得到适宜的活化工艺条件。姚怀等[58,59]在 SiC 陶瓷粉体表面镀镍,探讨了温度和 pH 对包覆的影响,研究发现当反应温度为 70℃、75℃、80℃时,所得包覆粉体的表面镀层由颗粒状、胞状的 Ni 组成,基体完全被镀层覆盖,SiC 表面镀层颗粒为类球状,其中 75℃、80℃下制备的包覆粉体,镀镍层均匀且较厚。当镀液 pH 低于 8.5 时,无反应发生,粉体未镀上镍,pH 为 10~11 时,粉体的增重量接近理论值,镀层完全覆盖。研究发现在 SiC 陶瓷粉体表面镀镍磷镀层可显著改善 SiC 对电磁波的吸收能力,提高材料的硬度[60,61]。化学镀 Cu 包覆陶瓷 SiC 粉体在生产中应用比较广泛，但是在化学镀 Cu 过程中的活化工艺所需试剂有毒，并且价格较为昂，吴开霞等[62]探讨了取消化学镀 Cu 过程中的活化工艺，研究工艺条件对 SiC 表面化学镀 Cu 效果的影响规律。王海龙等[63]讨论了镀液的组分、pH、镀液与 SiC 陶瓷粉体的装载比与对包覆效果的影响。通过精选、粗化、敏化、活化表面镀前处理，采用化学镀法成功地在 SiC 上均匀包覆 Cu 镀层，包覆率可达 95%。张云龙等[64]为提高 SiC 粉体与 Cu 镀层间界面结合能力，采用正交实验方法优化化学镀 Cu 参数，探讨镀液参数对复合粉体质量增加效果的影响。赵丹等[65]也研究了预处理、镀液成分、pH 和装载量对 SiC 镀 Cu 的影响，并比较了主盐浓度和装载量对复合粉体中 Cu 含量变化的影响。研究发现用于预处理的活化敏化液要放置一段时间后使用，才能成功地实施化学镀 Cu；随着 pH 和主盐浓度的升高，沉积速率呈上升趋势，但粉体的包覆完整性和均一性下降；同时可以通过改变装载量来控制复合粉体中的 Cu 含量。

Al_2O_3 陶瓷粉体也是研究较广泛的一种陶瓷粉体，目前主要包覆 Ni、Cu、Co 等金属镀层。Al_2O_3 陶瓷粉体的硬度较低，影响了该材料的应用，在其表面包覆金属镀层可有效提高材料硬度[66]。邢双颖[67]用胶体钯活化法进行预处理，使 Al_2O_3 陶瓷粉体表面具有催化活性。分别采用次磷酸钠和氨基硼烷为还原剂对活化的 Al_2O_3 陶瓷粉体施镀，制备了纳米镍磷/Al_2O_3 和镍硼/Al_2O_3 两种复合粉体，成功地将超声波引入化学镀过程中，实现了低温（最低 30℃）化学镀的目标，有效避免了高温条件下颗粒碰撞概率的增加而导致的进一步团聚，有效改善包覆效果。纳米 Al_2O_3 的力学性能优异，是一种理想的 Cu 基纳米复合材料的增强体，然而其与 Cu 基体的润湿性较差，影响了复合粉体的烧结性能[68]。为了改善其与 Cu 基体的润湿性，增强界面的结合力，通过化学镀工艺在其表面镀 Cu，陆东梅等[69]系统研究了镀液中配位剂、还原剂类型、镀液温度及工艺条件等因素对化学镀过程、镀膜质量的影响，进而优化了施镀工艺，获得了粒径均一、分散良好的 Cu 包覆纳米 Al_2O_3 复合粉体，为 Al_2O_3/Cu 纳米复合材料的制备打下了良好的基础。任云[70]以化学镀法制备高质量的 Cu 包覆纳米 Al_2O_3 复合粉体，对预处理、复合粉体的相组成、镀层和分散形貌、颗粒度进行了分析。马智勇[71]在 Al_2O_3 的表面镀钴磷镀层，探讨了不同工艺条件下对反应时间的影响，研究发现镀层的厚度及均匀性主要由反应时间决定，反应时间越长，镀层越厚，均匀性越好。因此，可以通过改变镀液组成及工艺条件控制镀层的厚度及均匀性。其中，通过控制次磷酸钠的浓度及装载量来控制镀层的厚度是较好的方法。他们的研究对于扩大纳米陶瓷粉体的应用领域有着重要意义。除 Al_2O_3 陶瓷粉体之外，其他陶瓷粉体的金属包覆研究也取得了一定的进展[72-74]。

目前在众多金属陶瓷复合粉体的研究中，关于金属 TiB_2 陶瓷复合粉体的研究较少。化学镀法制备金属 TiB_2 陶瓷复合粉体首先要考虑镀层金属与 TiB_2 陶瓷粉体之间的润湿性,其次是对复合粉体的性能要求。

除金属与非金属混合镀层外,关于化学镀法制备纯金属 TiB_2 陶瓷复合粉体的研究也日益增多。对比 TiB_2 和 Cu/TiB_2 复合粉体,后者具有更优异的性能[75]。张立德[76]探讨了利用化学镀法在 TiB_2 陶瓷粉体表面沉积铜镀层的基本工艺方法,研究包括了装载量、温度、甲醛的初始量和镀液 pH 对镀铜效果的影响。制备出的 Cu/TiB_2 复合粉体表面成功镀覆了铜层,复合粉体颗粒尺寸约 35nm,包覆效果较好,在 TiB_2 陶瓷粉体表面镀铜后改善了二者之间的润湿性,常温力学性能、导电性、抗拉强度和硬度均得到提升。化学镀铜改善了 TiB_2 颗粒和铜基体的界面结合,提高了复合材料的磨损性能,经过化学镀铜处理的复合材料的摩擦磨损性能要优于未经过镀铜处理的。叶帅等[15]采用化学镀法在 TiB_2 陶瓷粉体表面包覆银镀层,制备 Ag/TiB_2 复合粉末,系统地研究了镀液组分、反应时间等参数对包覆复合粉体性能的影响。经研究发现:在一定范围内增大氢氧化钠和甲醛的浓度可以加快银的还原反应;在一定范围内增大镀液的 pH 有助于提高反应速度,使银的还原更彻底;在一定范围内增大氨水的浓度有助于化学镀镀液的稳定,防止镀液发生自分解;与此同时,反应时间的延长对于反应后粉末中银含量的增加影响不大。所得的 Ag/TiB_2 复合材料的致密度、硬度和电导率均有所提高。

在化学镀金属陶瓷复合粉体中,关于化学镀镀液组成及工艺条件的研究具有很重要的意义,根据化学镀的反应机理可知,伴随化学镀反应的发生会有氢气析出,可以通过排水法收集氢气,通过氢气的析出体积、速率配合传统的增重法研究化学镀制备复合粉体的反应。众所周知,目前研究化学镀制备复合粉体多数采用测量反应后的镀覆量来研究反应速度和筛选工艺参数。尤其是研究反应速率,通常要求采用快速降温的方法来停止反应,进行称重测量。在洗涤和干燥等环节也容易造成粉体的损失。在某些条件下可能存在较大的误差,特别是在反应初期,粉体包覆量很小,这给微量包覆后的性能研究带来困难。以氢气的析出量来预测反应的镀覆量可以很好地弥补传统称量法的不足,有助于进一步研究粉体表面化学镀的机理。

以氢气的析出量来预测镀覆 TiB_2 陶瓷粉体反应的镀覆量,减少实验误差,用氢气析出体积规律探讨化学镀机理的研究有着重要的意义[77,78]。

本书作者科研小组[79-83]在化学镀镍基合金 TiB_2 陶瓷复合粉体的研究中,在粉体的无钯活化处理、烧结性能、析氢法研究粉体包覆行为等方面做了一些工作。以 TiB_2 陶瓷粉体为基体,在三种不同的配位剂体系下,用化学镀技术在其表面沉积镍基镀层,探讨化学镀镀液组成、装载量和工艺条件对化学镀工艺及复合粉体性能的影响,进而探讨各个工艺条件对化学镀工艺的影响程度,优化工艺条件。在柠檬酸钠体系中加入分散剂,探讨分散剂的加入对制备工艺的影响。在化学镀镍磷包覆粉体的基础上加入钼酸钠进行化学镀三元合金的制备。

7.2　化学镀镍磷合金 TiB_2 陶瓷复合粉体及烧结性能

化学镀是一种在某一种基体（玻璃、陶瓷、塑料、金属等）上制造均匀金属镀层的方法，其基于水溶液中受控的自催化氧化还原反应。然而，在陶瓷颗粒上镀镍是困难的，因为这种颗粒没有催化活性表面[19]。

本书作者科研小组[30,79]在不使用常规敏化和活化步骤的情况下，研究镍磷在 TiB_2 陶瓷粉体表面的沉积，以及热处理温度对复合粉体结晶行为的影响。

7.2.1　无钯活化制备与表征

原始 TiB_2 陶瓷粉体采用宁夏机械研究所有限公司生产的产品。表 7-2 为化学镀镍液的组成，硫酸镍提供镍离子，次磷酸钠是还原剂，柠檬酸钠是配位剂，硫酸铵是缓冲剂。镀液的温度保持在(70±2)℃。化学镀后，过滤悬浮液，用蒸馏水彻底洗涤几次，并在 90℃的烘箱中干燥 2h。化学镀镀液的 pH 范围为 5.0～5.5。使用扫描电镜分析镀层的表面形貌，采用附带的能谱分析镀层的成分。用 XRD分析镀层的相结构特征。用 10K/min 的扫描速率获得了复合粉体的差示扫描量热图，以确定镍磷镀层的相变。

表 7-2　化学镀镍液的组成

镀液组成	浓度/(g/L)
硫酸镍（$NiSO_4 \cdot 6H_2O$）	10
柠檬酸钠（$Na_3C_6H_5O_7 \cdot H_2O$）	15
硫酸铵（$(NH_4)_2SO_4$）	15
次磷酸钠（$NaH_2PO_2 \cdot H_2O$）	16

对于镀覆 TiB_2 陶瓷粉体，传统的预处理主要采用敏化和钯活化，比较复杂并且需要贵金属钯。本书作者科研小组开发了一个简单的热活化方案，即在马弗炉中以 400℃加热粉体，以活化 TiB_2 陶瓷粉体。加热之后，吸附在 TiB_2 颗粒表面上的气体可以被去除，以形成活性表面，增强粉体在含有金属离子的水溶液中的润湿性，吸附在活化催化表面上的 Ni^{2+} 被还原。在石墨粉体化学镀镍的研究中，Palaniappa 等[18]也观察到类似的现象。用扫描电镜和能量色散谱仪分别对 TiB_2 陶瓷粉体包覆前后的形貌和成分进行了分析。图 7-2 为未镀覆的 TiB_2 陶瓷粉体的扫描电镜图和能谱图，图 7-3 为镀覆后的 TiB_2 复合粉体的扫描电镜图，图 7-4 为镀覆后的 TiB_2 复合粉体的能谱图。由图 7-3 和图 7-4 可知。镍磷沉积后，发现大部分 TiB_2 陶瓷粉体被微小颗粒包裹，其成分含有镍和磷，结果表明 TiB_2 陶瓷粉体已经成功地包覆了镍和磷。

（a）扫描电镜图　　　　　　　　　　　（b）能谱图

图 7-2　未镀覆的 TiB_2 陶瓷粉体的扫描电镜图和能谱图

（a）2000倍　　　　　　　　　　　　　（b）5000倍

图 7-3　镀覆后的 TiB_2 陶瓷复合粉体的扫描电镜图

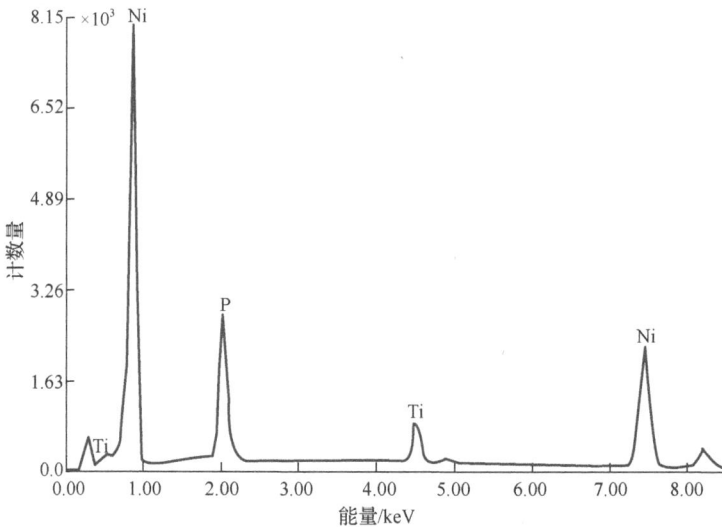

图 7-4　镀覆后的 TiB_2 陶瓷复合粉体的能谱图

图 7-5 为热处理温度对 TiB$_2$ 陶瓷粉体上镍磷沉积的影响，随着热处理温度的升高，镍磷沉积的质量分数逐渐增大，在 400℃ 达到最大值。在低于 400℃ 时，反应速率相对较慢。高于 400℃ 反应速率很快，但是，在较高温度下热处理后的粉体可能会使粉体表面积减少，导致沉积的质量减少。

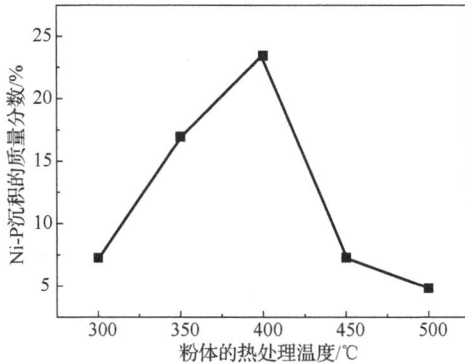

图 7-5　热处理温度对 TiB$_2$ 陶瓷粉体上镍磷沉积的影响

图 7-6 为未镀覆、镀覆和镀后热处理的镍 TiB$_2$ 陶瓷复合粉体的 XRD 谱图。镀后粉体的 XRD 谱图 [图 7-6（b）] 在对应于 Ni(111) 和 (200) 反射的区域显示出明显的宽带，表明该特定沉积物包含非晶结构。在 400℃ 热处理后，所有的沉积物都转变成晶体镍和 Ni$_3$P 的混合物。从这些样品中获得的 XRD 谱图显示出清晰、明确的峰，对应于完全结晶的结构 [图 7-6（c）]。这些峰为面心立方镍或四方 Ni$_3$P 相。本研究的结果与氧化铝和碳化硅粉末上化学镀和热处理影响的结果相似[9]。

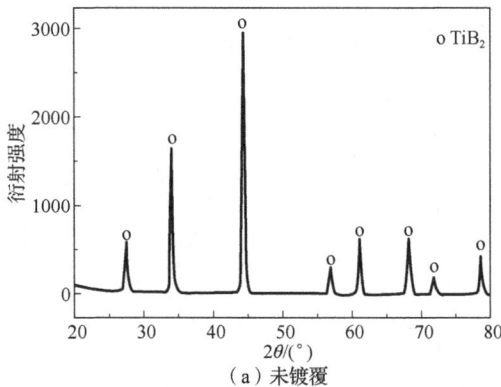

（a）未镀覆

（b）镀覆

（c）镀后

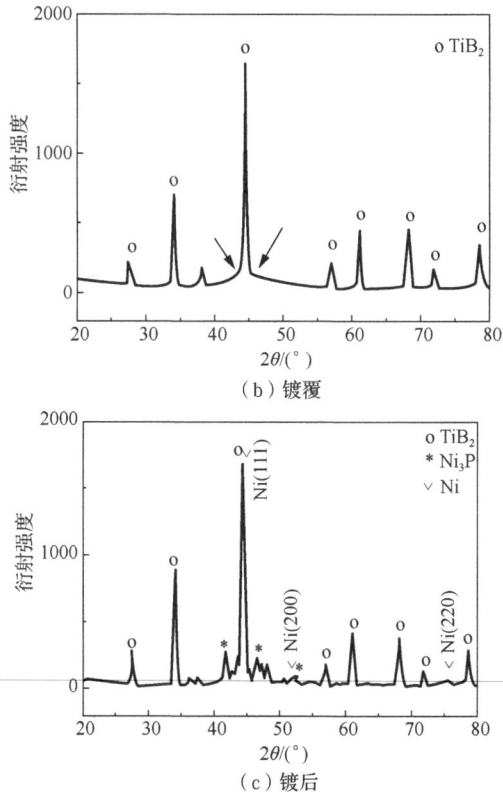

图 7-6   未镀覆、镀覆和镀后热处理的镍 TiB_2 陶瓷复合粉体的 XRD 谱图

    用差示扫描量热法以 10K/min 的扫描速率对镍 TiB_2 陶瓷复合粉体进行扫描。热谱图显示非晶镍磷结构的结晶温度约为 344.3℃。从图 7-7 可以看出，曲线只显示了一个不可逆的固态放热转变峰。结合热处理后的 XRD 结果，放热反应最大能量峰在 344.3℃，与非晶沉积物结晶成 Ni 和 Ni_3P 有关。

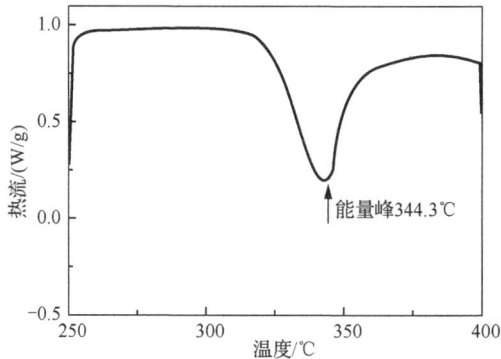

图 7-7   化学镀镍磷/TiB_2 的差示扫描量热图

在马弗炉中于 400℃加热粉体活化后，通过化学镀在 TiB$_2$ 陶瓷粉体上获得均匀的镍磷镀层。该方法已被证明是从 TiB$_2$ 陶瓷粉体表面去除吸附气体并产生高活性表面的有效方法。XRD 结果证实了镍磷镀层的原始结构主要是非晶的。在 400℃热处理时，这种镀层可以很容易地转变成晶态镍和 Ni$_3$P 的混合物，这一点已被 XRD 和差示扫描量热法结果所证实。

7.2.2　化学镀镍磷合金 TiB$_2$ 陶瓷复合粉体的烧结

金属陶瓷制备主要通过对金属复合粉体进行烧结来完成。金属复合粉体的性能对烧结影响很大。图 7-8 为原始粉体和复合粉体烧结后的氧化增重质量分数与烧结温度的曲线。从图 7-8 中可以看出，在各温度下原始粉体在烧结过程中氧化增重质量分数比复合粉体的大，两者氧化增重质量分数随温度的变化趋势大体相似。600℃到 650℃阶段，氧化增重质量分数有所降低。650℃到 800℃阶段，氧化增重质量分数先升高后降低，在 700℃时氧化增重质量分数达到最大值。

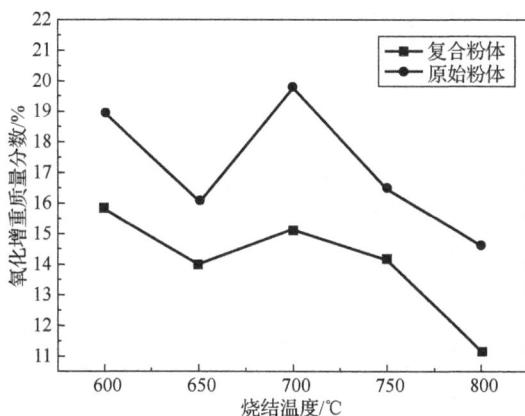

图 7-8　原始粉体和复合粉体烧结后氧化增重质量分数与烧结温度的曲线

TiB$_2$ 陶瓷粉体在空气中开始氧化的温度很低，在温度低于 516.03℃时氧化行为并不明显。下面三个反应式为烧结过程中 TiB$_2$ 陶瓷粉体的氧化方式[2, 84-86]：

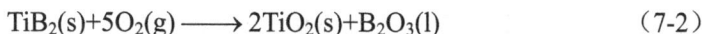

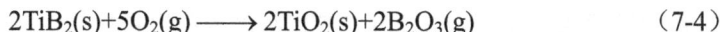

$$\text{TiB}_2(s)+5\text{O}_2(g) \longrightarrow 2\text{TiO}_2(s)+\text{B}_2\text{O}_3(l) \qquad (7\text{-}2)$$

$$\text{B}_2\text{O}_3(l) \longrightarrow \text{B}_2\text{O}_3(g) \qquad (7\text{-}3)$$

$$2\text{TiB}_2(s)+5\text{O}_2(g) \longrightarrow 2\text{TiO}_2(s)+2\text{B}_2\text{O}_3(g) \qquad (7\text{-}4)$$

氧化产物中 B$_2$O$_3$ 的熔点较低（450℃）。在低于 450℃氧化时，低熔点的产物 B$_2$O$_3$ 可以在粉体表面形成一层保护膜，避免材料内部进一步氧化。在低于 516.03℃的情况下氧化行为不明显。当温度较高时，B$_2$O$_3$ 将会熔化为液态。氧化样品为 TiB$_2$ 块体，B$_2$O$_3$ 熔化后在 TiB$_2$ 块体表面形成"液态保护膜"，密封性更好，进一步阻止 TiB$_2$ 块体氧化，因此出现了图 7-8 中 600～650℃氧化增重质量分数下降的现象。

当氧化温度由 650℃上升到 700℃，液态 B_2O_3 的蒸发速率增大，导致"液态保护膜"破坏，使得氧化速率上升，对应图 7-8 中 650～700℃氧化增重质量分数的上升。当温度由 700℃继续升高，文献[2]研究表明在 TiB_2 陶瓷粉体氧化差示扫描量热法曲线上，700～800℃区间连续出现两个吸热峰，这表明氧化产物 B_2O_3 的蒸发速率进一步增大，由于氧化产物 B_2O_3 的损失，TiB_2 的质量增加趋势变缓，导致图 7-8 中 700～800℃这一阶段氧化增重质量分数下降。

7.2.3 烧结样品显微表征结果分析

采用箱式电炉，分别在 650℃、700℃、750℃、800℃四个温度下，对四组原始粉体和四组复合粉体共八个样品进行了常压烧结。四次试验除了烧结温度外，其升温速率、保温时间、降温方式都一样：室温到 500℃阶段，升温速率为 8℃/min，共 1h，500℃到烧结温度阶段升温速率为 5℃/min，保温时间为 10min，然后随炉冷却。

图 7-9 与图 7-10 分别为 650℃下原始粉体与复合粉体烧结样品的扫描电镜图。图 7-9 中样品表面颗粒轮廓清晰，致密程度较高。图 7-10 中样品表面已经部分连接成一片，界面平整，颗粒轮廓不太清晰，致密程度比图 7-9 中的样品高。

图 7-9　650℃下原始粉体烧结　　　　　图 7-10　650℃下复合粉体烧结
　　　样品扫描电镜图　　　　　　　　　　　样品扫描电镜图

图 7-11 与图 7-12 分别为 700℃下原始粉体与复合粉体烧结样品的扫描电镜图。图 7-11 中样品表面较平整的地方颗粒轮廓不是很清晰。图 7-12 中样品表面大部分连接成一片，其中部分区域已经区分不出颗粒的轮廓，致密程度较高，比图 7-11 中样品的致密程度高。

图 7-13 与图 7-14 分别为 750℃下原始粉体与复合粉体烧结样品的扫描电镜图。图 7-13 中样品表面颗粒轮廓较清晰，致密程度较低。图 7-14 中样品表面不太平整，颗粒轮廓不是很清晰，整体上比图 7-13 中原始粉体样品烧结的致密程度高。

图 7-11　700℃下原始粉体烧结
样品扫描电镜图

图 7-12　700℃下复合粉体烧结
样品扫描电镜图

图 7-13　750℃下原始粉体烧结
样品扫描电镜图

图 7-14　750℃下复合粉体烧结
样品扫描电镜图

图 7-15 与图 7-16 分别为 800℃下原始粉体和复合粉体烧结样品扫描电镜图。图 7-15 中样品表面不平整，致密程度较低。图 7-16 中样品表面也有"低洼"处，不是很平整，但比图 7-15 中样品好很多，致密程度也高很多。图 7-15 与图 7-16 相比图 7-13 与图 7-14，表面平整程度与烧结致密程度有所下降。

图 7-15　800℃下原始粉体烧结
样品扫描电镜图

图 7-16　800℃下复合粉体烧结
样品扫描电镜图

　　对比不同温度下的原始粉体与复合粉体烧结样品扫描电镜图可以发现：原始粉体烧结样品中，颗粒间隙明显，表面不平整，致密度低；复合粉体的烧结样品中大部分颗粒由金属黏结起来，表面更加平整，致密度更高。由此可见，由于镍磷合金的加入，TiB_2烧结温度降低，致密度提高，致使TiB_2的有效氧化表面变小，氧化程度也就比原始粉体样品低得多。因此，复合粉体的氧化增重质量分数比原始粉体的低。

　　对比不同温度下复合粉体的烧结样品扫描电镜图，可以看出700℃的烧结样品表面最平整，致密度最好。镍磷合金的熔点为850~890℃，陶瓷烧结的温度一般为陶瓷组成中熔点最低物质的80%，即镍磷合金的熔点的80%，680~712℃。实验结果与理论相符，700℃的烧结温度获得的烧结样品的致密度最好。当烧结温度低于700℃时，由于烧结温度不够，样品的烧结效果不理想，但要好过750℃与800℃时的样品烧结效果。由前面的样品烧结氧化性能分析可知，超过700℃以后，氧化产物B_2O_3蒸发速率进一步增大，样品表面的B_2O_3大量蒸发，样品表面变得不再平整，致密度下降，烧结效果降低。

　　图7-17与图7-18为700℃下原始粉体与复合粉体烧结样品表面的能谱分析图。表7-3与表7-4为其对应的元素分析结果。对比图7-17与图7-18，图7-17中只有Ti、B、O三种元素，图7-18较图7-17相比多了Ni和P元素，说明原始粉体与复合粉体样品在烧结过程中都发生了氧化，复合粉体样品中有镍磷合金存在。

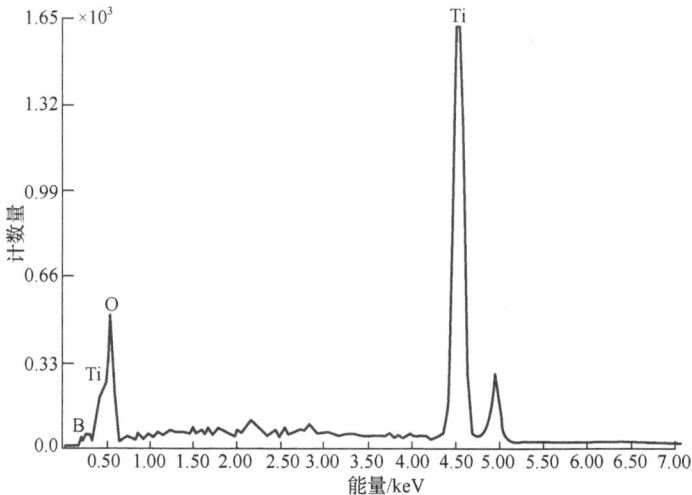

图7-17　700℃原始粉体烧结样品能谱图

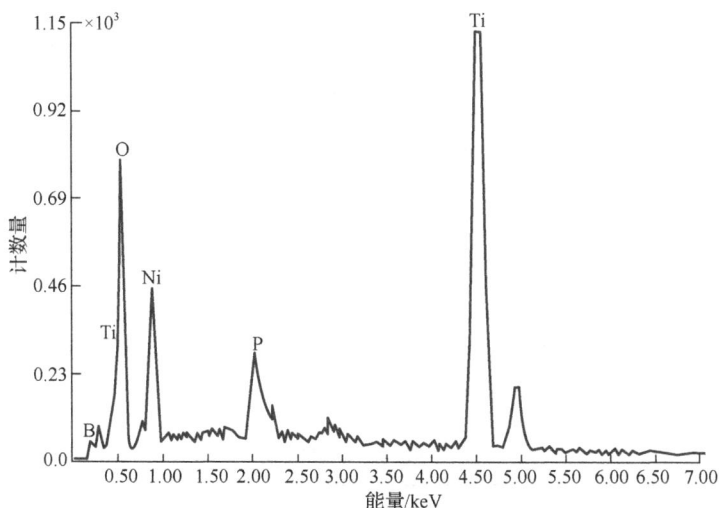

图 7-18　700℃复合粉体烧结样品能谱图

　　表 7-3 中 B 的质量分数较低，并且原子数量比仅有 19.78%，理论上 B 的原子数量应该是 Ti 的 2 倍，现在仅有 Ti 原子数量的一半多。这说明原始粉体样品在烧结过程中，氧化产物 B_2O_3 大量蒸发，导致样品中 B 的质量分数变少。与氧化分析的结果是一致的。而表 7-4 中 B 的质量分数较高，表明 B 的蒸发减少，说明 Ni 和 P 的加入，能够一定程度上阻止 TiB_2 烧结过程中的氧化行为。

表 7-3　700℃原始粉体烧结样品元素分析结果

元素	质量分数/%	原子数量比/%
B	8.11	19.78
O	27.00	44.50
Ti	64.89	35.72

表 7-4　700℃复合粉体烧结样品元素分析结果

元素	质量分数/%	原子数量比/%
B	16.07	35.24
O	24.64	36.52
P	2.58	1.97
Ti	36.98	18.31
Ni	19.73	7.97

7.3　化学镀镍基合金 TiB_2 陶瓷复合粉体的析氢行为

研究采用化学镀工艺，以次磷酸钠为还原剂制备镍磷 TiB_2 陶瓷复合粉体，通过析氢实验考察化学镀镍磷 TiB_2 陶瓷复合粉体过程中的析氢行为，即镀液组成、pH、温度等对氢气析出体积随时间变化的规律。

化学镀镀液的主要成分和工艺条件如表 7-5 所示，三种配方的主配位剂分别为柠檬酸钠、乳酸和焦磷酸钠。实验中保持基础配方中各成分浓度或工艺参数不变，仅仅改变一个组分的浓度或工艺参数。通过析氢实验考察相应条件下化学镀镍磷包覆 TiB_2 复合粉体过程中的析氢行为。

表 7-5　包覆粉体用化学镀镍磷合金镀液主要成分及工艺条件

项目	配方 1	配方 2	配方 3
硫酸镍/(g/L)	20～40	20～40	20～40
次磷酸钠/(g/L)	20～40	20～40	20～40
柠檬酸钠/(g/L)	15～35		
乳酸/(mL/L)		10～50	
焦磷酸钠/(g/L)			15～35
乙酸钠/(g/L)	18	18	
硫酸铵/(g/L)			40
硫脲/(mg/L)	1	1	
碘酸钾/(mg/L)			10
温度/℃	75～95	75～95	55～75
pH	4.0～6.0	4.0～6.0	9～11
装载量/(g/L)	0.5～4.0	0.5～4.0	0.5～4.0

7.3.1　柠檬酸钠体系的析氢行为

1. 装载量对氢气析出体积及镀覆量的影响

图 7-19 为装载量对氢气析出体积与时间关系的影响，由于粉体的特殊性，装载量以每升镀液内粉体的质量来表示。如图 7-19 所示，选取的反应时间为 1h，装载量为 0.5g/L、1g/L、2g/L、3g/L、4g/L 下反应过程中的氢气析出体积与时间关系曲线均呈现先平缓增长，再进入快速增长，后趋于平缓的走势。将曲线前平缓部分定义为反应初期，曲线骤升部分定义为反应中期，曲线后平缓部分定义为反应后期。从粉体与化学镀镀液混合开始到气体大量析出的时间为诱导时间[77]。反应初期，镀液活性不高，镍离子沉积速率较慢，单位时间内氢气的析出体积较小。在反应中期，TiB_2 陶瓷粉体表面沉积的镍磷镀层逐渐增多，镍本身具有催化效果，先沉积的镍会催化反应的进行，促使镍沉积，单位时间内氢气的析出体积增加。

当反应到达后期，镀液中各组分浓度降低，镀液反应活性减弱，镍沉积缓慢，从而导致单位时间内氢气的析出体积减小。当装载量为 2g/L、3g/L、4g/L 时反应诱导时间较短，装载量为 0.5g/L、1g/L 时反应诱导时间较长。

图 7-20 为装载量对氢气析出体积总量及镀覆量的影响。如图 7-20 所示，当装载量为 2g/L、3g/L、4g/L 时，由于装载量较大，TiB$_2$ 陶瓷粉体表面周围镀液中的各种有效成分被过多的表面反应消耗掉，有效成分得不到及时补充，导致部分 TiB$_2$ 陶瓷粉体表面没有沉积镍磷镀层或者沉积较少，施镀不均匀。随着装载量的增加，镀液分解的倾向增大，也会导致粉体包覆不均匀。

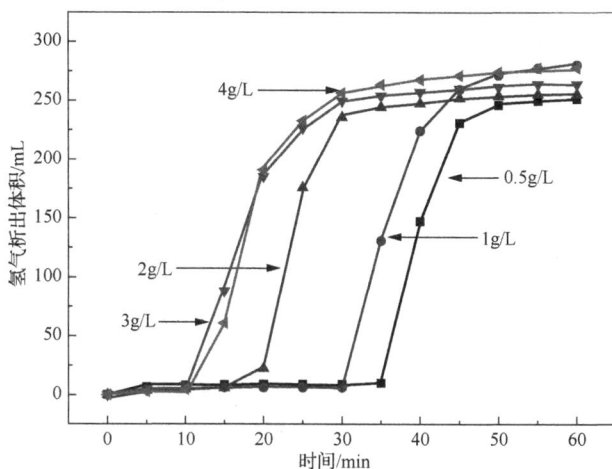

图 7-19　装载量对氢气析出体积与时间关系的影响

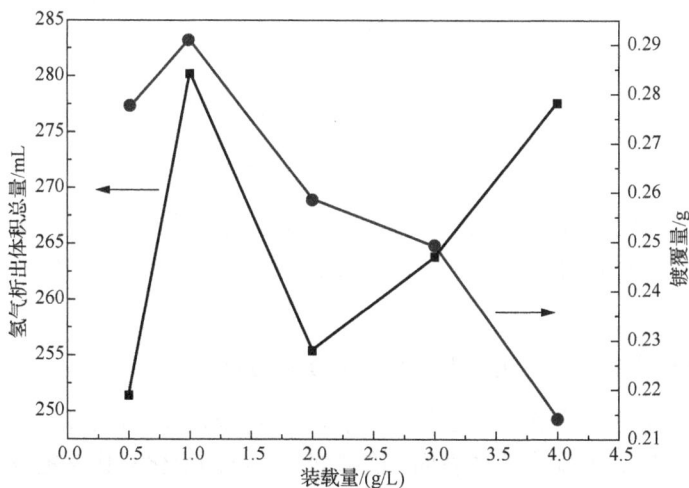

图 7-20　装载量对氢气析出体积总量及镀覆量的影响

2. 氢气析出体积与镀覆量的关系

图 7-21 为氢气析出体积与镀覆量的关系。如图 7-21 所示，镀液与 TiB₂ 粉末混合后，在反应容器内发生氧化还原反应，即次磷酸根还原镍离子，该化学反应一般包含四个步骤：①是反应物（如镍离子、次亚磷酸根等）向表面扩散；②是反应物吸附在催化表面上；③是在催化表上发生氧化还原反应；④是镍磷沉积在催化表面或氢气、氢离子、次亚磷酸根等扩散离开。还原剂需在催化或加热条件下催化脱氢或水解释放成原子氢，反应才可发生。镍离子被 TiB₂ 陶瓷粉体表面上吸附的活性初生态原子氢释放出的电子还原成镍，并沉积在 TiB₂ 陶瓷粉体表面。次磷酸根被原子氢还原或自身氧化还原生成磷，并沉积在 TiB₂ 陶瓷粉体表面，因此得到了 TiB₂ 陶瓷粉体表面上沉积的镍磷镀层。伴随着次磷酸根水解或初生态原子氢合成产生氢气。在同一条件下，随着反应的进行，氢气析出体积逐渐升高，镀覆量逐渐增大。

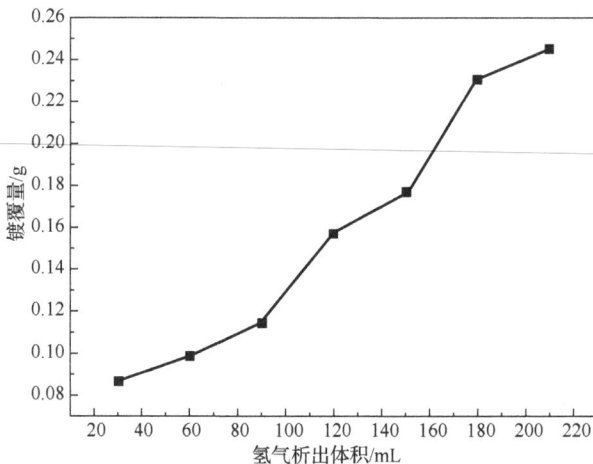

图 7-21 氢气析出体积与镀覆量的关系图

由图 7-21 可以看到，氢气析出体积与镀覆量之间基本成正比关系，镍磷镀层的镀覆速率可以用析氢速率来表示，这为通过测量氢气体积研究镀覆工艺条件提供了实验依据。

3. 次磷酸钠浓度对氢气析出体积及镀覆量的影响

次磷酸钠是化学镀镍磷溶液中的还原剂，它能提供电子在镀液中还原镍离子，生成镍并沉积在 TiB₂ 陶瓷粉体表面。次磷酸钠浓度的变化对化学镀反应过程中氢气析出行为的影响较大。图 7-22 为次磷酸钠浓度对氢气析出体积与时间关系的影响。如图 7-22 所示，次磷酸钠浓度较低时，反应诱导时间较长，因此选取实验时间 100min。次磷酸钠浓度在 20g/L、25g/L、30g/L、35g/L 下反应过程中的氢气析出体积曲线均呈现先平缓增长，再进入快速增长，后趋于平缓的走势，随着其浓度的增加，诱导时间减少。但次磷酸钠浓度过高会影响镀液的稳定性，当次磷酸钠浓度为 40g/L 时，镀液在预热阶段就出现了分解现象。

图 7-23 为次磷酸钠浓度对氢气析出体积总量及镀覆量的影响。如图 7-23 所示，随次磷酸钠浓度的增大，氢气析出体积总量增大，镀覆量增大。Ni 和 $H_2PO_2^-$ 摩尔比为 0.35～0.60，比值过高会影响镀液的稳定性及镀层性能，例如，镀液出现浑浊，镀层粗糙无光，甚至镀液分解等现象。

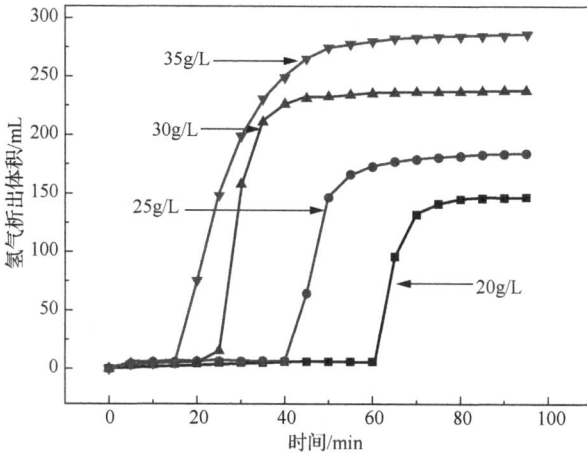

图 7-22　次磷酸钠浓度对氢气析出体积与时间关系的影响

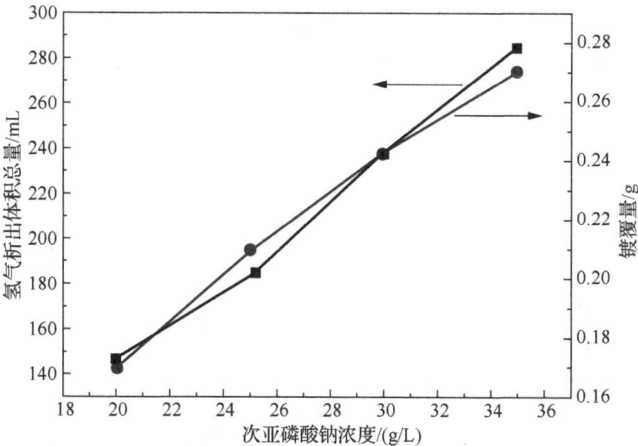

图 7-23　次磷酸钠浓度对氢气析出体积总量及镀覆量的影响

4. 硫酸镍浓度对氢气析出体积及镀覆量的影响

图 7-24 为硫酸镍浓度对氢气析出体积与时间关系的影响。如图 7-24 所示，硫酸镍浓度在 20g/L、25g/L、30g/L、35g/L、40g/L 下反应过程中的氢气析出体积

曲线均呈现先平缓增长，再进入快速增长，后趋于平缓的走势。硫酸镍浓度为20g/L、25g/L 时，反应诱导时间较短，当硫酸镍浓度上升到 30g/L、35g/L、40g/L时，反应诱导时间较长。可见在硫酸镍浓度较高时会延缓反应的诱导时间。

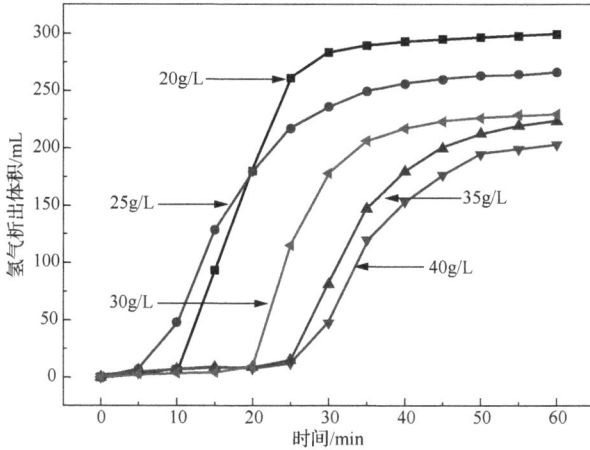

图 7-24　硫酸镍浓度对氢气析出体积与时间关系的影响

图 7-25 为硫酸镍浓度对氢气析出体积总量及镀覆量的影响。如图 7-25 所示，随着硫酸镍浓度的提高，氢气的析出体积总量逐渐较小，但镀覆量逐渐增加。沉积的镀层和生成的氢气均为反应产物，硫酸镍浓度的增大更有利于镀层的生成，而氢气的析出体积总量相对减少。镀液中镍离子的浓度不宜过高，当溶液中游离镍离子浓度过高时，会产生溶解度很小的亚磷酸镍沉淀，同时镀层中镍离子减少，这些沉淀物本身具有催化活性，可诱发镀液分解生成海绵絮状的镍粉，使镀层粗糙，降低镀液的稳定性和使用寿命。

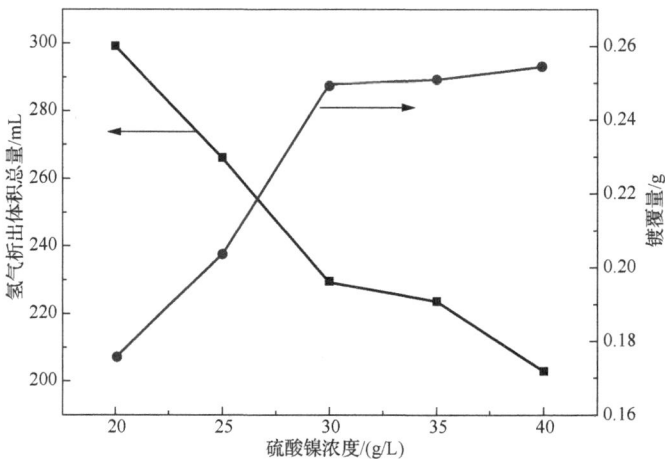

图 7-25　硫酸镍浓度对氢气析出体积总量及镀覆量的影响

5. 柠檬酸钠浓度对氢气析出体积及镀覆量的影响

柠檬酸钠作为配位剂，防止镀液析出沉淀，增加镀液稳定性并延长使用寿命，柠檬酸钠的加入可有效避免溶解度很小的亚磷酸镍沉淀生成，提高沉积速率。图 7-26 为柠檬酸钠浓度对氢气析出体积与时间关系的影响。如图 7-26 所示，柠檬酸钠浓度在 15g/L、20g/L、25g/L、30g/L、35g/L 时随着其浓度的增大，诱导时间减少。

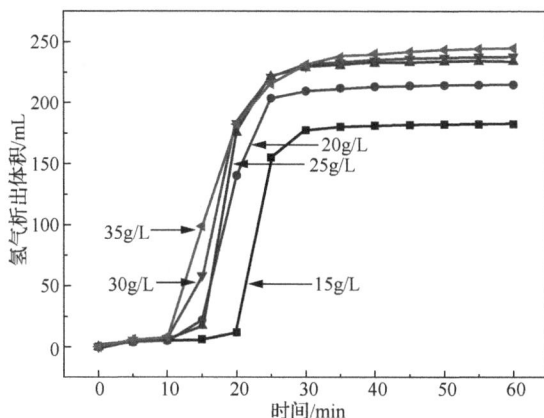

图 7-26 柠檬酸钠浓度对氢气析出体积与时间关系的影响

图 7-27 为柠檬酸钠浓度对氢气析出体积总量及镀覆量的影响。如图 7-27 所示，随着柠檬酸钠浓度的增大，氢气的析出体积总量、镀覆量也增大。柠檬酸钠吸附在 TiB_2 陶瓷粉体表面，加速镍的沉积反应。柠檬酸钠浓度过高时，在催化表面的吸附量过大，会降低反应速度。

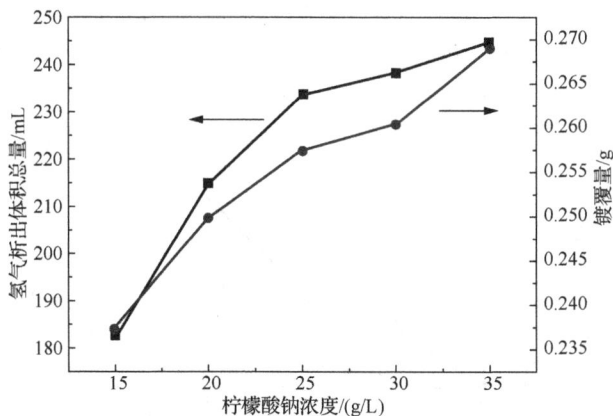

图 7-27 柠檬酸钠浓度对氢气析出体积总量及镀覆量的影响

6. 反应温度对氢气析出体积及镀覆量的影响

反应温度是化学镀工艺的一个重要参数，反应温度过低时无法发生氧化还原反应。图 7-28 为反应温度对氢气析出体积与时间关系的影响。如图 7-28 所示，反应温度在 75℃、80℃、85℃、90℃、95℃内反应过程中的氢气析出体积曲线均呈现先平缓增长，再进入快速增长，后趋于平缓的走势，随着反应温度的升高，诱导时间减少。

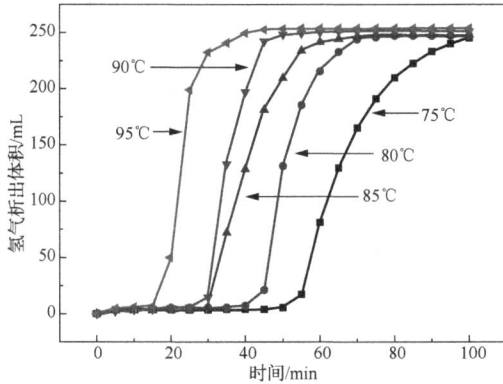

图 7-28 反应温度对氢气析出体积与时间关系的影响

图 7-29 为反应温度对氢气析出体积总量及镀覆量的影响。如图 7-29 所示，随着反应温度的升高，反应所得的氢气析出体积总量逐渐增大，镀覆量也增大。反应温度升高使有效成分扩散加快，消耗掉的镍离子和亚磷酸根离子得到及时补充，镍沉积阻碍或延迟减少。较高的反应温度提高了次磷酸钠的活性，促进磷的析出，镀覆量也随之增大。但柠檬酸钠体系的反应温度不宜过高，反应温度过高会使反应产生的氢气来不及排出，镀层表面会形成突起或气孔，使镍磷镀层与 TiB_2 陶瓷粉间的结合力下降，影响镀层性能，同时反应温度过高还易造成镀液分解。

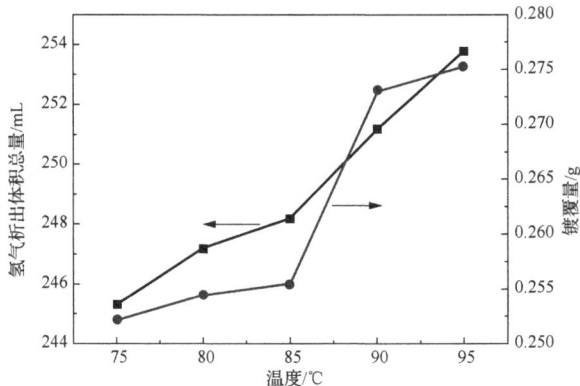

图 7-29 反应温度对氢气析出体积总量及镀覆量的影响

7. 镀液 pH 对氢气析出体积及镀覆量的影响

图 7-30 为镀液 pH 对氢气析出体积与时间关系的影响。如图 7-30 所示，溶液 pH 为 4、4.5、5、5.5、6 时，反应过程中的氢气析出体积曲线均呈现先平缓增长，再进入快速增长，后趋于平缓的走势。当 pH 为 5.5 时诱导时间较短，pH 为 4 时诱导时间较长。

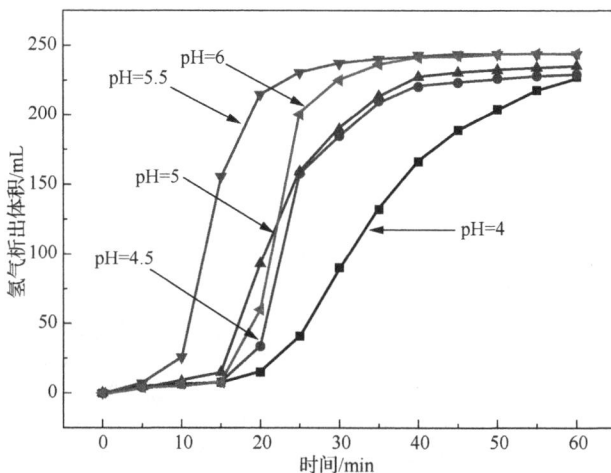

图 7-30　镀液 pH 对氢气析出体积与时间关系的影响

图 7-31 为镀液 pH 对氢气析出体积总量及镀覆量的影响。如图 7-31 所示，随着溶液 pH 的升高，氢气的析出体积总量及镀覆量逐渐增大。每沉积 1mol 的金属镍，生成 3mol 的氢离子。随着反应不断进行，生成的氢离子逐渐增多，pH 也不断下降，pH 的这种变化首先表现在 TiB_2 陶瓷粉体表面。在酸性镀液中，pH 升高，镍离子的还原速度加快。因此随着 pH 的升高，氢气的析出体积总量和镀覆量逐渐增大。

8. 复合粉体的表面形貌和比表面积

图 7-32 为原始粉体和硫酸镍浓度为 20g/L、25g/L、30g/L、35g/L、40g/L 时复合粉体的表面形貌图。未施镀的 TiB_2 陶瓷粉体在 3000 倍放大下观察到粉体直径为 3~5μm，呈立方体，粉体表面光滑。对比原始粉体与原始粉体形貌图可知，胞状结构颗粒为镀层，内部粉体为 TiB_2 基体。随着硫酸镍浓度的增大，粉体表面胞状镀层逐渐致密均匀，且镀层厚度增加，即表现为镀覆量增加。可见适当提高镀液中硫酸镍的浓度，有助于镀层的沉积，得到致密均匀的镀层。

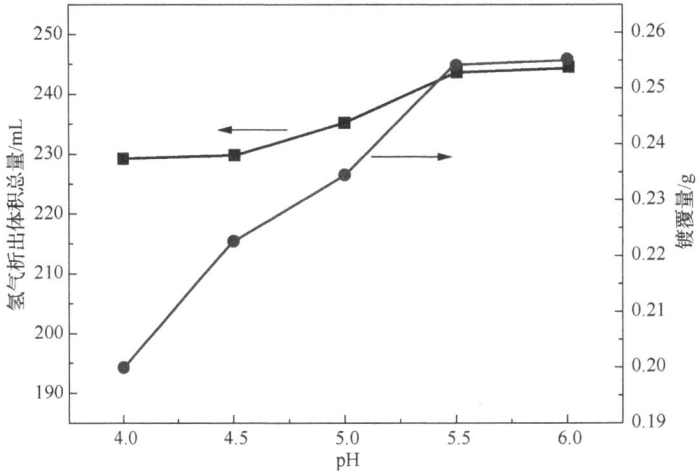

图 7-31　镀液 pH 对氢气析出体积总量及镀覆量影响

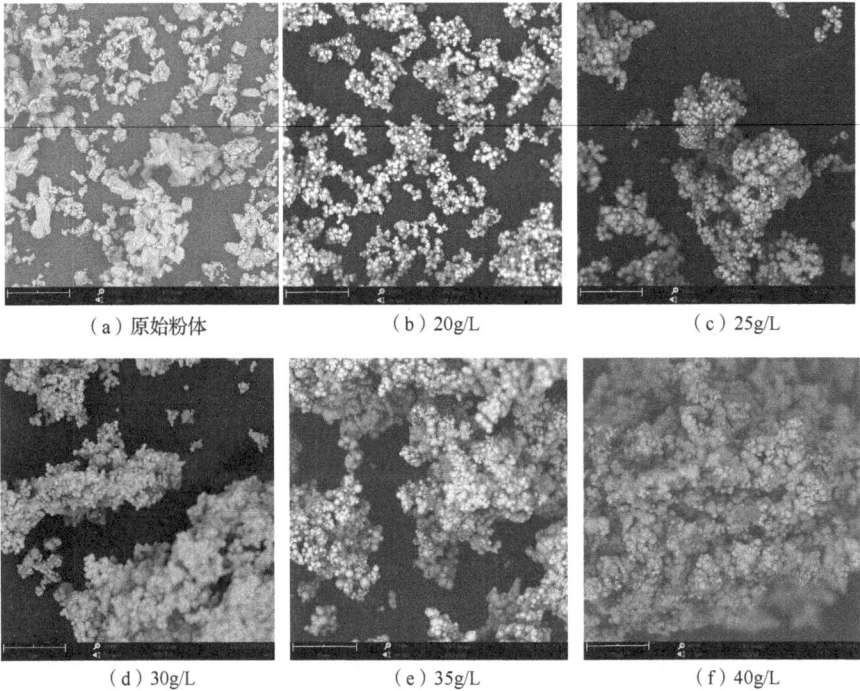

（a）原始粉体　　　　　　　（b）20g/L　　　　　　　（c）25g/L

（d）30g/L　　　　　　　（e）35g/L　　　　　　　（f）40g/L

图 7-32　原始粉体和硫酸镍浓度为 20g/L、25g/L、30g/L、35g/L、40g/L 时
复合粉体的表面形貌图

次磷酸钠的浓度对复合粉体的制备工艺影响较大。图 7-33 为柠檬酸钠体系中
次磷酸钠浓度在 20g/L、25g/L、30g/L、35g/L 时复合粉体的表面形貌。表 7-6 为

柠檬酸钠体系中不同次磷酸钠浓度下复合粉体比表面积。TiB_2 原始粉体的比表面积为 $0.89147m^2/g$，在柠檬酸钠体系中，复合粉体比表面积减小。施镀后的粉体表面包覆均匀致密的镀层，填补了原始粉体表面不光滑的地方，因此比表面积减小。施镀时粉体有团聚现象，使比表面积减小。当次磷酸钠浓度为 35g/L 时，粉体表面镀层均匀致密，比表面积较小。

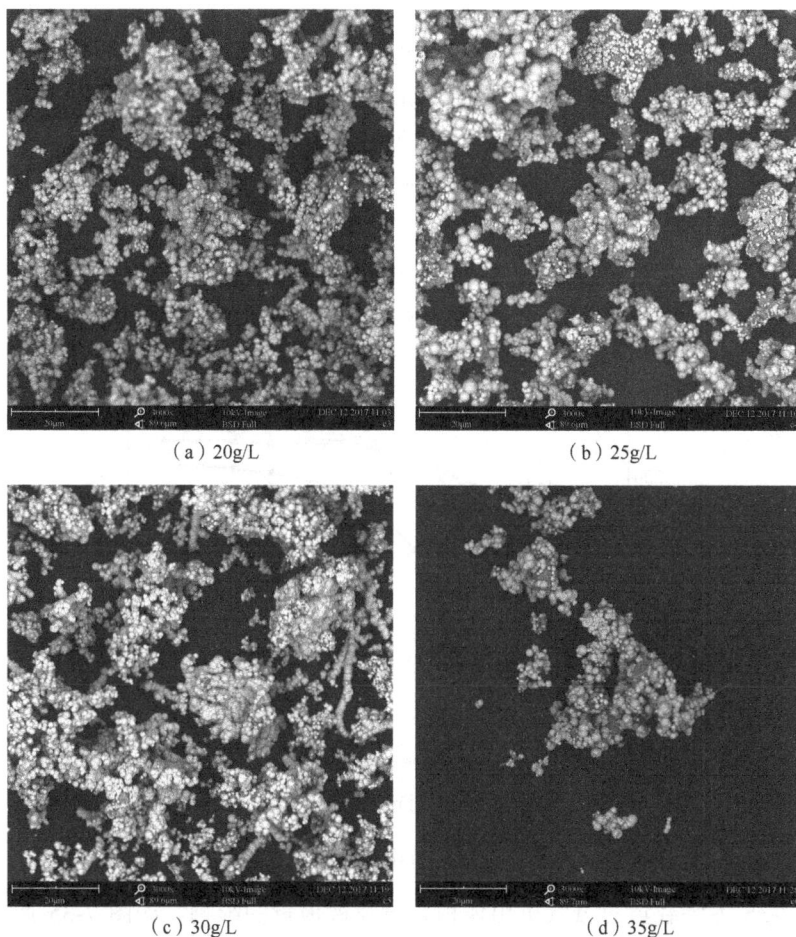

（a）20g/L

（b）25g/L

（c）30g/L

（d）35g/L

图 7-33　柠檬酸钠体系次磷酸钠浓度为 20g/L、25g/L、30g/L、35g/L 时复合粉体的表面形貌图

表 7-6　柠檬酸钠体系中不同次磷酸钠浓度下复合粉体比表面积

次磷酸钠浓度/(g/L)	比表面积/(m²/g)
20	0.60691
25	0.56637
30	0.86689
35	0.59278

7.3.2　乳酸体系的析氢行为

1. 装载量对氢气析出体积及镀覆量的影响

图 7-34 为装载量对氢气析出体积与时间关系的影响。如图 7-34 所示，与柠檬酸钠体系相似，反应时间为 1h，装载量为 0.5g/L、1g/L、2g/L、3g/L、4g/L 下反应过程中的氢气析出体积曲线均呈现先平缓增长，再进入快速增长，后趋于平缓的走势。当预热后的镀液与 TiB_2 陶瓷粉体混合时，在反应容器内发生氧化还原反应，即次磷酸根还原镍离子。反应初期，镀液活性不高，镍离子沉积速率较慢，从而单位时间内氢气的析出体积较小。随着反应的进行，在反应中期，TiB_2 陶瓷粉体表面沉积的镍磷镀层逐渐增多，镍本身具有催化效果，先沉积的镍会催化反应的进行，促使镍沉积，因此单位时间内氢气的析出体积增大。当反应到达后期，镀液中各组分浓度降低，镀液反应活性减弱，镍沉积缓慢，从而导致单位时间内氢气的析出体积减小。当装载量为 2g/L、3g/L、4g/L 时反应诱导时间较短，装载量为 0.5g/L 时反应诱导时间较长。

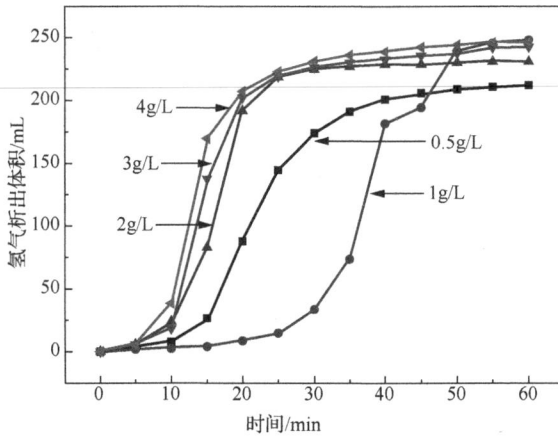

图 7-34　装载量对氢气析出体积与时间关系的影响

图 7-35 为装载量对氢气析出体积总量及镀覆量的影响。如图 7-35 所示，当装载量为 2g/L、3g/L、4g/L 时，由于装载量较大，TiB_2 陶瓷粉体表面积相对于镀液体积太大或集中，TiB_2 陶瓷粉体表面周围镀液中的各种有效成分被过多的表面反应消耗掉，有效成分得不到及时补充，导致部分 TiB_2 陶瓷粉体表面没有沉积镍磷镀层或者沉积较少，施镀不均匀。随着装载量的增加，镀液分解的倾向增大，也会导致粉体包覆不均匀。当装载量为 1.0g/L 时，氢气的析出体积总量和镀覆量均较高。

相同装载量条件下，柠檬酸钠体系中氢气的析出体积总量比乳酸体系中的大，反应的诱导时间比乳酸体系中的长，尤其是低装载量，可知在镀液其余成分相同的条件下，乳酸比柠檬酸钠具有更大加速反应的作用，利于反应的发生。

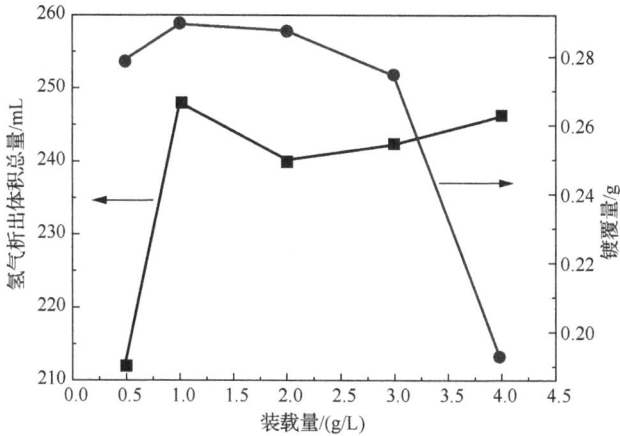

图 7-35 装载量对氢气析出体积总量及镀覆量的影响

2. 氢气析出体积与镀覆量的关系

图 7-36 为乳酸体系中氢气析出体积与镀覆量的关系。由图 7-36 可知，随着氢气析出体积逐渐增大，镀覆量逐渐增大，产生的氢气的体积与镀覆量成正比。

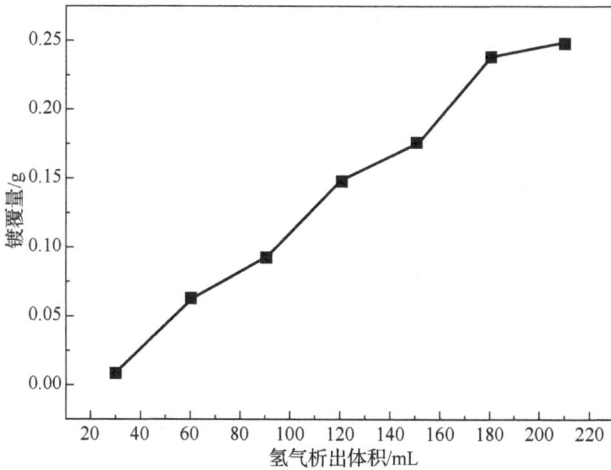

图 7-36 乳酸体系中氢气析出体积与镀覆量的关系

3. 次磷酸钠浓度对氢气析出体积及镀覆量的影响

次磷酸钠是化学镀镍磷溶液中的还原剂，它能提供电子在镀液中还原镍离子，生成镍并沉积在 TiB$_2$ 陶瓷粉体表面。图 7-37 为次磷酸钠浓度对氢气析出体积与时间关系的影响。如图 7-37 所示，次磷酸钠浓度在 20g/L、25g/L、30g/L、35g/L、40g/L 下反应过程中的氢气析出体积曲线均呈现先平缓增长，再进入快速增长，后趋于平缓的走势，随着其浓度的增大，诱导时间减少。当次磷酸钠浓度为 40g/L 时，镀液澄清，预热不分解，可见在该条件下乳酸体系比柠檬酸钠体系稳定。

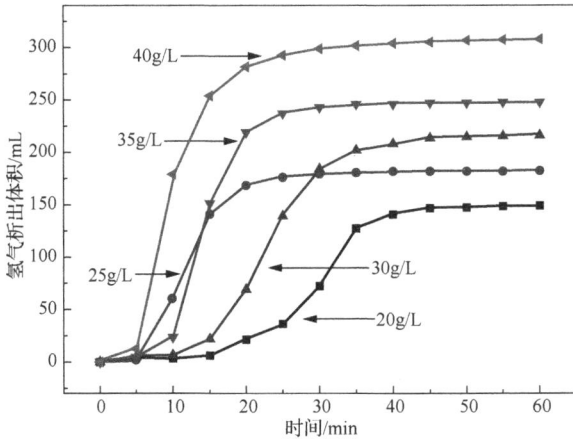

图 7-37　次磷酸钠浓度对氢气析出体积与时间关系的影响

　　图 7-38 为次磷酸钠浓度对氢气析出体积总量及镀覆量的影响。如图 7-38 所示，随次磷酸钠浓度的增大，氢气析出体积总量增大，镀覆量增加。溶液中 Ni 和 $H_2PO_2^-$ 摩尔比为 0.35～0.60。摩尔比过低时得到的镀层呈褐色，比值升高时，镀层含磷量下降，而当比值较高时，镀液出现不稳定现象。每还原 1mol 镍离子，就有 3mol 的亚磷酸根离子产生，亚磷酸根离子在溶液中不断积累。当亚磷酸根离子浓度达到 30g/L 时，将迅速降低化学镀镍的沉积速率。亚磷酸根离子还会与溶液中的镍离子生成溶解度很小的亚磷酸镍沉淀，使镀液浑浊，镀层粗糙无光，甚至催化镀液，发生瞬时分解。

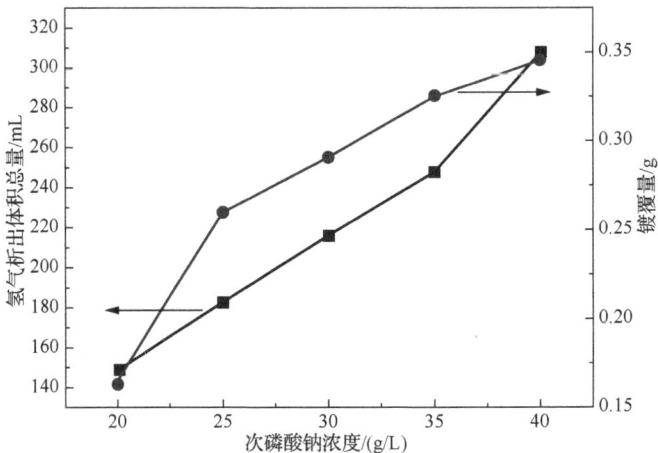

图 7-38　次磷酸钠浓度对氢气析出体积总量及镀覆量的影响

柠檬酸钠体系中反应的诱导时间比乳酸体系中的长，可知乳酸比柠檬酸钠具有更大的加速反应的作用，利于反应的发生，且乳酸比柠檬酸钠有利于镀液的稳定。

4. 硫酸镍浓度对氢气析出体积及镀覆量的影响

图 7-39 为硫酸镍浓度对氢气析出体积与时间关系的影响。如图 7-39 所示，硫酸镍浓度在 20g/L、25g/L、30g/L、35g/L、40g/L 下反应过程中的氢气析出体积曲线均呈现先平缓增长，再进入快速增长，后趋于平缓的走势。硫酸镍浓度为 20～35g/L 时反应诱导时间差别不大，硫酸镍浓度为 40g/L 时反应诱导时间较长。

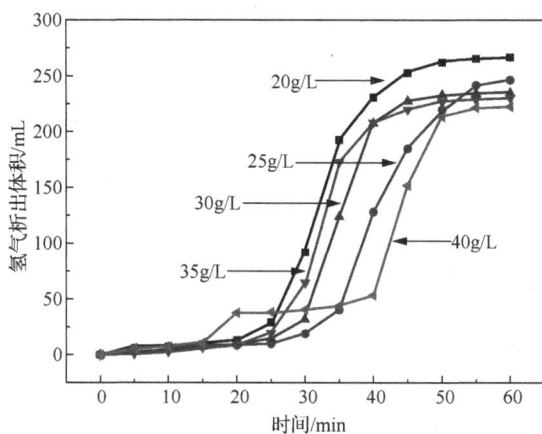

图 7-39　硫酸镍浓度对氢气析出体积与时间关系的影响

图 7-40 为硫酸镍浓度对氢气析出体积总量及镀覆量的影响。如图 7-40 所示，随着镍离子浓度的升高，氢气的析出体积总量逐渐减小，但镀覆量逐渐增加。化学镀反应本身是一个氧化还原反应，硫酸镍浓度达到一定值后，镀覆量的增加减慢。沉积的镀层和生成的氢气均为反应产物，硫酸镍浓度的增大更有利于镀层的生成，而氢气的析出体积总量相对减小。镀液中镍离子的浓度不宜过高，当溶液中游离镍离子浓度过高时，会产生溶解度很小的亚磷酸镍沉淀，同时镀层中镍离子减少，这些沉淀物本身具有催化活性，可诱发镀液分解生成海绵絮状的镍粉，使镀层粗糙，降低镀液的稳定性和使用寿命。

5. 乳酸浓度对氢气析出体积及镀覆量的影响

图 7-41 为乳酸浓度对氢气析出体积与时间关系的影响。如图 7-41 所示，乳酸浓度在 10mL/L、20mL/L、30mL/L、40mL/L、50mL/L 下反应过程中的氢气析出体积曲线均呈现先平缓增长，再进入快速增长，后趋于平缓的走势。乳酸浓度增大，诱导时间减少。

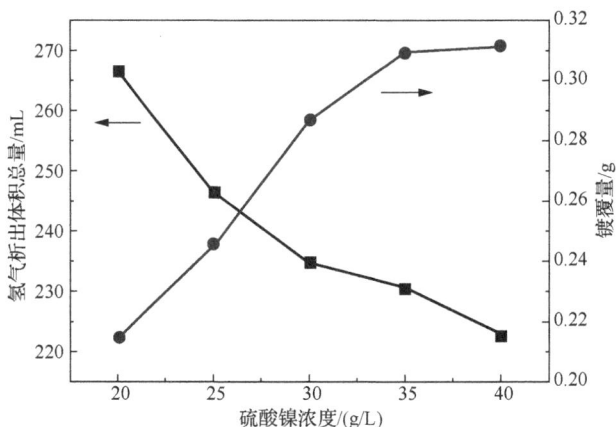

图 7-40　硫酸镍浓度对氢气析出体积总量及镀覆量的影响

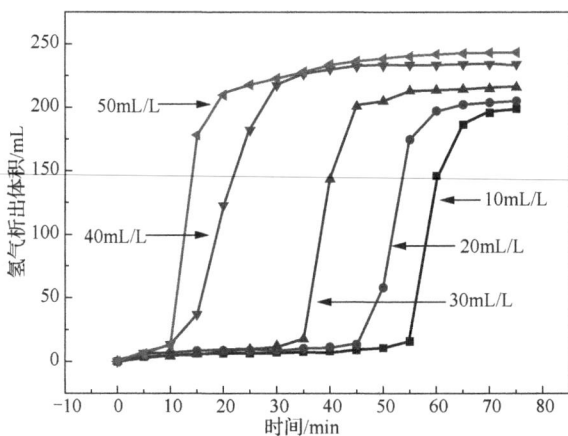

图 7-41　乳酸浓度对氢气析出体积与时间关系的影响

图 7-42 为乳酸浓度对氢气析出体积总量及镀覆量的影响。如图 7-42 所示，随着乳酸浓度的增大，氢气的析出体积总量、镀覆量也随之增大。加入乳酸后，加速了镍的沉积反应。

对比柠檬酸钠体系和乳酸体系发现乳酸浓度的改变对于反应诱导时间的影响更显著。

6. 反应温度对氢气析出体积及镀覆量的影响

图 7-43 为反应温度对氢气析出体积与时间关系的影响。如图 7-43 所示，反应温度在 85℃、90℃、95℃下反应过程中的氢气析出体积曲线均呈现先平缓增长，再快速增长，后趋于平缓的走势。随着反应温度的升高，诱导时间减少。

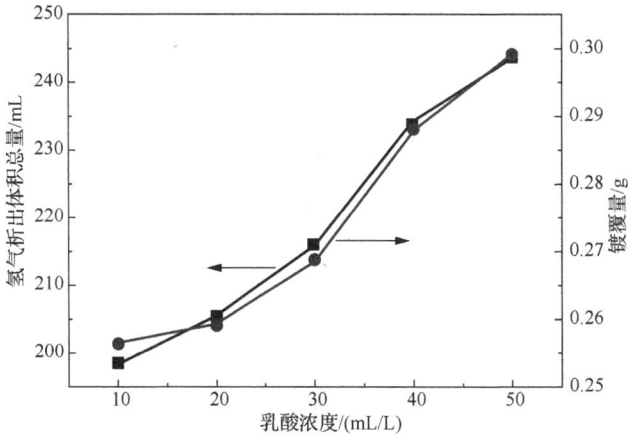

图 7-42 乳酸浓度对氢气析出体积总量及镀覆量的影响

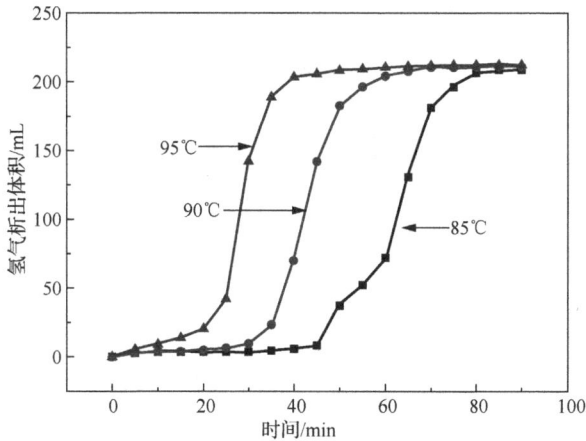

图 7-43 反应温度对氢气析出体积与时间关系的影响

图 7-44 为反应温度对氢气析出体积总量及镀覆量的影响。如图 7-44 所示，随着反应温度升高，氢气的析出体积总量、镀覆量增大。温度越高，有效成分扩散越快，消耗掉的镍离子和亚磷酸根离子能够及时补充，反应不至于阻碍或延迟。同时反应温度的升高，提高了次磷酸钠的活性。反应温度过高会使氢气来不及排出，镀层表面形成突起或气孔，镍磷镀层与 TiB$_2$ 陶瓷粉体间的结合力下降，影响镀层性能。同时反应温度过高还易造成镀液分解。

7. 镀液 pH 对氢气析出体积及镀覆量的影响

图 7-45 为 pH 对氢气析出体积与时间关系的影响。如图 7-45 所示，溶液 pH 为 4、4.5、5、5.5、6 时，反应过程中的氢气析出体积曲线均呈现先平缓增长，再快速增长，后趋于平缓的走势。随着反应 pH 的升高，诱导时间增加。

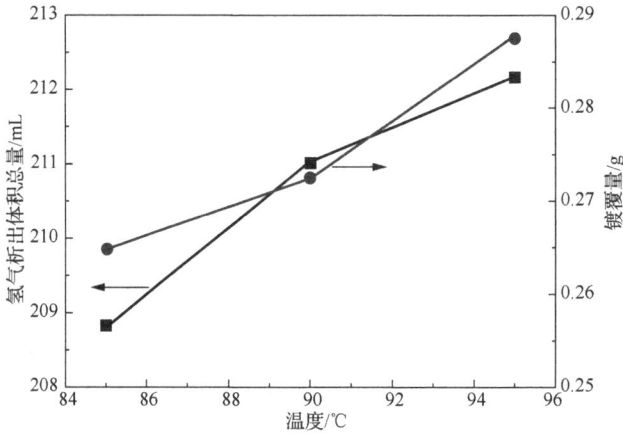

图 7-44　反应温度对氢气析出体积总量及镀覆量的影响

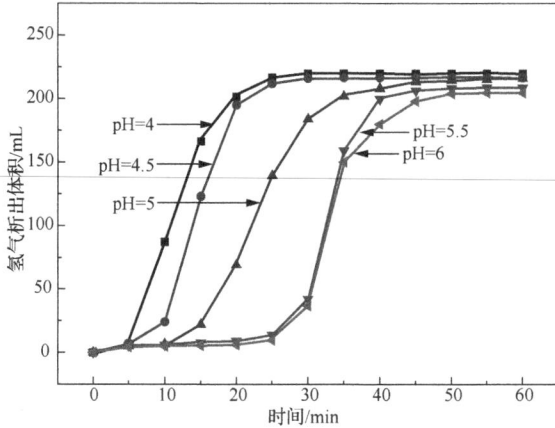

图 7-45　pH 对氢气析出体积与时间关系的影响

图 7-46 为 pH 对氢气析出体积总量及镀覆量的影响。如图 7-46 所示，随着溶液 pH 的升高，氢气析出体积总量和镀覆量减小，这一点乳酸体系与柠檬酸钠体系不同。

8. 复合粉体的表面形貌和比表面积

图 7-47 为乳酸体系中次磷酸钠浓度在 20g/L、25g/L、30g/L、35g/L 时复合粉体的表面形貌。随着次磷酸钠浓度的增大，镀层逐渐均匀致密，厚度增加。

表 7-7 为乳酸体系中不同次磷酸钠浓度下复合粉体比表面积。施镀后的粉体表面包覆镍磷镀层，填补了原始粉体表面不光滑的地方，且施镀时粉体有团聚现象，因此复合粉体的比表面积减小。当次磷酸钠浓度为 35g/L 时，复合粉体表面镀层包覆均匀致密，比表面积较小。乳酸体系复合粉体与柠檬酸钠体系复合粉体相比，比表面积更小。

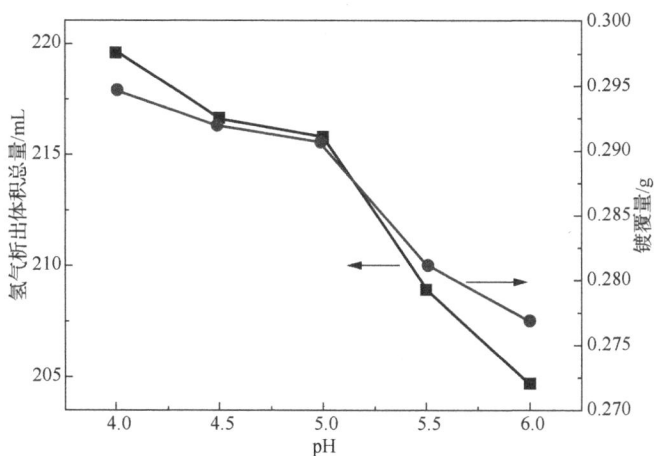

图 7-46　pH 对氢气析出体积总量及镀覆量的影响

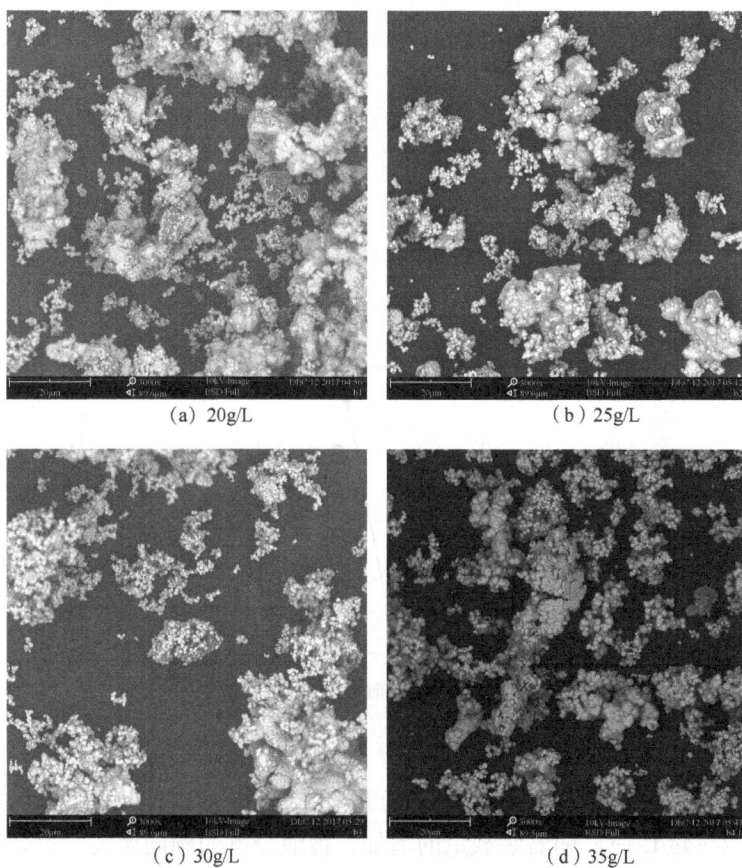

（a）20g/L

（b）25g/L

（c）30g/L

（d）35g/L

图 7-47　乳酸体系中次磷酸钠浓度为 20g/L、25g/L、30g/L、35g/L 时
复合粉体的表面形貌图

表 7-7　乳酸体系中不同次磷酸钠浓度下复合粉体比表面积

次磷酸钠浓度/(g/L)	比表面积/(m²/g)
20	0.56682
25	0.48363
30	0.49907
35	0.42837

7.3.3　焦磷酸钠体系的析氢行为

1. 装载量对氢气析出体积及镀覆量的影响

在焦磷酸钠体系中，镀液与 TiB₂粉末混合，在其表面沉积镍磷镀层。柠檬酸钠和乳酸体系相比，复合粉体的宏观形貌不同，所得产物为疏松絮状，体积膨胀。图 7-48 为装载量对氢气析出体积与时间关系的影响。如图 7-48 所示，本实验反应时间为 1h，装载量为 0.5g/L、1g/L、2g/L、3g/L、4g/L 下反应过程中的氢气析出体积曲线均呈现先平缓增长，再进入快速增长，后趋于平缓的走势。当装载量为 3g/L、4g/L 时反应诱导时间较短，装载量为 0.5g/L、2g/L 时反应诱导时间较长，装载量为 1g/L 时反应诱导时间最长。对比前两个体系中装载量对氢气析出体积及镀覆量的影响，发现在焦磷酸钠体系中，装载量对诱导时间的影响较大。

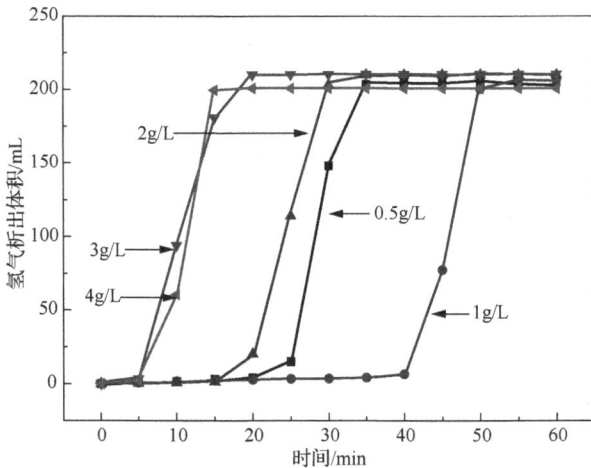

图 7-48　装载量对氢气析出体积与时间关系的影响

图 7-49 为装载量对氢气析出体积总量及镀覆量的影响。如图 7-49 所示，当装载量为 2~4g/L 时，随着装载量的增加，镀液分解的倾向增大，也会导致粉体包覆不均匀。

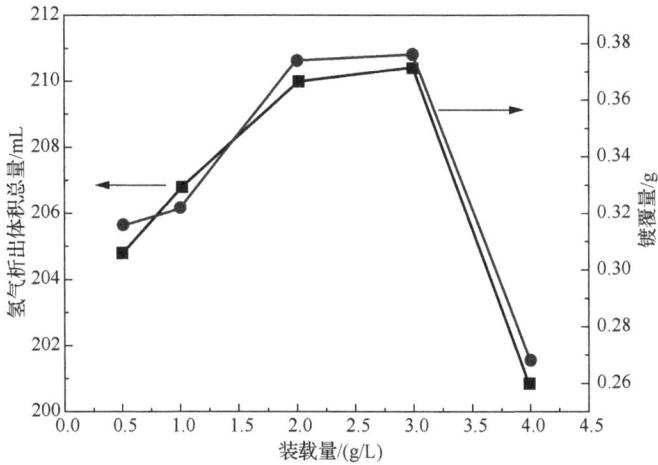

图 7-49　装载量对氢气析出体积总量及镀覆量的影响

2. 氢气析出体积与镀覆量的关系

图 7-50 为焦磷酸钠体系中氢气析出体积与镀覆量的关系。如图 7-50 所示，还原剂在催化或加热条件下催化脱氢或水解释放生成原子氢，镍离子被 TiB$_2$ 陶瓷粉体表面上吸附的活性初生态原子氢释放出的电子还原成镍，并沉积在 TiB$_2$ 陶瓷粉体表面。次磷酸根被原子还原氢或自身氧化还原生成磷，并沉积在 TiB$_2$ 陶瓷粉体表面，得到镍磷镀层，同时初生态原子氢合成产生氢气。与柠檬酸钠、乳酸体系相同，在同一条件下，随着反应的进行，氢气析出体积逐渐增大，镀覆量逐渐增大。

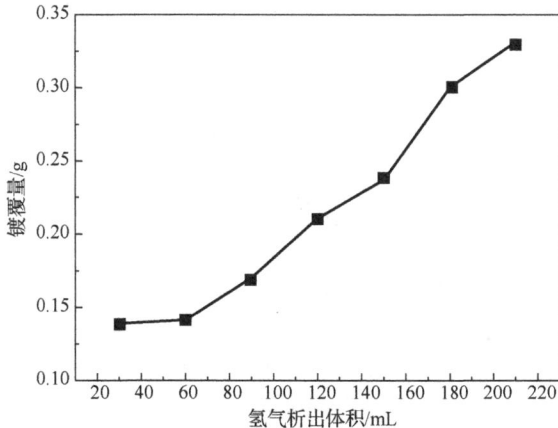

图 7-50　焦磷酸钠体系中氢气析出体积与镀覆量的关系

3. 次磷酸钠浓度对氢气析出体积及镀覆量的影响

次磷酸钠是化学镀镍磷溶液中的还原剂，它能提供电子在镀液中还原镍离子，生成镍沉积在 TiB$_2$ 陶瓷粉体表面。图 7-51 为次磷酸钠浓度对氢气析出体积与时间关系的影响。如图 7-51 所示，当次磷酸钠浓度在 20g/L、25g/L、30g/L、35g/L下反应过程中的氢气析出体积曲线均呈现先平缓增长，再进入快速增长，后趋于平缓的走势。

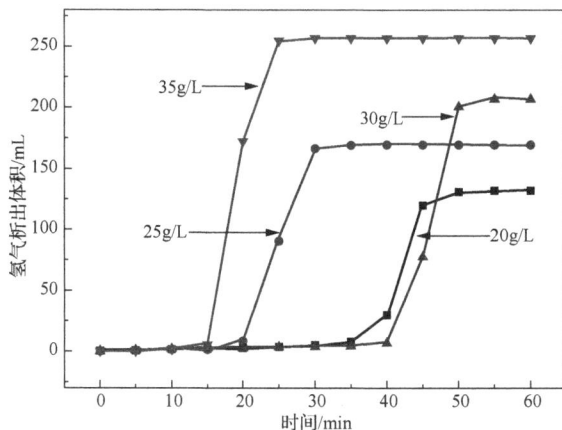

图 7-51　次磷酸钠浓度对氢气析出体积与时间关系的影响

图 7-52 为次磷酸钠浓度对氢气析出体积总量及镀覆量的影响。如图 7-52 所示，随着其浓度的增大，氢气析出体积增大，镀覆量增大。当次磷酸钠浓度为 40g/L时，镀液不稳定，在预热阶段就分解了。

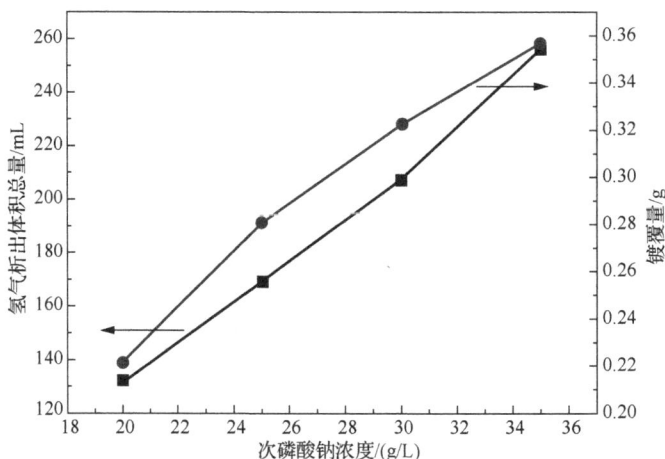

图 7-52　次磷酸钠浓度对氢气析出体积总量及镀覆量的影响

通过对比三个体系下次磷酸钠浓度对氢气析出体积及镀覆量的影响发现，在焦磷酸钠体系中，次磷酸钠浓度相同时，氢气析出体积总量小，镀覆量大，更利于镀层的沉积。

4. 硫酸镍浓度对氢气析出体积及镀覆量的影响

图 7-53 为硫酸镍浓度对氢气析出体积与时间关系的影响。由图 7-53 可知，当硫酸镍浓度在 20g/L、25g/L、30g/L、35g/L、40g/L 下反应过程中的氢气析出体积曲线均呈现先平缓增长，再进入快速增长，后趋于平缓的走势。当硫酸镍浓度为 40g/L 时诱导时间较短，硫酸镍浓度为 30g/L 时诱导时间较长。图 7-54 为硫酸镍浓度对氢气析出体积总量及镀覆量的影响。如图 7-54 所示，随着镍离子浓度的提高，氢气的析出体积总量逐渐较小，但镀覆量逐渐增加。化学镀反应本身是一个氧化还原反应，硫酸镍浓度达到一定值后，镀覆量的增加幅度减慢。沉积的镀层和生成的氢气均为反应产物，硫酸镍浓度的增大更有利于镀层的生成，而氢气的析出体积总量相对减小。镀液中镍离子的浓度不宜过高，当溶液中游离镍离子浓度过高时，会产生溶解度很小的亚磷酸镍沉淀，诱发镀液分解生成海绵絮状的镍粉，使镀层粗糙。

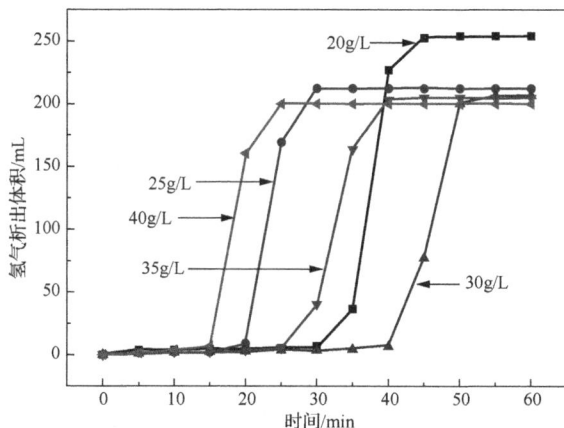

图 7-53　硫酸镍浓度对氢气析出体积与时间关系的影响

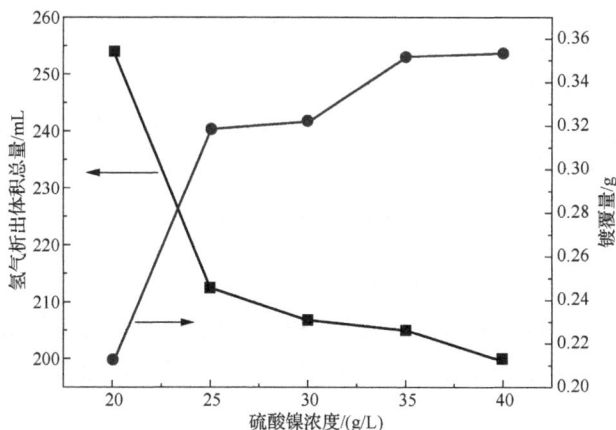

图 7-54　硫酸镍浓度对氢气析出体积总量及镀覆量的影响

通过对比三个体系下次硫酸镍浓度对氢气析出体积总量及镀覆量的影响发现，在焦磷酸钠体系中，硫酸镍浓度相同时，氢气析出体积总量小，镀覆量大，可见焦磷酸钠更利于镀层的沉积。

5. 焦磷酸钠浓度对氢气析出体积及镀覆量的影响

图 7-55 为焦磷酸钠浓度对氢气析出体积与时间关系的影响。如图 7-55 所示，当焦磷酸钠浓度在 15g/L、20g/L、25g/L、30g/L、35g/L 下反应过程中的氢气析出体积曲线均呈现先平缓增长，再进入快速增长，后趋于平缓的走势。随着其浓度的增大，诱导时间减少，其中焦磷酸钠浓度为 20g/L 及 25g/L 时诱导时间差别不大。

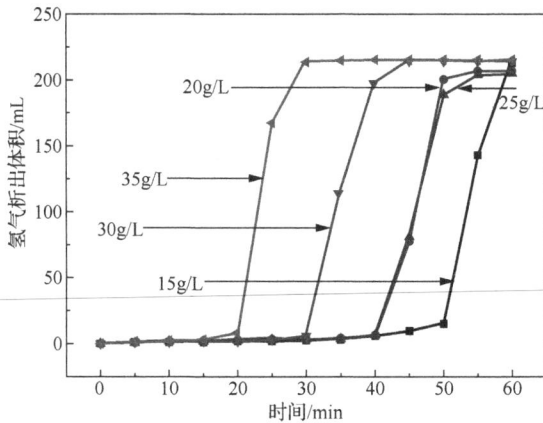

图 7-55　焦磷酸钠浓度对氢气析出体积与时间关系的影响

图 7-56 为焦磷酸钠浓度对氢气析出体积总量及镀覆量的影响。如图 7-56 所示，随着焦磷酸钠浓度的增大，氢气析出体积总量和镀覆量先减小后增大。焦磷酸钠浓度为 15~25g/L 时，焦磷酸钠配位镍离子的能力逐渐降低，沉积的镍离子总量减少，从而析出的氢气体积总量减小。当焦磷酸钠浓度大于 25g/L 时，焦磷酸钠吸附在 TiB_2 陶瓷粉体表面，其配位镍离子的能力逐渐增强，加速了沉积反应的进行。对比三个体系发现，在焦磷酸钠体系氢气析出体积总量小，镀覆量大，可见焦磷酸钠更利于镀层的沉积，但诱导时间比柠檬酸钠体系长。

6. 反应温度对氢气析出体积及镀覆量的影响

图 7-57 为反应温度对氢气析出体积与时间关系的影响。如图 7-57 所示，当反应温度在 55℃、60℃、65℃、70℃、75℃下反应过程中的氢气析出体积曲线均呈现先平缓增长，再进入快速增长，后趋于平缓的走势。随着反应温度的升高，诱导时间减少。

图 7-58 为反应温度对氢气析出体积总量及镀覆量的影响。如图 7-58 所示，

随着反应温度的升高，氢气析出体积总量和镀覆量增大。温度越高，镀液中的有效成分扩散越快，镍离子和亚磷酸根离子能够得到及时补充，镍沉积反应不至于阻碍或延迟。同时反应温度的提高增大了次磷酸钠的活性，促进了磷的析出，镀覆量增大。但反应温度也不宜过高，过高的反应温度会使反应产生的氢气来不及排出，镀层表面会形成突起或气孔，使镍磷镀层与 TiB_2 陶瓷粉体的结合力下降，还易造成镀液分解。

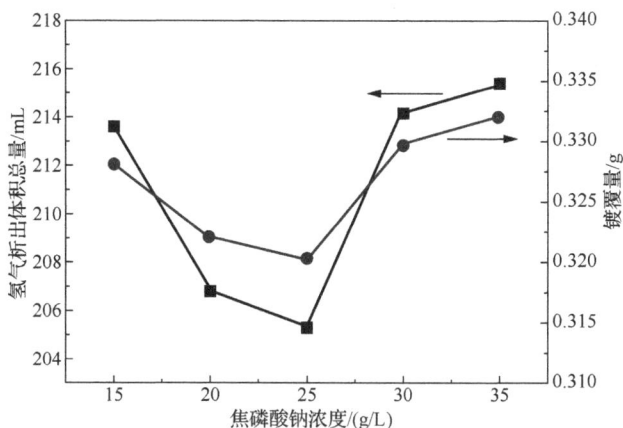

图 7-56　焦磷酸钠浓度对氢气析出体积总量及镀覆量的影响

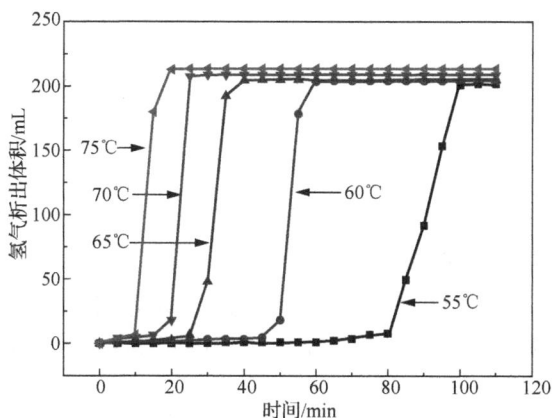

图 7-57　反应温度对氢气析出体积与时间关系的影响

7. 镀液 pH 对氢气析出体积及镀覆量的影响

焦磷酸钠体系和柠檬酸钠及乳酸体系相比，焦磷酸钠体系适宜碱性镀液。图 7-59 为 pH 对氢气析出体积与时间关系的影响。如图 7-59 所示，当溶液 pH 为 9、9.5、10、10.5、11 时，反应过程中的氢气析出体积曲线均呈现先平缓增长，再进入快速增长，后趋于平缓的走势。随着溶液 pH 的增大，诱导时间减少。

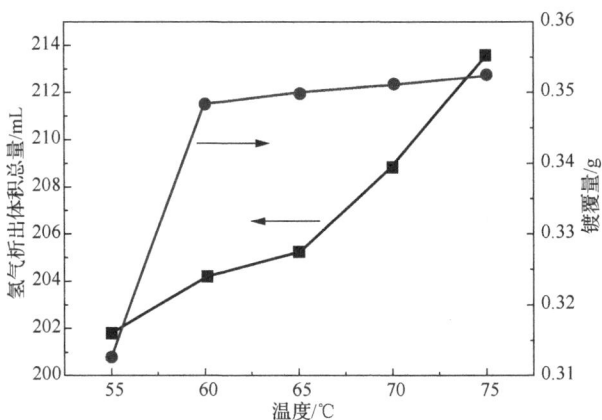

图 7-58　反应温度对氢气析出体积总量及镀覆量的影响

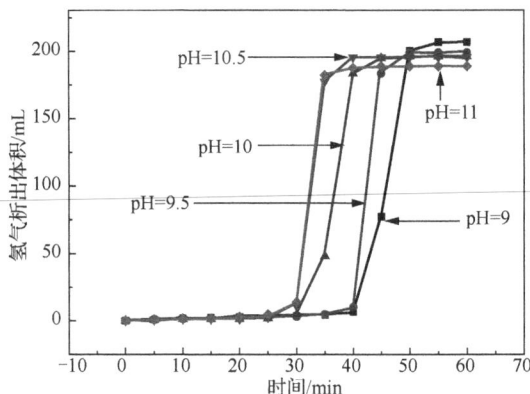

图 7-59　pH 对氢气析出体积与时间关系的影响

图 7-60 为 pH 对氢气析出体积总量及镀覆量的影响。如图 7-60 所示，当 pH 在 9.0～11.0 的范围内时，随着溶液 pH 的升高，氢气析出体积总量和镀覆量减小。这是由于 pH 为 9.0 时 $H_2PO_2^-$ 的还原能力较强。随着溶液 pH 的升高，镍的配合物被破坏，形成亚磷酸镍及氢氧化镍沉淀。在较高的 pH 下，沉积速率高，镀层沉积过程中容易形成孔隙，镀层结合力变差。

8. 复合粉体的表面形貌和比表面积

图 7-61 是焦磷酸钠体系中次磷酸钠浓度为 25g/L、30g/L、35g/L 时复合粉体的表面形貌。由图 7-61 可知，复合粉微观形貌和柠檬酸钠体系与乳酸体系制备的不同。

焦磷酸钠体系制备出的复合粉体在宏观形貌上与柠檬酸钠体系和乳酸体系制备的不同，该复合粉体体积蓬松膨胀，在镀液中团聚在一起。

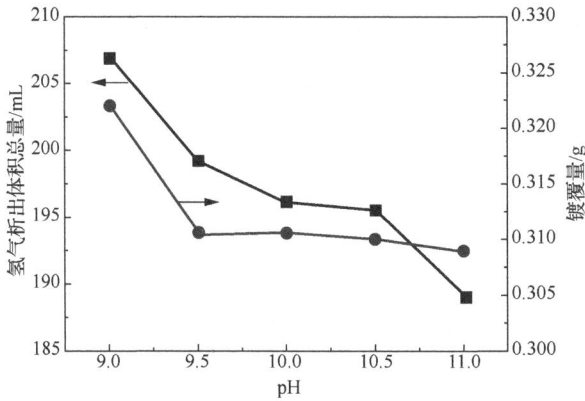

图 7-60　pH 对氢气析出体积总量及镀覆量的影响

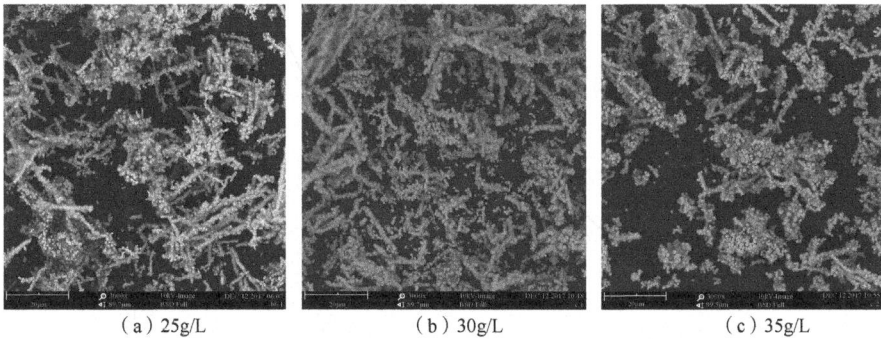

（a）25g/L　　　　　　　　（b）30g/L　　　　　　　　（c）35g/L

图 7-61　焦磷酸钠体系中次磷酸钠浓度为 25g/L、30g/L、35g/L 时复合粉体的表面形貌图

　　表 7-8 为焦磷酸钠体系中不同次磷酸钠浓度下复合粉体的比表面积，与柠檬酸钠体系和乳酸体系复合粉体比表面积相比，该体系复合粉体的比表面积较大。

表 7-8　焦磷酸钠体系中不同次磷酸钠浓度下复合粉体比表面积

次磷酸钠浓度/(g/L)	比表面积/(m²/g)
25	0.89526
30	0.66843
35	0.82497

7.3.4　分散剂对析氢行为的影响

　　粉体化学镀一般采用分散剂使包覆更均匀。研究吐温-80、聚乙二醇-400 以及十二烷基硫酸钠作为粉体化学镀分散剂时的析氢行为，其中前两种为非离子型表面活性剂，第三种为离子型表面活性剂[82]。

1. 吐温-80 浓度对化学镀法制备镍磷/TiB₂镀层的影响

图 7-62 为吐温-80 浓度对氢气析出体积与时间关系的影响。由图 7-62 可知,不同浓度吐温-80 的加入会明显地改变反应的诱导时间。由图 7-62 可知,不加入吐温-80 时诱导时间为 15min,在吐温-80 浓度为 0.1mg/L、0.01mg/L、0.001mg/L 和 0.0001mg/L 时诱导时间被缩短了,在吐温-80 浓度为 0.001mg/L 时反应的诱导时间缩短至 5min,在吐温-80 浓度为 10mg/L 时反应的诱导时间增加至 21min。说明当吐温-80 作为分散剂加到镀液中时,低浓度的吐温-80 可以起到缩短诱导时间的作用,但高浓度的吐温-80 反而会增加诱导时间。

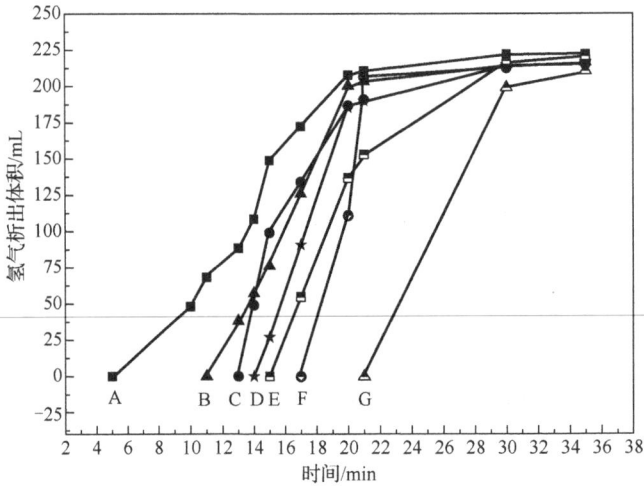

图 7-62　吐温-80 浓度对氢气析出体积与时间关系的影响
A-0.001mg/L,B-0.0001mg/L,C-0.01mg/L,D-0.1mg/L,E-0mg/L,F-1mg/L,G-10mg/L

吐温-80 属于非离子型表面活性剂,即在水溶液中不产生离子的表面活性剂,在分散过程中首先要润湿 TiB₂固体粉体,使粒子团分散,阻止其再次团聚。这样便可以得到一个均匀的分散体系,稳定与否取决于各自分散的固体微粒能否重新聚集形成凝聚物。吐温-80 烷基的链较长,空间位阻效应较强,对防止 TiB₂陶瓷粉体的团聚作用较明显,浓度过高会影响反应的进行。

图 7-63 为吐温-80 浓度对氢气析出体积总量及增重量的影响。由图 7-63 可知,吐温-80 的浓度变化对氢气析出体积总量和增重量的影响不大,吐温-80 浓度为 0.001mg/L 时氢气析出体积总量是最大的,吐温-80 浓度为 10mg/L 时,氢气析出体积总量是最小的。氢气析出体积总量最多的诱导时间最短,氢气析出体积总量最少的诱导时间最长。由图 7-62 和图 7-63 可知,吐温-80 作分散剂时诱导时间越短,氢气析出体积总量越多,诱导时间越长,氢气析出体积总量越少。氢气析出

体积总量越大意味着 TiB$_2$ 陶瓷粉体化学镀反应所产生的氢气越多，而氢气的量与镀层的量应该是成正比的，氢气析出体积总量与增重量成正比。

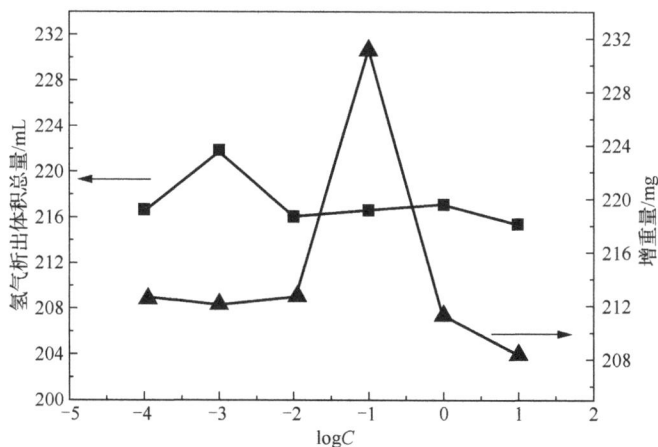

图 7-63　吐温-80 浓度对氢气析出体积总量及增重量的影响
浓度 C 单位为 mg/L

由图 7-62 和图 7-63 可知，吐温-80 加入浓度为 0.001mg/L 时氢气析出体积总量多，增重量多，诱导时间短，但是此时的沉积速率比较慢，这是由于吐温-80 的空间结构复杂，支链较多，使其不易附着于镍磷离子表面。另外，吐温-80 的分子体积大，在界面上吸附时会对镍离子的靠近产生更大的阻碍作用，所以沉积速率相对较低。

2. 聚乙二醇-400 的加入对制备镍磷/TiB$_2$ 镀层的影响

图 7-64 为聚乙二醇-400 浓度对氢气析出体积与时间关系的影响。由图 7-64 可知，聚乙二醇-400 的加入对诱导时间有影响。聚乙二醇-400 浓度为 0.1mg/L 时，诱导时间最短，为 4min。聚乙二醇-400 浓度为 0.001mg/L 时诱导时间最长，为 14min，但比未加入分散剂的诱导时间短。从图 7-64 中可以看出聚乙二醇-400 的加入对沉积速率影响不大。聚乙二醇-400 和吐温-80 相同，都属于非离子型表面活性剂，不同类型的表面活性剂在粒子团的分散或碎裂过程中所起到的作用有所不同，起到的分散效果也不同。

聚乙二醇-400 浓度对氢气析出体积总量及增重量的影响如图 7-65 所示。由图 7-65 可知，聚乙二醇-400 浓度小于 0.01mg/L 时，氢气析出体积总量有较大变化，增重量变化相对不大，当浓度大于 0.01mg/L 后，氢气析出体积总量和增重量出现波动，这可能与浓度增大后，镀液不稳定逐渐发生比较明显的自分解有关。

3. 十二烷基硫酸钠的加入对制备镍磷/TiB$_2$ 镀层的影响

图 7-66 为十二烷基硫酸钠浓度对氢气析出体积与时间关系的影响。如图 7-66

所示，十二烷基硫酸钠浓度与诱导时间呈抛物线的关系，即随着十二烷基硫酸钠浓度的减小，诱导时间先缩短后增加。在十二烷基硫酸钠浓度为 0.1mg/L 时，诱导时间达到最小值，为 13min。在十二烷基硫酸钠浓度为 10mg/L 时，诱导时间为 19min。十二烷基硫酸钠的加入对沉积速率影响较小。在十二烷基硫酸钠浓度为 0.01mg/L 时，诱导时间与不加分散剂时的诱导时间相同，都为 15min，但是十二烷基硫酸钠浓度为 0.01mg/L 时的沉积速率要小一些。十二烷基硫酸钠对诱导时间和氢气析出体积量的影响较小。

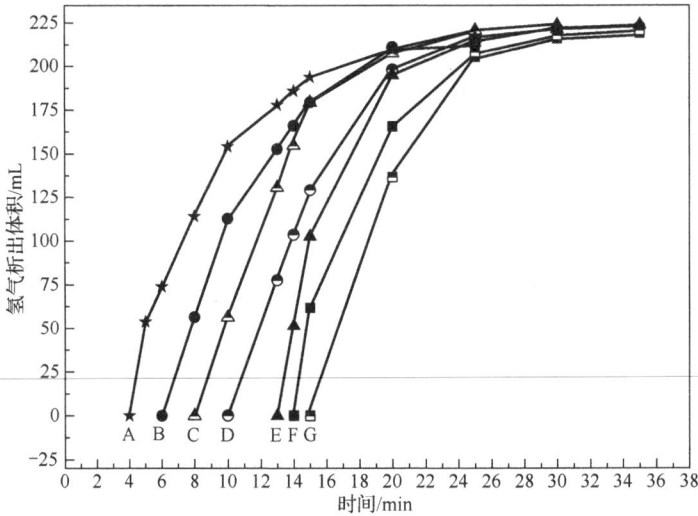

图 7-64　聚乙二醇-400 浓度对氢气析出体积与时间关系的影响

A-0.1mg/L，B-0.01mg/L，C-10mg/L，D-1mg/L，E-0.0001mg/L，F-0.001mg/L，G-0mg/L

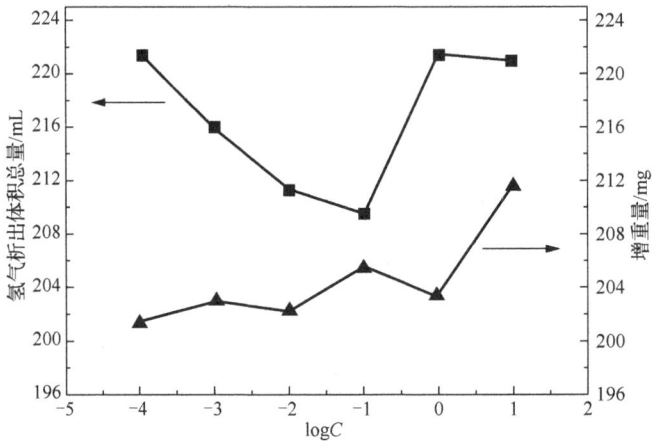

图 7-65　聚乙二醇-400 浓度对氢气析出体积总量及增重量的影响

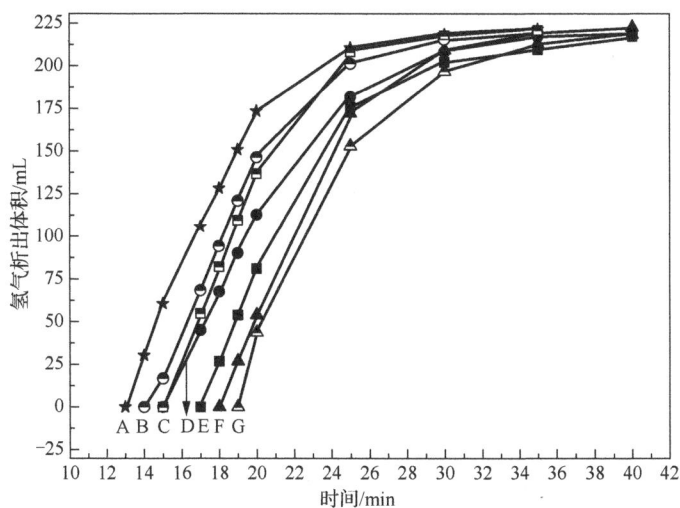

图 7-66　十二烷基硫酸钠浓度对氢气析出体积与时间关系的影响

A-0.1mg/L，B-1mg/L，C-0mg/L，D-0.01mg/L，E-0.001mg/L，F-0.0001mg/L，G-10mg/L

图 7-67 为十二烷基硫酸钠浓度对氢气析出体积总量及增重量的影响。由图 7-66 和图 7-67 可知，十二烷基硫酸钠作分散剂时，诱导时间越短，氢气析出体积总量越少且增重量越小，诱导时间越长，氢气析出体积总量越多且增重量越大。在十二烷基硫酸钠浓度达到 0.1mg/L 时，氢气析出体积总量最低，诱导时间最短，增重量最小。

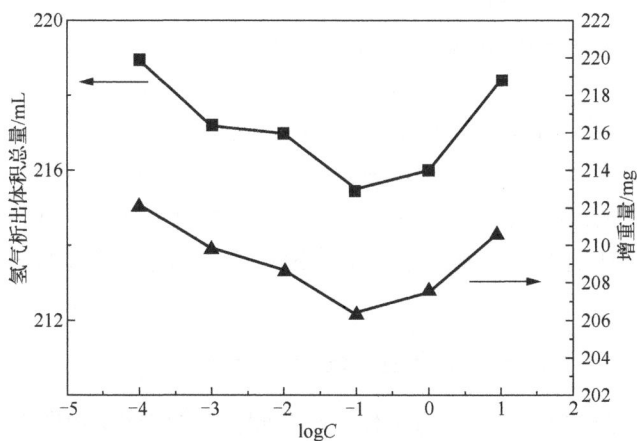

图 7-67　十二烷基硫酸钠浓度对氢气析出体积总量及增重量的影响

氢气析出体积总量、增重量以及诱导时间随着十二烷基硫酸钠加入浓度的增大先减小后增大，与聚乙二醇-400 不同，十二烷基硫酸钠的加入并不会加速镀液的自分解，在加入适当浓度十二烷基硫酸钠的情况下会缩短反应的开始时间。

4. pH 对化学镀法制备镍磷/TiB₂镀层的影响

图 7-68 为 pH 对氢气析出体积与时间关系的影响。由图 7-68 可知，pH 对镍磷/TiB₂镀层制备的影响较大，pH 过低和过高都会导致反应不发生，而且 pH 对诱导时间和沉积速率的影响较大。pH 为 4 时，诱导时间为 24min。pH 为 6 时，诱导时间为 56min。

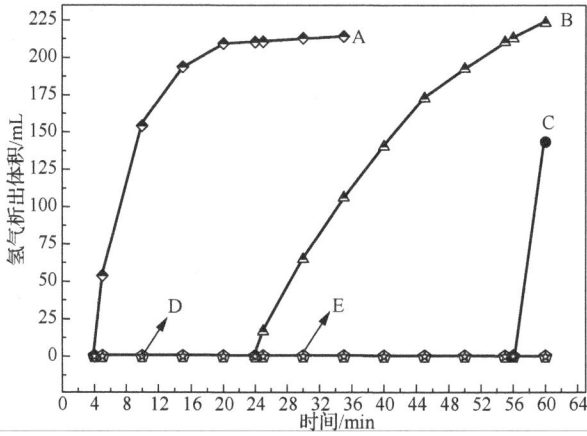

图 7-68 pH 对氢气析出体积与时间关系的影响

A-pH=5，B- pH=4，C- pH=6，D- pH=7，E- pH=3

图 7-69 为 pH 对氢气析出体积总量和增重量的影响。由图 7-69 可知，pH 的变化对氢气析出体积总量以及增重量的影响较大。pH 为 4 时，诱导时间长，但氢气析出体积较多。在 pH 为 6 时，诱导时间为 56min，由于设定的反应时间为 60min，所以反应并没有进行完全，因而测得的实际氢气析出体积较少。pH 为 3 和 7 时，没有发生反应，增重量为负，TiB₂陶瓷粉体在反应前后的质量不仅没有增加反而还减少了，表明增重法存在一定的误差，析氢法相对更准确。氢气析出体积总量与增重量都随 pH 的增大呈现先增大后减小的规律，与诱导时间随 pH 变化的规律相近。

5. 温度对化学镀法制备镍磷/TiB₂镀层的影响

图 7-70 为温度变化对氢气析出体积与时间关系的影响。由图 7-70 可知，90℃时诱导时间最短，温度变化对诱导时间和沉积速率的影响都较大。80℃和85℃时沉积速率降低，95℃时诱导时间增加，沉积速率提高。温度过高会导致表面活性剂发生自聚或分解，失去偶联作用，反应不能正常进行。温度的改变对反应的沉积速率影响非常明显，温度的提高有利于加快反应沉积速率。

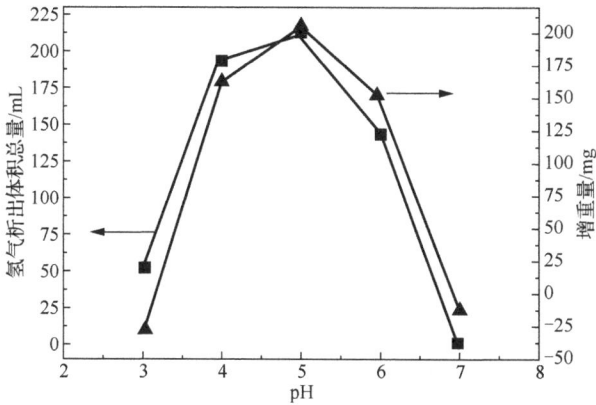

图 7-69　pH 对氢气析出体积总量和增重量的影响

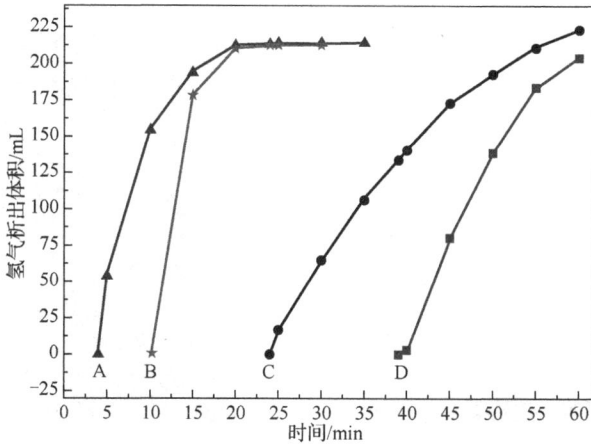

图 7-70　温度变化对氢气析出体积与时间关系的影响
A-90℃，B-95℃，C-85℃，D-80℃

图 7-71 为温度对氢气析出体积总量和增重量的影响。由图 7-71 可知，温度对氢气析出体积总量和增重量的影响较大，氢气析出体积总量随着温度的升高先增大后减小，增重量随着温度的升高而升高。

6. TiB$_2$ 复合粉体的表面形貌

图 7-72 和图 7-73 为原始的 TiB$_2$ 陶瓷粉体和未加分散剂的复合粉体的扫描电镜图，对比发现，在没有加入分散剂进行镀覆粉体时，只有少数粉体被胞状颗粒所包覆，与原始粉体差别不大。未加入分散剂时，仅有物理搅拌不能达到较好的分散状态，可以通过加入一定浓度的分散剂进行改善。

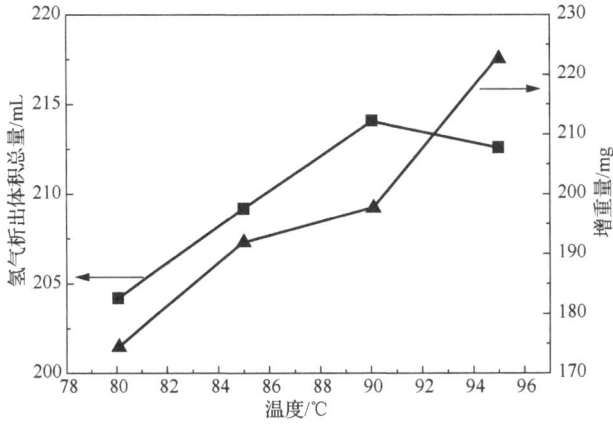

图 7-71　温度对氢气析出体积总量和增重量的影响

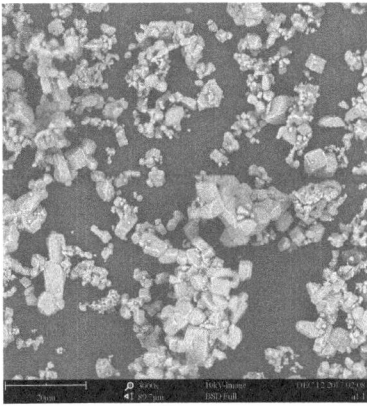

图 7-72　原始 TiB$_2$ 陶瓷粉体扫描电镜图

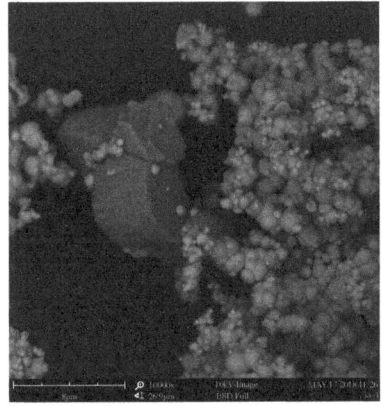

图 7-73　未加分散剂的复合粉体扫描电镜图

图 7-74 和图 7-75 为吐温-80 浓度为 10mg/L、0.001mg/L 时的复合粉体扫描电镜图。对比图 7-73、图 7-74 和图 7-75 可知，吐温-80 的加入明显改善了粉体的包覆情况，吐温-80 浓度为 10mg/L 时可以看到有胞状颗粒沉积在粉体表面，包覆不均匀。当吐温-80 浓度为 0.001mg/L 时，粉体表面包覆比较均匀，一定浓度吐温-80 的加入改善了分散效果。

图 7-76 为聚乙二醇-400 浓度为 0.1mg/L 时的扫描电镜图。图 7-77 为十二烷基硫酸钠浓度为 0.1mg/L 时的扫描电镜图。当聚乙二醇-400 浓度为 0.1mg/L 时反应的诱导时间为 4min，通过图 7-76 和图 7-77 的对比可知，此时形成的镀层并不均匀而且粉体团聚现象严重。虽然在包覆情况上比无分散剂时的复合粉体要稍微好一些，但与图 7-74 和图 7-75 中吐温-80 的情况对比效果要差一些，并没有起到良好的分散作用。

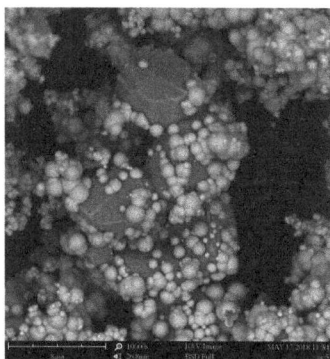

图 7-74　吐温-80 浓度为 10mg/L 时的
复合粉体扫描电镜图

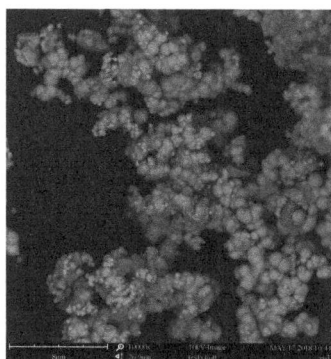

图 7-75　吐温-80 浓度为 0.001mg/L 时的
复合粉体扫描电镜图

对比图 7-73、图 7-75、图 7-76 和图 7-77 可以看出，含有十二烷基硫酸钠的粉体包覆面积比未添加分散剂的复合粉体以及加入聚乙二醇-400 的复合粉体的包覆效果要好，但是比加入吐温-80 制备的复合粉体包覆的均匀性差。

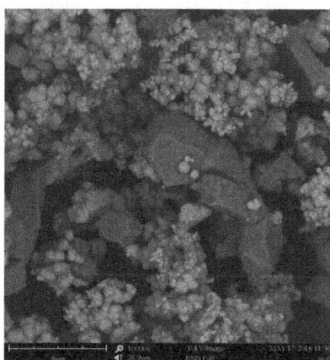

图 7-76　聚乙二醇-400 浓度为
0.1mg/L 时的扫描电镜图

图 7-77　十二烷基硫酸钠浓度为
0.1mg/L 时的扫描电镜图

7.3.5　化学镀镍钼磷合金 TiB$_2$ 陶瓷复合粉体的析氢行为

在化学镀法制备镍磷/TiB$_2$ 陶瓷复合粉体的基础上，通过化学镀法同时引入 Ni 和 Mo，Mo 的加入有助于提高材料的密度、硬度和抗弯强度。即在 TiB$_2$ 陶瓷粉体表面化学镀镍钼磷三元合金来降低烧结温度，提高材料的密度、硬度和弯曲强度。表 7-9 为包覆粉体用化学镀镍钼磷合金镀液组成及工艺条件，两种配方的主要区别是采用的缓冲剂不同，配方 1 采用乙酸钠作为缓冲剂，配方 2 采用硫酸铵作为缓冲剂。

表 7-9　包覆粉体用化学镀镍钼磷合金镀液组成及工艺条件

项目	配方1	配方2
硫酸镍/(g/L)	30	30
次磷酸钠/(g/L)	31	31
柠檬酸钠/(g/L)	30	15～30
钼酸钠/(g/L)	0.5～1.0	0.4～0.75
乙酸钠/(g/L)	18	
硫酸铵/(g/L)		40
硼砂/(g/L)		1～3
硫脲/(mg/L)	1	1
温度/℃	96	80～90
pH	9	8.5～10.5

1. 乙酸钠体系钼酸钠浓度对镍钼磷多元合金粉体包覆的影响

图 7-78 为钼酸钠浓度对氢气析出体积的影响，粉体包覆化学镀的反应温度为 96℃。由图 7-78 可知，在 25min 时，不同钼酸钠浓度下的各个反应的氢气析出体积基本相同，但在 25min 之后，钼酸钠浓度越低，氢气析出体积越大。

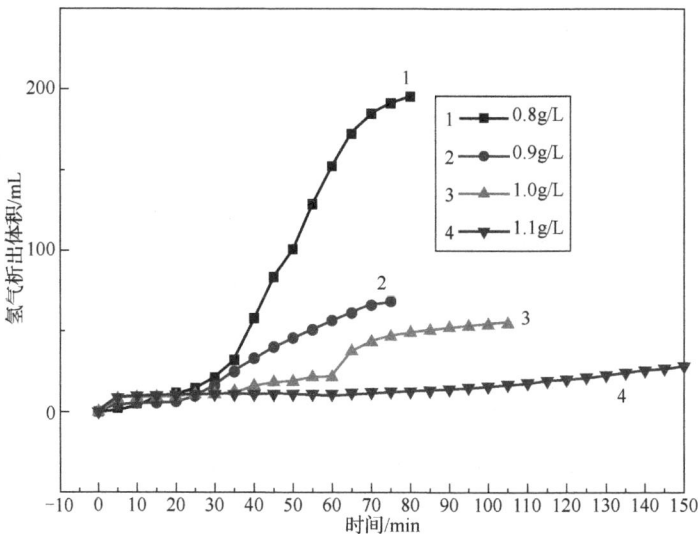

图 7-78　钼酸钠浓度对氢气析出体积的影响

表 7-10 是温度为 96℃时，钼酸钠浓度与氢气析出体积总量、析氢速率、增重量、平均镀覆量的关系。由表 7-10 可知，当钼酸钠浓度为 0.8g/L 时，析氢速率为 2.6mL/min，平均镀覆量为 5.3671g。随着钼酸钠浓度的增大，当钼酸钠浓度为

1.1g/L 时，析氢速率为 0.2mL/min，但没有镀覆增重。原因可能是钼酸钠具有稳定剂的功能，在钼酸钠浓度增大的情况下，反应的速度降低，同时析氢速率减小。

表 7-10　温度为 96℃时，钼酸钠浓度与氢气析出体积总量、
析氢速率、增重量、平均镀覆量的关系

钼酸钠/(g/L)	氢气析出体积总量/mL	析氢速率/(mL/min)	增重量/g	平均镀覆量/g
0.8	195.0	2.6	0.2705	5.3671
0.9	68.0	1.0	0.0624	1.2235
1.0	52.0	0.5	0.0158	0.3050
1.1	29.0	0.2	无	无

2. 硫酸铵体系钼酸钠浓度对镍钼磷多元合金粉体包覆的影响

图 7-79 为钼酸钠浓度对氢气析出体积的影响，镀液采用的是硫酸铵代替乙酸钠的化学镀镍钼磷溶液。由图 7-79 可知，与乙酸钠体系相似，钼酸钠浓度的增大，使金属陶瓷表面的镀层沉积增加，氢气析出体积也增加。随着钼酸钠浓度的增大，诱导时间先增大，后减小，与乙酸钠体系中的影响规律不同。不同钼酸钠浓度下的氢气析出体积总量、析氢速率、增重量、平均镀覆量如表 7-11 所示。由表 7-11 可知，随着钼酸钠浓度的增大，平均镀覆量增大。钼酸钠浓度在 0.40g/L、0.50g/L、0.60g/L 时，随浓度增大析氢速率逐渐增大，钼酸钠浓度大于 0.60g/L 之后，析氢速率下降。

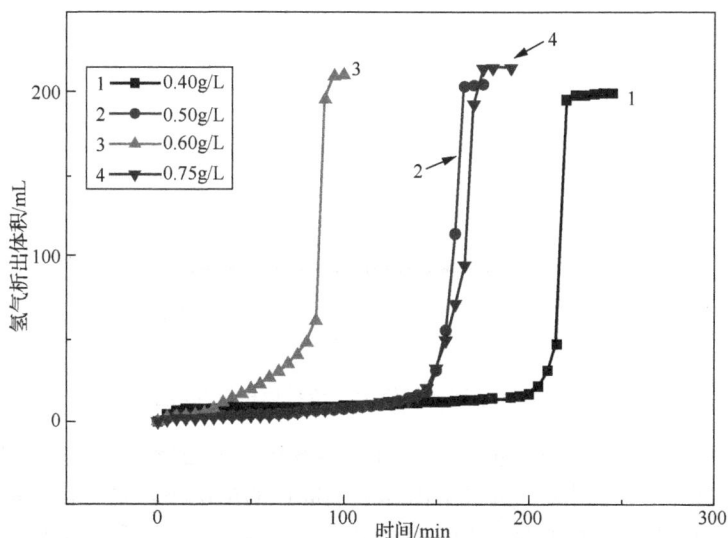

图 7-79　钼酸钠浓度对氢气析出体积的影响

表 7-11　钼酸钠浓度与氢气析出体积总量、析氢速率、增重量、平均镀覆量的关系

钼酸钠浓度/(g/L)	氢气析出体积总量/mL	析氢速率/(mL/min)	增重量/g	平均镀覆量/g
0.40	200.0	0.8	0.2106	4.2460
0.50	206.0	1.2	0.2313	4.6148
0.60	212.0	2.1	0.2369	4.7285
0.75	216.0	1.2	0.3417	6.9310

3. 硫酸铵体系二步法镍钼磷多元合金粉体包覆的研究

无论采用乙酸钠还是硫酸铵的镍钼磷镀液，直接进行粉体包覆，反应条件都比较苛刻，同时镀液容易分解。原因是粉体表面对三元合金，尤其是含有钼酸钠的溶液的诱导时间过长，一旦反应，溶液容易快速分解。如果采用不含钼酸钠的镍磷镀液先进行活化处理，即进行预化学镀，可以降低三元合金反应的温度条件，在较低的温度下和浓度较高的钼酸钠溶液实现粉体的包覆。工艺虽然比之前的直接镀复杂了，但镍钼磷三元合金的反应温度降低了。

图 7-80 为预化学镀对镍钼磷包覆粉体析氢曲线的影响。曲线 1 是直接把粉体加入含有钼酸钠的溶液中，结果反应的诱导时间非常长，曲线 2 为增加了预化学镀镍磷工艺的析氢曲线，发现诱导时间明显缩短，粉体很快就获得了镍钼磷三元合金包覆。

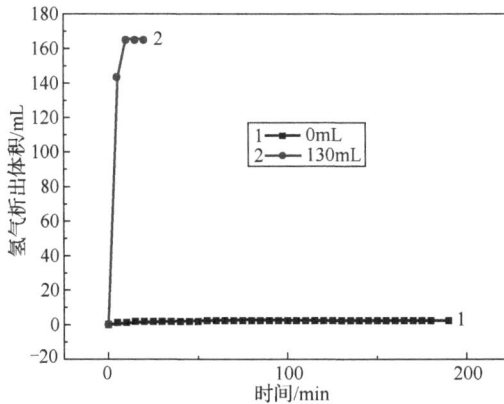

图 7-80　预化学镀对镍钼磷包覆粉体析氢曲线的影响

图 7-81 为预化学镀氢气析出体积对化学镀镍钼磷包覆粉体析氢曲线的影响。曲线 1 为预化学镀时间短、氢气析出体积 20mL 的情况下，进行化学镀镍钼磷包覆后的析氢曲线，曲线 2 为预化学镀时间较长、氢气析出体积 40mL 的情况下，进行化学镀镍钼磷包覆后的析氢曲线，可以明显地看出，适当延长预化学镀时间、增加析氢体积之后再进行化学镀镍钼磷包覆，诱导时间会变短。

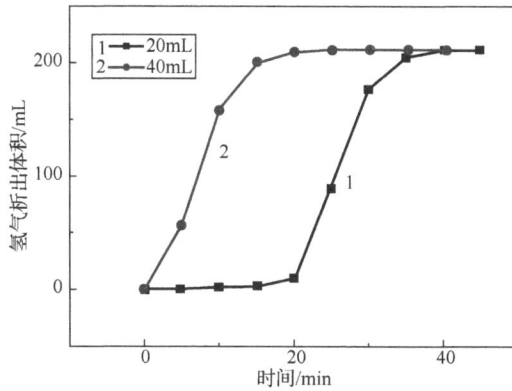

图 7-81　预化学镀氢气析出体积对化学镀镍钼磷包覆粉体析氢曲线的影响

4. 化学镀镍钼磷金属陶瓷复合粉体的表面形貌

图 7-82 和图 7-83 分别为不同倍数下硫酸铵体系直接和间接制备化学镀镍钼磷金属陶瓷复合粉体的扫描电镜图。由图 7-82 与图 7-83 可知，直接法获得的镀层没有均匀地沉积在金属陶瓷复合粉体的表面，而是形成了一个个小的复合金属

（a）500倍　　　　　　　　　　　　　　　（b）2000倍

（c）3000倍　　　　　　　　　　　　　　　（d）5000倍

图 7-82　不同倍数下硫酸铵体系直接制备化学镀镍钼磷金属陶瓷复合粉体的扫描电镜图

颗粒，这些复合金属颗粒吸附在金属陶瓷的表面，间接法制备的复合金属颗粒更小，表面更平滑、规则。对比图 7-82（a）和图 7-83（a）可以发现，在 500 倍下直接法包覆的粉体相互连接，形成树枝状，而间接法更多的是分散均匀的颗粒。

综上所述，化学镀镍基合金法制备金属陶瓷复合粉体还有待进一步研究。

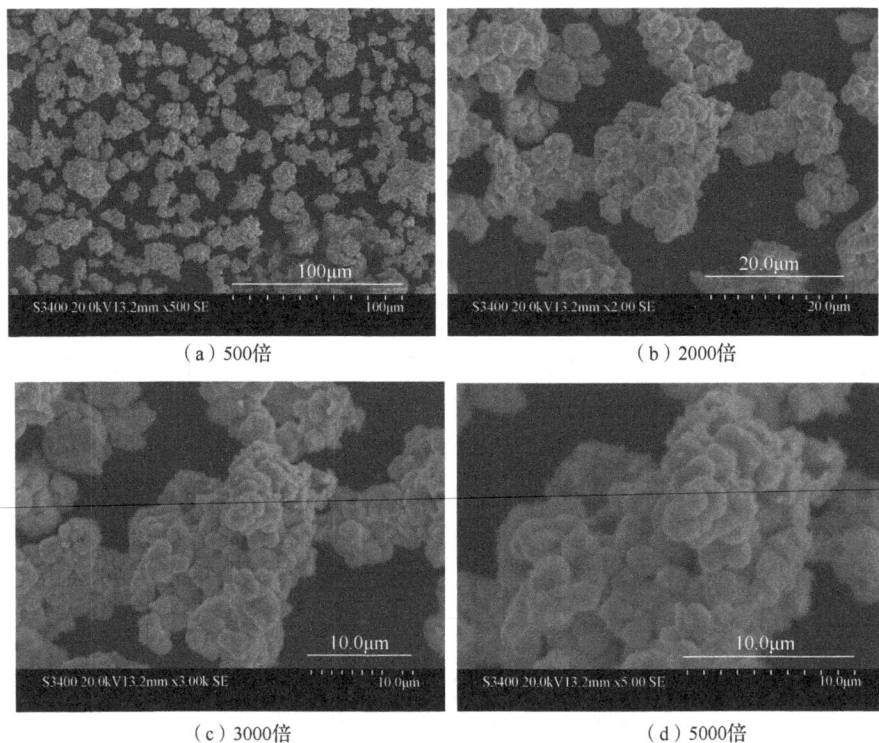

（a）500倍

（b）2000倍

（c）3000倍

（d）5000倍

图 7-83　不同倍数下硫酸铵体系间接制备化学镀镍钼磷金属陶瓷复合粉体的扫描电镜图

参 考 文 献

[1] 王彦顺. 大力发展硼化物金属陶瓷[J]. 辽宁化工, 2014, 43(8): 1035-1037.

[2] SHAHBAHRAMI B, BASTAMI H, SHAHBAHRAMI N. Studies on oxidation behaviour of TiB_2 powder[J]. Materials Research Innovations, 2010, 14(1): 107-109.

[3] 熊焰, 傅正义. 二硼化钛基金属陶瓷研究进展[J]. 硅酸盐通报, 2005(1): 60-64.

[4] 郦剑, 朱璋跃, 胡雄, 等. 陶瓷粉体表面化学镀技术[J]. 热处理技术与装备, 2006, 27(1): 23-27.

[5] HOKE D A, MEYERS M A. Consolidation of combustion-synthesized titanium diboride-based materials[J]. Journal of the American Ceramic Society, 1995, 78(2): 275-284.

[6] YÖNETKEN A. Fabrication of electroless Ni plated $Fe-Al_2O_3$ ceramic-metal matrix composites[J]. Transactions of the Indian Institute of Metals, 2015(1): 2889-2895.

[7] FANG Z, FU Z Y, WANG N, et al. A novel approach to prepare Ni-coated TiB_2 cermet[J]. Key Engineering Materials, 2007, 336-338: 1517-1520.

[8] 郭峰, 李历坚. TiB₂基陶瓷材料的研发进展与展望[J]. 粉末冶金材料科学与工程, 2009, 14(5): 285-289.

[9] LEON C A, DREW R A L. Preparation of nickel-coated powders as precursors to reinforce MMCs[J]. Journal of Materials Science, 2000(35): 4763-4768.

[10] 李苏, 李俊寿, 赵芳, 等. TiB₂材料的研究现状[J]. 材料导报, 2013, 27(3): 34-38.

[11] 梁胜德, 朱时珍, 赵振波, 等. 化学镀法制备金属/陶瓷复合粉体的特点及应用[J]. 材料导报, 1996(5): 68-69.

[12] 方舟. 纳米 Ni/微米 TiB₂包覆颗粒的 Hybridization 制备与烧结特性[D]. 武汉: 武汉理工大学, 2006.

[13] MANI M K, VIOLA G, REECE M J, et al. Influence of coated SiC particulates on the mechanical and magnetic behaviour of Fe-Co alloy composites[J]. Journal of Materials Science, 2014(49): 2578-2587.

[14] WANG X Y, WU R F, REN X R, et al. Electroless nickel plating on surface of Ti(C, N) particle by magnetic stirring[J]. Rare Metal Materials and Engineering, 2011, 40(S1): 478-480.

[15] 叶帅, 王献辉, 邹军涛, 等. TiB₂粉末化学镀银工艺研究[J]. 兵器材料科学与工程, 2012, 35(1): 73-77.

[16] YU X Z, SHEN Z G. Comparison of nickel-coated cenosphere particles fabricated by magnetron sputtering deposition and electroless plating[J]. Indian Journal of Physics, 2015, 89(5): 489-494.

[17] AHN J G, KIM D J, LEE J R, et al. Improving the adhesion of electroless-nickel coating layer on diamond powder[J]. Surface & Coating Technology, 2006, 201: 3793-3796.

[18] PALANIAPPA M, BABU G V, BALASUBRAMANIAN K. Electroless nickel-phosphorus plating on graphite powder[J]. Materials Science and Engineering, 2007(471): 165-168.

[19] KIM Y B, PARK H M. Electroless nickel-phosphorus plating on Ni-Zr-Ti-Si-Sn amorphous powder[J]. Surface & Coating Technology, 2005, 195(2-3): 176-181.

[20] RAMASESHAN R, SESHADRI S K, NAIR N G. Electroless nickel-phosphorus plating on Ti and Al elemental powders[J]. Scripta Materialia, 2001, 45: 183-189.

[21] 程汉池, 栗卓新, 夏志东, 等. Ni-B 合金化学镀包覆 TiB₂粉的研究[J]. 材料热处理学报, 2006, 27(6): 34-36.

[22] 张中宝, 许少凡. TiB₂表面镀铜工艺[J]. 电镀与精饰, 2006, 27(6): 34-36.

[23] LOTO C A. Electroless nickel plating: A review[J]. Silicon, 2016, 8: 177-186.

[24] SCHLESINGER M. Modern electroplating[M]. Hoboken: John Wiley&Sons Inc., 2010.

[25] OSIFUYE C O, POPOOLA A P I, LOTO C A, et al. Effect of bath parameters on electroless Ni-P and Zn-P deposition on 1045 steel substrate[J]. International Journal of Electrochemical Science, 2014, 9(11): 6074-6087.

[26] LOTO C A, OKUSANYA A. The influence of clay addition on the electrochemical corrosion behaviour of mild steel in Co crete[J]. Corrosion Prevention & Control, 1989(8): 103-108.

[27] 刘鹤. 半导体硅表面化学沉积 Ni-P 金属化层的研究[D]. 长春: 长春工业大学, 2011.

[28] 姬玉林. 酸性体系高磷镀层化学镀液镀速与寿命的研究[D]. 山东: 山东大学, 2007.

[29] 武小娟. 不锈钢 Ni-P 化学镀层性能及动力学理论的研究[D]. 沈阳: 沈阳工业大学, 2013.

[30] SUN S, SU B, SHI W. Electroless nickel-phosphorus plating on TiB₂ powder[J]. Advanced Materials Research, 2013, 690-693: 2149-2154.

[31] MALLORY G O, HAJDU J B. Electroless plating: Fundamentals and applications[M]. New York: Noyes Publications/William Andrew Publishing, LLC, 1990.

[32] 张朝阳, 魏锡文, 张海东, 等. Ni-P 化学镀的机理及其研究方法[J]. 中国有色金属学报, 2001, 11(S1): 199-201.

[33] 谢洪波, 江冰, 陈华三, 等. 化学镀镍规律及机理探讨[J]. 电镀与精饰, 2012, 34(2): 26-30.

[34] 廖西平, 夏洪均. 化学镀镍技术及其工业应用[J]. 重庆工商大学学报(自然科学版), 2009, 26(4): 399-402.

[35] 赵鹏, 王维德. 化学镀镍技术及其研究进展[J]. 新技术新工艺, 2007(10): 100-102.

[36] 余德超, 谈定生, 王松泰. 化学镀镍技术在电子工业的应用[J]. 电镀与涂饰, 2007, 26(4): 42-45.

[37] 刘君武, 吕珺, 王建民, 等. 粉体化学镀的研究及应用进展[J]. 金属功能材料, 2005, 12(4): 35-38.

[38] 程志鹏, 徐继明, 朱玉兰, 等. 化学镀法制备纳米 Ni-B 包覆 Al 复合粉末[J]. 材料工程, 2010(1): 19-22.

[39] 窦志强, 肖长江, 栗正新. 金刚石微粉表面镀覆技术研究进展[J]. 电镀与精饰, 2017, 39(10): 23-27.

[40] 叶勤军, 苏勋家, 毕松, 等. 碳纳米材料化学镀镍的研究进展[J]. 电镀与环保, 2017, 37(4): 71-74.

[41] 蒋金金, 吴王平, 袁同心, 等. 硅表面化学镀镍研究[J]. 电镀与精饰, 2017, 39(10): 16-22.

[42] WU S S, LIU W L, TSAI T K, et al. Growth behavior of electroless copper on silicon substrate[J]. Journal of University of Science and Technology Beijing, 2007, 14(1): 67-71.

[43] 黎德育, 李宁, 李柏松. 粉体上的化学镀镍[J]. 材料科学与工艺, 2003, 11(4): 414-418.

[44] 赵雯, 张秋禹, 王结良, 等. 无机粉体化学镀镍的研究进展[J]. 电镀与涂饰, 2004, 23(3): 33-35.

[45] 黄茜, 黄惠, 赖耀斌, 等. 粉体化学镀银的研究进展[J]. 材料保护, 2013, 46(6): 46-50.

[46] 冒爱琴. 粉体表面化学镀的研究进展[J]. 应用化工, 2006, 35(6): 458-460.

[47] 马宝东, 邹忠利, 陈文豪, 等. 粉体化学镀镍液复合稳定剂的研究[J]. 广东化工, 2015, 42(9): 26-28.

[48] 易滨, 余愿, 郑欢欢, 等. 陶瓷粉体化学镀前活化处理的研究现状[J]. 热处理, 2013, 28(2): 20-23.

[49] 左锦中, 江静华, 林萍华, 等. 化学镀金属包覆陶瓷粉体的研究与应用进展[J]. 新技术新工艺, 2007(7): 110-114.

[50] 李晶, 周寒梅, 吴亚星, 等. 镀银 TiO₂ 粉体的制备及性能[J]. 中国粉体技术, 2014, 20(1): 22-25.

[51] 沈岳军, 李世静, 方舒, 等. 酸性复合化学镀 Ni-P-纳米 TiO₂ 的研究[J]. 贵州科学, 2017, 35(3): 65-68.

[52] 朱流, 罗来马, 吴玉程, 等. 非贵金属活化预处理化学镀 Ni 包覆 TiC 陶瓷粉体的研究[J]. 材料热处理学报, 2013, 34(3): 150-153.

[53] 郭鹏, 郝俊杰, 郭志猛. TiC 颗粒表面化学镀镍工艺[J]. 稀有金属材料与工程, 2008, 37(1): 183-186.

[54] 于鹏超, 易丹青, 胡彬, 等. 化学镀 Ni 包覆 TiC 复合粉体的制备及显微组织[J]. 中国有色金属学报, 2013, 23(2): 439-447.

[55] 于鹏超. Ni 包覆 TiC 颗粒增强钢基复合材料的制备及组织性能研究[D]. 长沙: 中南大学, 2013.

[56] WU P, ZHENG Y, YUAN Q, et al. Preparation of electroless Ni-Mo coated TiC powder[J]. Key Engineering Materials, 2010, 434-435: 522-525.

[57] 邹忠利, 耿桂宏. 碳化硅粉体化学镀镍前无钯活化工艺[J]. 电镀与涂饰, 2014, 33(11): 478-481.

[58] 姚怀, 朱广林. pH 值对碳化硅粉体表面镀镍的影响[J]. 表面技术, 2013, 42(2): 20-22.

[59] 姚怀, 许波, 王永志. 温度对碳化硅粉体表面镀镍的影响[J]. 表面技术, 2011, 40(6): 71-73.

[60] 赵海涛, 刘瑞萍, 徐淑娇, 等. 化学镀法制备 Ni-P 包覆 SiC 复合粉[J]. 材料热处理学报, 2015, 36(1): 159-163.

[61] 张罡, 赵海涛, 张林鹏, 等. 低磷化学镀 Ni-P-SiC 复合镀层的制备[J]. 材料热处理学报, 2016(S1): 111-115.

[62] 吴开霞, 王博. SiC 颗粒化学铸铜工艺研究[J]. 中国材料进展, 2016, 35(8): 636-639.

[63] 王海龙, 张锐, 乔祝云. 化学镀法制备 SiC/Cu 金属陶瓷复合粉体工艺的研究[J]. 佛山陶瓷, 2003, 13(11): 14-16.

[64] 张云龙, 胡明, 刘有金, 等. SiC 颗粒表面化学镀铜镀液工艺参数的优化设计[J]. 兵器材料科学与工程, 2013, 36(3): 10-13.

[65] 赵丹, 宋红章, 孙洪巍, 等. 化学镀法制备铜包覆 SiC 颗粒的研究[J]. 表面技术, 2012, 41(3): 105-108.

[66] 徐兆龙. 氧化铝粉体表面化学镀镍及其在镍-氧化铝复合涂层制备中的应用[D]. 大连: 大连工业大学, 2016.

[67] 邢双颖. 化学镀法制备镍包覆纳米 Al₂O₃ 粉体的研究[D]. 哈尔滨: 哈尔滨工业大学, 2008.

[68] 赵鸽, 晋国俊, 李鹏飞. 化学镀 Al₂O₃/Cu 复合粉烧结体的组织研究[J]. 粉末冶金技术, 2012, 30(5): 348-352.

[69] 陆东梅, 王清周, 赵立臣, 等. Cu 包覆纳米 Al₂O₃ 复合粉体的化学镀法制备[J]. 稀有金属材料与工程, 2015, 44(5): 1259-1263.

[70] 任云. 化学镀法制备 Cu 包覆纳米 Al₂O₃ 粉体工艺的研究[D]. 呼和浩特: 内蒙古工业大学, 2007.

[71] 马智勇. 化学镀法制备纳米 Co- Al₂O₃ 复合粉末的研究[D]. 杭州: 浙江大学, 2002.

[72] 王飞飞. 化学镀制备纯 Ni 包覆 ZrO₂ 微细粉体的实验研究[D]. 鞍山: 辽宁科技大学, 2013.

[73] 贾璐, 赵琪, 谢明, 等. 化学镀制的纳米 Ag/SnO₂ 复合粉末的烧结性能研究[J]. 热加工工艺, 2017, 46(16): 116-119.

[74] 乔秀清, 申乾宏, 张启龙, 等. 化学镀法合成纳米银包覆 SnO₂ 粉体[J]. 电工材料, 2012(3): 7-10.

[75] WANG G S, JIANG Y Q, ZHANG L D. Mechanical properties and microstructure of in situ TiB₂/Cu composite fabricated by reactive hot pressing[J]. Rare Metals, 2007, 26(8): 322-325.

[76] 张立德. 化学镀铜 TiB₂ 颗粒增强铜基复合材料的制备与性能研究[D]. 哈尔滨: 哈尔滨工业大学, 2008.

[77] 曾为民, 吴纯素. 氢气析出体积对化学镀铜过程的影响[J]. 有色金属(冶炼部分), 2001(8): 41-43.

[78] 杜楠, 赵晴, PRITZKER M. 化学镀镍钨磷合金过程中的析氢行为和沉积机理[J]. 南昌航空工业学院学报(自然科学版), 2002, 16(4): 18-21.

[79] 石维. TiB₂ 粉体表面化学镀镍的研究[D]. 沈阳: 沈阳工业大学, 2009.

[80] 陈志菲. Ni-P 包覆 TiB₂ 复合粉体制备及性能研究[D]. 沈阳: 沈阳工业大学, 2013.

[81] 严鸣. 化学镀包覆 TiB₂ 金属陶瓷复合粉体的制备及性能研究[D]. 沈阳: 沈阳工业大学, 2018.

[82] 李温文. 分散剂对化学镀法制备 TiB₂ 复合粉体的影响[D]. 沈阳: 沈阳工业大学, 2019.

[83] 于程健. 化学镀镍基多元合金包覆 TiB₂ 金属陶瓷复合粉体制备[D]. 沈阳: 沈阳工业大学, 2019.

[84] 马爱琼, 高云琴, 刘民生, 等. TiB₂ 粉末的氧化行为研究[J]. 轻金属, 2009(10): 52-59.

[85] 马爱琼, 蒋明学. TiB₂ 陶瓷材料氧化动力学研究[J]. 陶瓷, 2006(7): 19-21.

[86] 张皓琨. 放电等离子烧结(SPS)制备 TiB₂ 陶瓷的组织与性能研究[D]. 北京: 北京工业大学, 2009.